国家重点研发计划项目（2017YFC1500502）资助

# 华南地区地震预测指标体系

周峥嵘　吕　坚　周　斌　等　编著

地震出版社

图书在版编目（CIP）数据

华南地区地震预测指标体系/周峥嵘等编著. —北京：地震出版社，2021.12
ISBN 978-7-5028-5304-4

Ⅰ.①华…　Ⅱ.①周…　Ⅲ.①华南地区—地震预测指标　Ⅳ.①P315.7

中国版本图书馆 CIP 数据核字（2021）第 019404 号

地震版　XM4725/P（6035）

## 华南地区地震预测指标体系

周峥嵘　吕　坚　周　斌　等　编著
责任编辑：王　伟
责任校对：凌　樱

出版发行：地震出版社

北京市海淀区民族大学南路 9 号　　　　　　　邮编：100081
销售中心：68423031　68467991　　　　　　 传真：68467991
总 编 办：68462709　68423029
编辑二部（原专业部）：68721991
http://seismologicalpress.com
E-mail：68721991@sina.com

经销：全国各地新华书店
印刷：河北文盛印刷有限公司

版（印）次：2021 年 12 月第一版　2021 年 12 月第一次印刷
开本：787×1092　1/16
字数：423 千字
印张：16.5
书号：ISBN 978-7-5028-5304-4
定价：120.00 元

# 编 写 组

组　　长：周峥嵘　吕　坚　周　斌
主要成员：关玉梅　倪晓寅　廖丽霞　阎春恒　袁丽文
　　　　　董非非　张　慧　叶秀薇　李　莎　赵爱平
　　　　　解晓静　刘　锦　谢小玲　郭雨帆　杨锦玲
　　　　　周龙泉　张　晶　冯志生　孙小龙　孟令媛

# 前　　言

## 一、工作背景

地震分析预报工作是防震减灾工作中一个非常重要的环节，也是各级政府和全社会最为关心、关注的一项工作内容。虽然地震预报仍处于经验性预报阶段，对很多破坏性地震很难做出准确的预报。但是，40 多年来的实践经验表明，在一些有利的条件下，对一些破坏性地震做出一定程度的预报还是有可能的。一旦成功，减灾实效是非常明显的。

为深化震情会商制度改革，不断提升震例总结水平和地震预测预报能力，中国地震局监测预报司于 2016 年底决定开展新一轮的地震预测指标体系清理和建设工作。按照部署要求，震例总结专家组在北京召开 2017 年度工作任务和方案讨论会，决定由福建省地震局预报中心牵头，集中福建、江西、广东、海南、广西、湖南 6 省区分析预报骨干人员，开展华南地区地震预测指标体系清理和建设工作试点，并成立专项工作组，由福建局周峥嵘、江西局吕坚、广西局周斌三位同志负责。

## 二、成书过程

2017 年 4 月 18 日，震例总结专家组在广西南宁召开清理工作启动和研讨会，将指标体系分为测震、流体、形变和电磁 4 个学科，明确了各学科的工作组构成、技术方案以及清理工作机制。

2017 年 7 月 21 日，震例总结专家组在江西南昌召开清理工作阶段性进展交流会，对各学科预测指标的初步结果进行了研讨，专家组成员和专项工作组就存在的不足、改正的措施进行了分析和讨论，部署了下一阶段的工作。

2017 年 10 月 30 日，震例总结专家组在福建福州召开清理工作专题成果总结研讨会，专项工作组就测震、流体、形变和电磁分项预测指标清理成果进行汇报，专家组成员和专项工作组分析和研讨了各学科预测指标意义，对华南地区地震预测指标体系清理和建设工作进行了验收。同时，确定了《华南地区地震预测指标体系》（后续简称书稿）的编写大纲和目录清单，成立了编写工作组，明确了各章节编写人员和分工。

2018 年 11 月 8 日，震例总结专家组在江西南昌召开书稿编写的阶段性成果交流会，专家组成员和编写工作组就书稿中需要补充和完善的内容进行了讨论，新增地震地质构造背景一节，并部署了下一阶段的工作。

2018 年 11 月 29 日，震例总结专家组在广东广州召开书稿修改工作交流会，进一步规范章节体例、参考文献格式、图件和表格、公式与计量单位等要求。

2019 年 8 月 15 日，震例总结专家组在广西南宁召开书稿定稿工作交流会。

## 三、章节内容

《华南地区地震预测指标体系》全书共 6 章，由周峥嵘、吕坚、周斌负责编纂，各章具体分工是：第一章华南地区概况由周斌、阎春恒、李莎负责；第二章测震学科预测指标由董非非、袁丽文、叶秀薇负责；第三章形变学科预测指标由关玉梅、赵爱平、杨锦玲负责；第四章电磁学科预测指标由倪晓寅、谢小玲、郭雨帆负责；第五章流体学科预测指标由廖丽霞、解晓静、刘锦负责；第六章危险性判定综合预测指标由袁丽文、阎春恒、张慧负责。参加研究与编写工作的同志还有：周龙泉、张晶、冯志生、孙小龙、孟令媛、王力伟、郭培兰、李志雄、廖桂金、敬少群、黄元敏、谭争光、原永东、文翔、许仪西、王紫燕、李盛、郭呈琴、何万平、钟继茂、莫佩婵、刘水莲、陈大庆、秦双龙、沈平、罗丽、田雷、刘吉平、童敏。

## 四、存在不足

在现有技术、方法和认知的基础上，华南地区共获得 16 项测震学科和 39 项前兆学科异常指标。从指标的预测时段来看，测震学科均为中长期和年度预测指标，前兆学科以中短期预测指标为主，未获得短临指标。从梳理异常指标所采用的观测资料和样本来看，无论是百年多来华南沿海地区中强震活跃幕的划分，1970 年以来区域内地震活动空间异常提取，还是近 20 余年以来陆续开展的前兆观测异常提取，可用于归纳总结预测指标体系的样本量总体上是偏少的。特别是地球物理台网数字化改造和建设以来，华南地区中强震活动偏少，前兆观测基于震例总结的预测震级普遍偏小。指标体系梳理过程中，未能提炼出大多数中强震例发生前都存在异常的指标，也极少获得测震学科和前兆学科异常指标均匹配较好的中强震例。鉴于地震预测预报的复杂性以及梳理指标体系可使用资料的局限性，目前华南预测指标体系对发震地点特别是发震时间的把握能力较弱，普适性和预测效能仍需在预测预报实践的中检验和完善。

　　本书适合于地震分析预报人员学习和培训使用。它基本上反映了华南地区近40年来地震预测预报研究领域的进展和主要成果，有助于拓宽年轻分析预报人员的科学视野，培养独立思考能力。在项目完成和成书过程中，得到中国地震局监测预报司马宏生副司长、张浪平处长和震例总结专家组的专家们的多次审核、指导和把关，并对各章节做了修改和补充，在此表示特别感谢。

# 目　　录

# 第一章 华南地区概况

本报告所指的"华南地区"并不等同于地理分区的"华南"和地质分区的"华南陆块"，而是根据中国地震局地震分析预报业务分区协调配合的机制，将福建、广东、广西、湖南、江西、海南六个省区作为地震预报指标体系清理工作的区域。作为后续各章的基础，本章简要介绍华南地区地震地质构造背景和地震监测基本情况。

## 1.1 地震地质构造背景

华南地区地处欧亚大陆板块的东南隅，中、新元古代以来长期处于全球超大陆聚散与南北大陆离散拼合交接的转换地带，中、新生代以来又处在全球现今三大板块的汇聚拼合部位，遭遇西太平洋板块西向俯冲和青藏高原形成与印—澳板块北向差异运动的夹持。新构造运动过程中，由于台湾附近存在的向东倾斜的震源带成为我国大陆东南部的天然屏障，使太平洋（菲律宾海）板块向西的巨大推力受到很大的阻挡，造成地震活动从台湾向西到东南沿海迅速递减，以致对内陆影响很小（时振梁等，1973）。印度板块碰撞产生的东北方向的推挤作用只是通过侧向滑移作用影响该区，影响力大为减弱。加之华南地区较软的基底条件，导致华南地区整体地震活动较弱。华南地区仅在东南沿海一带地震活动较强，发生过最大 $7\frac{1}{2}$ 级地震，而内陆地区最大地震仅为 $6\frac{3}{4}$ 级。

### 1.1.1 地质构造格架

华南陆块位居太平洋西缘，北隔秦岭—大别造山带和华北块体相望，西以龙门山—横断山断裂与特提斯构造域青藏高原相连，南西侧以昌宁—马江断裂与东南亚块体接触，南东侧为西太平洋构造区。华南由扬子块体和华夏块体所构成（图1-1），其结晶基底由近万米厚的前南华纪泥砂质岩和火成岩组成，后来多被变质成中、高级变质岩。NE—NEE 走向的绍兴—江山—萍乡断裂是扬子和华夏两个陆块的新元古代拼合带，沿断裂带分布诸多9亿年左右的镁铁质—超镁铁质岩块。

扬子块体出露了华南最老的陆核岩石，其时代可追溯到28亿年的新太古代，零星出露在康滇和鄂北一带。在扬子块体东南缘，曾经发育一个宽阔的新元古代活动大陆边缘；在古华南洋中，分布着一系列岩浆岛弧，沿北东方向展布。9亿年前后，古华南洋逐渐关闭，导致洋盆两侧的扬子和华夏块体彼此碰撞，在拼合处形成一条宽百余千米、延伸约1500km的弧形造山带，即江南新元古代造山带。

华夏块体主体是一个元古宙的基底构造，由北武夷山的古元古代零星岩块、中元古代沉积岩和大面积新元古代泥砂质碎屑岩夹火山岩、岩浆岩及碳酸盐岩所组成。这些岩石后来多

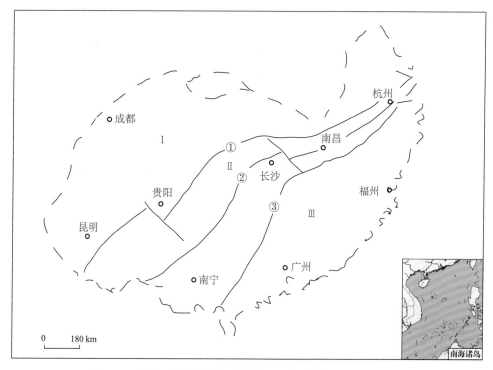

图 1-1 华南地质构造单元划分略图（据戴传固等（2008））

Ⅰ. 扬子块体；Ⅱ. 江南造山带；Ⅲ. 华夏陆块

①师宗—松桃—慈利—九江断裂带；②罗城—龙胜—桃江—景德镇断裂带；③北海—萍乡—绍兴断裂带

被变质为片岩、片麻岩和混合岩，其上被南华纪—奥陶纪的韵律状泥砂质岩系夹炭质岩、碳酸盐岩所覆盖。所有前泥盆纪岩石均卷入一个强烈褶皱和区域低绿片岩相变质的过程中，形成一个宽广的志留纪变质变形岩石—花岗岩复合体系。

## 1.1.2 地震带划分

本次华南地区地震预报指标体系清理工作地震统计区的划分，借鉴了《中国地震动区划图》（GB 18306—2015）编图第二任务组提供的方案，将华南大陆和台湾地区共划分为华南沿海地震带、右江地震带、长江中游地震带、台湾西地震带和台湾东地震带 5 个地震统计区（图 1-2）。由于华南沿海地震带地震活动主要集中在东段的闽粤赣交界及近海地区和西段的粤桂琼交界及近海地区，结合地震构造和地震活动性的差异性，并参考黄玮琼等（1998）的研究成果，我们进一步以广东阳山—从化—惠阳一线为界，将华南沿海地震带分为东、西两段。此划分方案能够满足地震统计样本量和震级分布相对合理的要求。

### 1. 华南沿海地震带（Ⅰ）

华南沿海地震带包括东南沿海、东海南部、台湾海峡及南海北部。本区大地构造属加里东褶皱带。该区晚古生代以来大部分为相对隆起区，中生代构造运动强烈，以断裂和断块活动为主，新生代以来断裂继续活动，形成一些断陷盆地，如雷琼、三水、潮汕等，沉积较厚

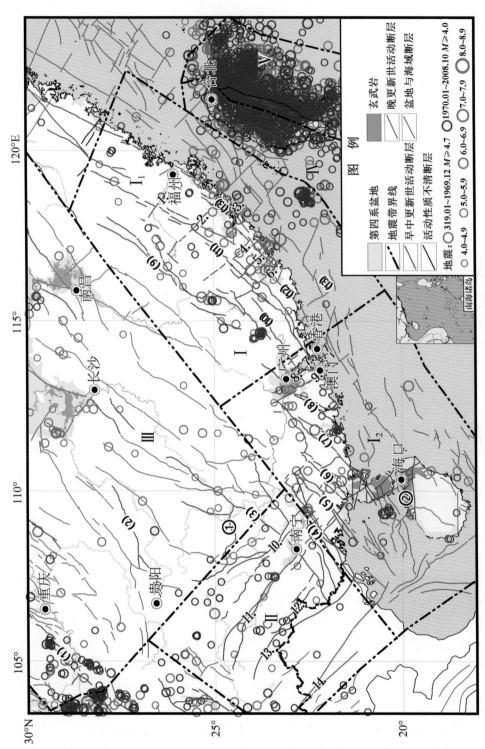

图1-2　华南地区地震地质构造图

图1-2注：

地震带划分：Ⅰ. 华南沿海地震带（Ⅰ₁. 华南沿海地震带东段；Ⅰ₂. 华南沿海地震带西段）；Ⅱ. 右江地震带；Ⅲ. 长江中游地震带；Ⅳ. 台湾西地震带；Ⅴ. 台湾东地震带；

北东向断裂：（1）华蓥山断裂；（2）贵阳—芷江—溆蒲断裂；（3）桂林—南宁断裂；（4）防城—灵山断裂；（5）合浦—北流断裂；（6）廉江—信宜断裂；（7）四会—吴川断裂；（8）恩平—新丰断裂；（9）河源—邵武断裂；（10）紫金—博罗断裂；（11）莲花山断裂带；（12）潮州—汕尾断裂；（13）长乐—诏安断裂；（14）滨海大断裂；

北西向断裂：1. 闽江断裂；2. 永安—晋江断裂；3. 九龙江断裂；4. 上杭—云霄断裂；5. 饶平断裂；6. 丰顺—汕头断裂；7. 珠江口断裂；8. 白坭—沙湾断裂；9. 西江断裂；10. 巴马—博白断裂；11. 百色—合浦断裂；12. 靖西—崇左断裂；13. 富宁—那坡—谅山断裂；14. 红河断裂带；

东西向断裂：①河池—宜州断裂；②王五—文教断裂

的新生代地层。该地区北段断裂构造以NNE向为主，次为NWW向；南段则以NEE向为主，次为NNW向。受台湾碰撞带影响，晚第四纪以来，台湾海峡西部滨海断裂附近及潮汕、漳州、雷琼等断陷盆地构造活动较为强烈。

华南沿海地震带是华南地区中强地震活动的主体地区，历史上几乎所有的6级以上地震都集中在该区域。截至2018年11月，该地震统计区共记录到4.7级以上地震164次，均为浅源地震，其中7.0~7.9级地震4次，6.0~6.9级地震23次，5.0~5.9级地震92次，最大地震为1604年12月29日泉州海外7½级地震。华南沿海地震统计区最早一次地震记载为963年5月泉州4¾级地震。该区在1500年之前地震缺失较多，1500年后共经历了两个地震活跃期（1507~1686年，1871~？年），从这两个活跃期地震历时看，现仍处于活跃期后期阶段。

**2. 右江地震带（Ⅱ）**

右江地震带包括广西西部、贵州西南部和云南一小部分，大地构造主体属华南加里东褶皱带。新生代以来，该区大部分处于相对隆起状态，以断裂和断块活动为主，断裂构造以NW向为主，次为NE向，少数断裂在第四纪晚期仍有活动。与西部鲜水河—滇东地震统计区和东部华南沿海地震统计区相比，该区地震活动较弱，以5级左右中强地震为主，且频度较低。截至2018年11月，该地震统计区共记录到4.7级以上地震33次，均为浅源地震，其中6.0~6.9级地震1次（1875年6月8日贵州罗甸6⅛级地震），5.0~5.9级地震18次。该区最早地震记载为1526年5月31日贵州晴隆5级地震。1860年之前仅记有8次地震，地震缺失较多；1860年后地震记录才基本完整。由于记载时间较短，地震活动没有明显起伏，难以划分活跃期与平静期。

**3. 长江中游地震带（Ⅲ）**

长江中游地震带位于长江中游一带，大部为扬子准地台分布的区域。该地震统计区所在区域虽然历史上经历过多次构造运动，但晚第三纪以来构造活动明显减弱，绝大多数断裂在晚第四纪以来都未见明显活动，地震活动相对较弱。截至2018年11月，长江中游地震统计区共记录到4.7级以上地震112次，均为浅源地震，其中6.0~6.9级地震3次，5.0~5.9级地震64次，最大地震为1631年8月14日常德6¾级地震。长江中游地震统计区地震总体呈弥散分布，但在该区北界秦岭—大别一线、洞庭湖盆地、鄱阳湖盆地及四川盆地西南部地震活动稍强。长江中游地震统计区地震记载历史较长，最早一次为公元前143年6月7日竹山

5级地震。该区在1300年之前地震资料遗失较多，1300年后经历有两个地震活跃期（1467~1640年，1813~？年）。从这两个活跃期的地震分布看，现仍处于活跃期后期阶段。

### 4. 台湾西地震带（Ⅳ）

台湾西地震带统计区包括台湾岛中央山脉西侧和台湾海峡东部。断裂以NNE向逆断层为主，其次为NWW和近EW向断层，主要为走滑运动性质。该地震带统计区因靠近菲律宾海板块与欧亚板块碰撞边界，地震活动十分强烈，主要为浅源地震。截至2018年11月，台湾西地震统计区共记录到4.7级以上地震336次，其中7.0~7.9级地震7次，6.0~6.9级地震69次，5.0~5.9级地震188次，最大地震为1999年9月21日集集7.5级地震。该区地震活动有北强南弱、东强西弱的特点，强震多分布在台湾岛上，并以台中至嘉义一带最为活跃。不同地区地震构造背景也存在差异，台湾岛上主要以自东向西逆冲的NNE—近SN向推覆构造为主，强震多分布在山麓与平原交界断裂附近。

台湾西地震带统计区最早地震记载为1644年7月30日台南5¼级地震，1915年之前地震资料缺失较多，之后5级以上地震记录才基本完整。1915年以来，台湾西地震带统计区破坏性地震活动一直很活跃，发生过4次7.0~7.9级地震，39次6.0~6.9级地震。进一步可大致可划分为两个活跃期：1916~1947和1990~？年，目前仍处于后一活跃期内。

### 5. 台湾东地震带（Ⅴ）

台湾东地震带统计区北起琉球岛弧与台湾交界处，南至台湾与吕宋岛弧之间，位于欧亚大陆与菲律宾海板块碰撞带上，且处于两个俯冲方向截然不同的岛弧的连结部位，因此地震活动十分频繁而强烈，是环太平洋地震带一部分。截至2018年11月，台湾东地震带统计区共记录到4.7级以上地震1501次，包括中源地震（$h \geq 70km$）82次，其中7.0~7.9级地震4次，6.0~6.9级地震16次，5.0~5.9级地震34次；浅源地震1319次，其中8.0~8.9级地震2次（1920年6月5日、1972年1月25日8级地震），7.0~7.9级地震34次，6.0~6.9级地震244次，5.0~5.9级地震792次。因此，台湾东地震带统计区以浅源地震为主。浅源地震主要位于台湾岛东岸及其东部海中，源深度一般小于60km。7级以上地震分布在台湾东海岸附近及海岸以东100km两个宽50km的北北东向带上，后者地震数目较少，但强度大，2次8级地震均分布在该带上。

## 1.1.3 地震活动断裂

地震是地壳构造运动的一种形式，而活动断层是破坏性地震发生的元凶。一般将活动断层定义为晚第四纪以来（距今10~12万年）有过活动的断层（GB 17741—2005），考虑到中国大陆东部地区一些早第四纪活动断层也可能成为6级左右地震的发震构造，本报告较系统梳理了华南地区早第四纪以来仍有活动的断裂构造，大致将其划分为NNE、NW和近EW向三组（图1-2），分别介绍如下。

### 1. 北东向断裂

#### 1）华蓥山断裂

该断裂是分隔川东隔挡式褶皱带和川中平缓区的重要断裂，发育在华蓥山背斜的轴部或倒转翼，主要由2~3条主断裂组成，大部分隐伏。断裂北起万源、达州至宜宾，呈NNE向展布，倾向 SE，倾角大于 45°，一般为 60°左右，寒武系至三叠系地层均被切割。地球物理资料显示，该断裂是一条深切基底的大断裂，断裂两侧基底磁性特征不同（汪泽成等，2002）。该断裂在古生代以张性活动为主；晚三叠世末—白垩纪时期，由于受到江南雪峰隆起向西构造推挤导致总体向西逆冲；新构造期以来经过多次活动，断层物质 TL 测年为 7～22 万年，即中更新世或晚更新世早期亦有过活动。断裂西南段中强地震相对强烈，东北段 1989 年发生过 4.7 和 5.3 级地震。

### 2) 贵阳—芷江—溆蒲断裂

该断裂西起贵州省贵定县马场，经新晃、芷江、怀化，至溆浦一带。由数条平行断裂组成，宽达 20 余千米，长度大于 200km，呈 NEE 走向。在布格重力异常图上，断裂西南段为 NEE 向的重力异常低值带，但进入湖南后反映不明显。沿断裂发育有归州、施秉、芷江和溆浦等白垩系—古近系盆地。断裂活动使施秉盆地内的上新统发生变形。在芷江、怀化一带，断裂截切沅陵—麻阳盆地，使盆地发生顺时针扭曲。在镇远、新晃一带断裂地貌清晰，断层三角面、断层崖十分醒目，多处有温泉出露。在贵定附近，贵定—黄平次级断裂错断了晚更新世地层。历史上在断裂西南段的贵州贵定曾发生过 1 次 5¾级地震。

### 3) 桂林—南宁断裂

该断裂西南起自越南境内，经南宁、柳州、桂林，进入湖南，长约 650km，总体走向 NE45°，在柳州以北多倾向 NW，柳州以南多倾向 SE，倾角 30°～60°。由数条大致平行的断裂组成，断裂破碎带宽数米至数十米，带内挤压透镜体、角砾岩、糜棱岩、片理化和擦痕等构造现象发育。该断裂新生代以来活动明显，沿断裂形成串珠状第四纪盆地和谷地，一些地方同级地貌面高度出现差异。断层物质 TL 测年为 27 万年，表明在中更新世中期有过活动。历史上在断裂东北段的广西灵川和西南端的广西宁明各发生过 1 次 4¾级地震。

### 4) 防城—灵山断裂

该断裂西南起自越南境内，往东北经钦州、灵山至藤县西，呈舒缓波状延伸，全长约 350km，走向 NE40°～50°。以寨圩为界，南西段倾向以 NW 为主，北东段以 SE 为主。沿断裂是布格重力异常梯度带和地磁异常带。根据构造地貌和活动性的差异，可分为防城—大垌、平吉盆地、灵山、寨圩以北 4 个段落，其中：防城—大垌段、平吉盆地段和寨圩以北段为早—中更新世活动断裂；灵山段西侧分支断裂（三隆—石塘断裂）在地貌上构成山区和侵蚀洼地的分界，断层物质测年结果显示早—中更新世活动；灵山段东侧分支断裂（灵山断裂）的南段在地貌上没有明显显示，但存在清晰的断面和未成岩的断层泥；灵山断裂北段在罗阳山北麓有清晰的地貌显示，跨断裂水系发生右旋偏转，中更新世洪积扇砂砾石层中发现断裂的迹象（周本刚等，2008），该段发生过 3 次 5 级以上的地震，最大地震为 1936 年广西灵山 6¾级地震。

### 5) 合浦—北流断裂

该断裂西南起于北部湾海域，往东北经博白、玉林至北流，长约 300km，走向 NE40°～60°，分东西两支。东支为陆川—岑溪断裂，多数倾向 SE，倾角 40°～70°；西支为博白—藤县断裂，容县以北，多数倾向 SE，容县以南，多数倾向 NW，倾角 70°左右。根据构造地貌发育程度、第四系发育及温泉出露状况，该断裂南段活动较强，中段次之，北段最弱。南段隐伏于合浦盆地边缘，由于断裂活动，形成南流江谷地，据钻探和浅层地震勘探资料，断裂断错早—中更新统地层。据中段、南段断层泥 TL 和 IRSL 年代测试结果，断裂最新活动时间为 12~47 万年（王明明等，2009）。沿该断裂带共记述 $M \geq 4.7$ 级地震 4 次，最大为 1778 年 1 月 29 日广西玉林 5¼ 级地震。

### 6）廉江—信宜断裂

该断裂东北起自广东信宜，向南西经六明、宝圩、廉江，止于横山镇一带，长约 180km。北东段走向 NNE，倾向 NW，正断性质；西南段走向 NE20°~40°，倾向 SE 或 NW，最新活动以右旋走滑为主。该断裂形成于加里东期，新生代有明显继承性活动，控制了第四纪小盆地和谷地的发育，沿断裂带有温泉分布。在廉江城西南沙井附近的剖面中，可见沿断面发育较好的断层泥，颗粒极细、新鲜，ESR 测年为 34 万年，自该点向南，沿断裂带线性影像清晰平直，表现为线性展布的低丘与平原的分界，据此推断断裂的最新活动时代为中更新世中晚期。沿断裂带曾发生 $M \geq 4.7$ 级地震 6 次，最大为 1605 年 8 月 17 日广东廉江 6 级地震。

### 7）四会—吴川断裂

该断裂南起自南三岛和东海岛的东缘，向北经吴川、云浮至英德以北，走向 NE30°~45°，长度大于 350km。该断裂自云浮向南分为两支，东支倾向 SE 为主，倾角 60°~80°；西支主要倾向 NW，倾角 50°~80°，两支均为逆断性质。该断裂形成于早古生代，后经多期构造运动，沿断裂动力热变质作用强烈，形成宽数千米至近 20km 的挤压破碎带和混合岩化带，并伴有多期岩浆活动。新构造期以来，以继承性断块运动为主，沿断裂地貌反差显著，两侧见跌水和瀑布，漠阳江受断裂控制形成谷地。断裂物质年代学测定结果显示最新活动发生在中更新世晚期。沿断裂带发生过 1445 年四会 4¾ 级、1611 年电白海域 6 级和 1749 年云浮 5 级地震。

### 8）恩平—新丰断裂

该断裂西南起自广东阳西，向北东经恩平、高明、广州至从化以北，总体走向 NE40°左右，呈舒缓波状延伸，长约 300km，宽 5~20km，主要有恩平—苍城、鹤城—金鸡和广州—从化 3 条断裂组成。苍城—海陵断裂控制了锦江河谷的发育，晚更新世以来，断裂早期活动造成的地貌反差已基本夷平，断层泥 TL 测年结果显示在距今 28~35 万年曾有过活动。鹤城—金鸡断裂对潭江水道的发育、潭江冲积平原的形成起一定的控制作用，断裂普遍被上更新统地层所掩埋，两侧地貌反差消失，断层泥 TL 测年结果表明早—中更新世有过活动。广州—从化断裂为正断性质，新构造期以来活动显著，沿断裂可见断层崖、三角面及跌水现象，两侧地貌反差明显，温泉呈线状分布（严国柱，1986），断层物质测年结果为 12~34 万年，表明该段在中更新世有过活动。恩平—新丰断裂带小震呈带状分布，由北往南地震逐渐增强，江西龙南段及广州—从化段，都曾发生 4¾~5.0 级地震，往南到阳江地段，于 1969 年发生 6.4 级地震。

### 9）河源—邵武断裂

该断裂又称东江深断裂，西南起自广东河源，往北东经江西寻乌、会昌直至福建邵武，长达上千千米，宽 20~30km，总体走向 NE，局部 NNE，呈 S 形弯曲，一般倾向 SE，倾角 30°~50°。这是一条成生于印支期，多次活动的构造岩浆带，控制了塔下、永和圩—成塘径、龙川、蓝口、河源和杨村等多个串珠状白垩—第三系断陷盆地的形成。河源断裂是其中规模最大的断裂，表现出多期活动的特征：燕山期为压性；燕山期末—喜山期初为张性，形成了断陷盆地，堆积了巨厚的红色砂岩建造；第三纪后期为压扭性，断裂两侧呈左旋走滑运动（魏柏林，1981；魏柏林等，1994）；第四纪以来仍有强烈的活动，西侧上升构成侵蚀地形，沿断裂线有断层三角面、断层崖、滑坡、跌水、温泉出现。该断裂带规模大、活动性强，并与其他方向的断裂构造交会，组成复杂的构造格局。1962 年 3 月 19 日在新丰江大坝峡谷区左岸一带发生了 6.1 级强震，其后发生多个中强地震，小震活动频繁。

### 10) 紫金—博罗断裂

该断裂位于五华、紫金、博罗、东莞一带，走向 NE，倾向 SE，倾角 40°～80°，全长约 250km。该断裂北段对燕山期花岗岩有明显的控制作用，可见断崖、跌水、断层沟谷等构造地貌，断裂构造岩发育，存在明显的糜棱岩化、角砾岩化、硅化和片理化带。断裂西南段破碎带规模不如东北段，常在 10m 内，断裂带内可见褐铁矿化，断裂活动主要表现为层间滑动。据蛇头湾采集的断层泥 TL 测年结果为距今 13～15 万年，表明断裂最新活动时代为中更新世晚期。

### 11) 莲花山断裂带

该断裂带规模宏大，由 120 多条断裂组成，全长 1000 余千米，宽 20～40km，局部可达 60km，走向 NE40°左右。地貌上表现为地垒山系，地垒两侧分别为五华—深圳断裂和政和—海丰断裂。该断裂带具有多期次活动特征，成生于震旦纪，经过加里东、印支、燕山等构造运动，形成了一条复杂的构造岩浆带、动热变质带、复式褶皱带和对冲构造断裂带。新构造期断裂运动性质发生了明显的变化，由原来的对冲挤压演变成中部隆起、两侧呈正断层错落。其北界五华—深圳断裂，总体走向 45°，倾向 NW，断裂两侧地形反差明显，下盘为莲花山山脉，上盘发育一系列晚白垩世—古近纪初的红盆，地形上表现为下盘抬升，上盘陷落的正断层。根据古夷平面分析，显示断裂下盘新生代才开始抬升（黄玉昆等，1990）。第四纪以来不同地段仍有活动，形成坪山、横岗、深圳河谷和元朗、屯门等一系列第四纪槽地。南侧的政和—海丰断裂，倾向 SE，上盘下降，沿断裂亦分布有大小不等的中新代盆地，在丰良、丰顺、五经富、热水坑、黄土岭等处均有温泉分布。据地震剖面资料，该断裂向海域延伸的红海湾段，向上切错了 R2 反射层（上更新统内部的一个界面），为晚更新世活动断裂（中国地震局地球物理研究所，2005）。

### 12) 潮州—汕尾断裂

该断裂经潮州、揭阳、普宁至汕尾延伸入海，往北东经饶平延伸到福建境内，与长乐—诏安断裂带西侧断裂相连，长约 300km，走向 NE40°～50°，倾向 SE 为主，倾角 50°～80°。该断裂在燕山运动时期表现为强烈挤压逆冲性质，新构造期表现为阶地状正断性质。在福建福安至上坪一带，断裂西盘强烈抬升，多见深切河谷，切割深度最大达 700m，冲洪积扇发育；东盘间歇性抬升，河谷多为盆谷型，第四纪沉积较厚。在潮州一带，断裂西侧抬升成低山丘陵，东侧相对沉降，沉积厚达 120m。以普宁为界，该断裂分为西南和东北两段。东北段第四纪活动性明显强于西南段（魏柏林等，1988），地貌上控制了新生代潮汕盆地西缘的展布。断层物质 TL 测年结果显示，断裂最新活动时间为晚更新世早期。沿该裂地震活动非常活跃，发生了 1067 年潮州 6¾ 级和 1895 年揭阳 6 级地震。

### 13）长乐—诏安断裂

该断裂大致呈 NE 向平行海岸线分布，东北起于福建长乐，往西南经莆田、泉州、厦门、诏安，过南澳岛入海，长大于 400km，宽 38~58km，倾向 SE 或 NW，沿断裂带既是一条大型的脆—韧性剪切带，也是一条热泉集中分布带（廖其林等，1988）。该断裂形成于中生代；在新构造运动时期，逐渐转变为以断裂—断块差异升降运动为主；晚第三纪至早第四纪，在漳浦、龙海、金门等地沿断裂有多次玄武岩喷溢以及温泉沿断裂呈带状分布，表明该断裂带在新近纪曾有过较强活动，至第四纪仍有活动。在断裂北段的莆田田柄村、石狮深沪镇等地采集的断层泥，其 TL 测年为 2.9~6.6 万年，属晚更新世活动断裂；在龙海至漳浦一带玄武岩的晚更新世喷发暗示了该断裂的活动性。原位地应力测量结果表明，断裂带中段现今具有右旋走滑的运动特征（张鹏等，2015）。沿断裂带破坏性地震和小震群活动较为密集，尤其是该断裂与 NW 向活动断裂带的复合部位是孕育地震的危险部位，如莆田、惠安、安溪、泉州、晋江安海等地发生过 4¾~5¾ 级地震，在漳州盆地发生过 6 级地震。

### 14）滨海大断裂

该断裂又名陆架北缘断裂，沿珠江口盆地北缘分布，往福建沿海兄弟屿、平潭海外与近海断裂相连，大致沿海平面 30~50m 等深线分布，在南澎以北为 NE 向，在其南为 NEE 向，上川以西又转为 NE 向沿陆架北缘往南西延伸到海南岛北，可与 NEE 向临高—铺前断裂或近 EW 向王五—文教断裂相连。断裂带长约 610km，宽约 25~40km，由多条平行断裂组成，又被一系列 NW 向断裂切割，断面倾向 SE，属高角度正断层（魏柏林等，2001）。该断裂带为一条醒目的航磁负异常带和布格重力正负异常转换带。横跨断裂带的深地震探测剖面中，在距南澳东南 35km 处存在一条上下连续的低速带，推测为滨海断裂带，向下断裂接近莫霍面（丘学林等，2002）。根据担杆岛东南海外地震探测资料，该断裂断错了上更新统底界，推测其最新活动时代为晚更新世（中国地震局地球物理研究所，2005）。1604 年以来，沿此断裂发生了 3 次 7 级以上强震，1604 年泉州海外 7½ 级地震发生在北段，1918 年 7¼ 级地震发生在中段、1605 年琼州 7½ 级地震发生在西南段；1970 年以来，中小地震活动沿该断裂带呈带状分布。

## 2. 北西向断裂

### 1）闽江断裂

该断裂展布于南平至福州之间的闽江谷地两侧，终于福州盆地，长约 180km，最宽处达 31km，走向 NW300°~320°，倾向 SW 或 NE，倾角 75°~85°。带内断裂呈断续延伸，近平行排列，主要表现为断层面、破碎带、构造角砾岩、破劈理带、节理密集带等，地貌上断裂控制了闽江河流谷地及闽江下游福州盆地的发育。该断裂形成于燕山期，主要分为南平以西段、南平东南段和福州段。其中，南平以西段，断裂趋于发散，为前第四纪断裂；南平东南段主要在闽清雄江至南平之间发育，主要有两组性质断裂，其中以压扭性为特征的断裂为前第四纪断裂，以正断、右旋走滑为特征或为张扭性质的断裂在第四纪早期仍有活动；福州段，东南起自平潭岛以东，断续向西北延伸至福州西的闽侯一带，具有张扭性质，部分段落晚更新世早期仍有活动。该断裂与长乐—诏安断裂交会部位的福州盆地附近发生过 1574 年福州—连江之间 5¾ 级地震。

### 2) 永安—晋江断裂

该断裂始于清流，沿永安、安溪、南安、泉州、晋江一带，向东南延伸入台湾海峡，长约290km，宽5~26km，走向NW300°~345°，倾向SW或NE，倾角60°~85°。带内断裂呈断续延伸，近平行排列，主要表现为破碎带、断层面、节理密集带，地貌上断裂控制了晋江河流谷地及晋江下游泉州盆地的发育。该断裂形成于燕山晚期，新构造期以差异断裂—断块活动为特征；第四纪早期，断裂西北段在中更新世以来的活动规模和强度已明显减弱，断裂带东南段尚有活动；第四纪晚期以来，断裂活动较弱或趋于稳定，目前仅发现断裂东南段泉州盆地内的寺角断裂在晚更新世早期有过活动，表现为正断运动的性质。该断裂与长乐—诏安断裂带交会部位的惠安、安溪、晋江安海等地发生过$4\frac{3}{4}$~$5\frac{3}{4}$级地震。

### 3) 九龙江断裂带

该断裂从龙岩东沿潭州西溪、龙海、九龙江至厦门陆域、海域，全长约110km，走向NW—NWW，倾向SW，倾角75°以上，卫片上表现为清晰的线性构造，重磁场上表现为布格重力异常梯度带和航磁异常集中分布带，沿断裂有一系列串珠状的盆地、温泉分布。这是一条左旋走滑兼正倾滑运动性质的断裂，晚更新世早期仍有活动。现今垂直形变速率约为0.3mm/a。在九龙江一带被河流冲刷的槽地中，多见裂隙密集带或破劈理带，其上覆沉积层$^{14}$C年龄为1~2万年，表明在第四纪晚期断裂某些地段仍存在差异性升降运动。沿断裂地震活动频繁，形成一条明显的NWW向地震密集带，1185年漳州$6\frac{1}{2}$级、1445年福建漳州$6\frac{1}{4}$级、1549年南靖5级地震都发生在该断裂带上，1906年金门近海$6\frac{1}{4}$级地震及一系列5级余震发生在该断裂向东的延伸线上。

### 4) 上杭—云霄断裂

该断裂分布于闽西上杭、永定、云霄、东山一带，总体走向NW315°，呈NW向帚状分布，北段收敛、南段撒开，长约210km，宽20km。该断裂带形成于加里东运动，燕山早期断裂活动达到高潮，发生大规模岩浆侵入，新构造期继承性活动。断裂西南侧为NW向花岗岩体，东北侧为白垩系断陷盆地，盆地沉积中心由老到新向断裂一侧迁移。在新安至外风楼一带，断层下盘上升形成断块山地，断面新鲜、擦痕清晰；在内风楼至田边的山前地带，晚更新世冲—洪积扇形地貌发育，横切断裂流入东溪的支流河谷横剖面呈峡谷型。据钻孔揭示，晚更新世以来的沉积物被埋于海平面之下达20m，据此估算上盘下降速率平均为0.37mm/a（魏柏林等，2001）。沿断裂带发生过5~$5\frac{1}{2}$级地震4次，是一条第四纪早期活动过的断裂。

### 5) 饶平断裂

该断裂又称黄岗河断裂，北起蕉岭、大埔，经饶平、西澳入海，广东境内长约150km，走向NW320°，近直立。沿断裂发育压碎岩、片理、劈理及节理密集带，影像线性构造明显，控制着黄岗河的展布。断裂在西澳岛分为三支，地貌上在东支南西盘为旗头山侵蚀台地，北东则为现代砂堤低地，这种鲜明的地貌反差与断裂第四纪以来存在的差异升降运动有关。在旗头山附近，断裂东支断层泥样品TL测年为8.36±0.65万年，表明断裂最新一次强烈活动在晚更新世；在旗头山东南约800m濒临南海的山坡地带采集同一断层的断裂碎屑，TL测年为9.68±0.79万年，同样反映了该断裂具有较新活动性。沿断裂地震大致成带状分布，并集中在南北两端。北端以蕉岭为中心，以2~4级地震为主；南端则集中在南澳和南澎，1600 年南澳 7 级和 1918 年南澳 7½级地震都发生在该断裂附近。

### 6）丰顺—汕头断裂

该断裂又称榕江断裂，北起丰顺北斗，经汤坑、新亨、榕城，沿榕江、牛田洋入南海，走向 NW320°，倾向 SW 或 NE，倾角 70°~80°，长 100km 以上，宽约 200m。断裂大部分被第四系所覆盖，人工地震探测剖面显示该断裂为正断性质，上盘下降约 10m。有基岩出露的地段，断裂带硅质构造岩、糜棱岩发育，具有多期活动的特征。跨断层短水准垂直形变测量结果显示，断层上盘（北东盘）相对下沉，下盘（西南盘）相对上升，平均年变速率 0.86mm；大地形变测量结果显示，断裂水平形变为右旋走滑（东盘南东运动，西盘北西运动），年变速率为 1.5mm。断层物质测年结果显示其最新活动时代为全新世（中国地震局地质研究所，2002）。断层气测量结果亦显示断裂现今活动性较强，且东南段强于中段。沿断裂中、小地震断续分布，最大为 1895 年揭阳 6 级地震。

### 7）珠江口断裂

该断裂又称文冲—狮子洋断裂，北起广州黄埔地区，经狮子洋，出虎门而入内伶仃洋，往南在香港大濠岛可见其踪迹，全长约 150km，走向 NW，倾向 NE 或 SW，倾角 50°~85°。在西北段番禺至虎门一带，控制了珠江口断陷盆地的西界，两侧地貌形态、第四系层位无明显变化，但浅层地震探测结果显示断裂向上错断了第四系覆盖层的底界，断层物质 ESR 测年结果亦反映出断裂在中更新世有过活动。在东南段流浮山至东博寮海峡一带，断裂控制了马湾—青衣海峡、东博寮海峡和矾石水道的发育，陆地上可见断层角砾岩带，海域为一条北西向的第四系厚度和水下地形陡变带；小铲岛西北侧的浅层人工地震探测结果显示断裂可能已切割全新统底部地层，沙洲西北水域的浅层地震探测剖面显示断裂最新断至上更新统中上部，这表明该段在晚更新世中晚期—全新世仍有活动。沿该断裂带地震活动水平较低，历史上仅记载 3 次 4 级左右的地震，1874 年 6 月 23 日广东担杆列岛外 5¾级地震可能与该断裂活动有关。

### 8）白坭—沙湾断裂

该断裂北起白坭，向南经官窑、松岗、平洲至番禺沙湾，沿蕉门没入伶仃洋，长约 100km，走向 NW，倾向 SW，倾角大于 50°。该断裂西北段大部分被第四系所覆盖，仅在局部地段出露地表。在松岗一带，可见宽度超过 20m 的断层角砾岩与挤压片理化带；在官窑、联表煤矿一带，断裂错断了 NNE 和近 EW 向断裂；在马腰山一带，断裂规模较小，上覆第四系残坡积层未见明显错动。该断裂东南段控制了古珠江的发育，第四系等厚线呈北西向延伸。在灵山大岗后山，断裂旁侧发育北西向方解石脉，TL 测年为 5.09~7.13 万年，表明晚更新世中期有过活动（陈国能，1993）。1970 年以来，沿断裂发生了多次 2.0~3.9 级地震。

### 9）西江断裂

该断裂北起四会，往东南经肇庆莲圹、三水河口、高要牛岷山，沿西江继续向东南经马口岗、潭窖山、远安，于磨刀门入南海，全长约 100km，走向 NW，倾向 NE，倾角 70°。断裂在第三纪和第四纪有明显的活动，并表现出左旋走滑运动性质。它作为三水盆地的边界断裂，控制三水第三纪盆地和西江第四纪河谷盆地的发育，盆地与外围地貌反差大。由于断裂活动，使盆地广泛接受第三系和第四系沉积，并使珠江三角洲地块向西倾斜，第四系厚度由东向西增大。在三水县河口和高鹤县三洲附近，沿西江分别形成两个北西向的、狭长的第四纪沉降中心，第四纪厚度达 45~70m。河道也由东向西迁移，断裂两侧阶地发育不对称。断裂东南段在磨刀门大桥可能错断沉积层下部层位，断层泥热释光测年结果也表明，这是一条晚第四纪活动断裂（汪一鹏等，2001）。历史上在断裂内发生 $M \geqslant 4.7$ 级地震 5 次，最大震级 5 级。

### 10) 巴马—博白断裂

该断裂始于广东茂名一带，往西北经广西博白、横县、大化、巴马，而后进入贵州境内，全长 800 多千米，走向 NW—NNW，倾向 NE 为主，倾角 40°~85°。断裂最早形成于华力西期构造旋回，新生代以来继承性活动，左旋剪切—挤压运动性质。以马山、横县、寨圩、博白为界，该断裂可划分为巴马—马山、马山—横县、横县—寨圩和博白—茂名 4 个几何形态和活动性不同的段落，其中：横县—寨圩段在友僚至石塘一带左旋错断 NE 向断裂、成排的山脊和沟谷，在六吉一带左旋错断防城—灵山断裂 295m，断层物质 TL 测年结果为 10 万年，表明该段最新活动时代为晚更新世；断裂物质年代学测试结果显示，其他段的最新活动时代为早第四纪。沿该断裂带共记述 $M \geqslant 4.7$ 级地震 12 次，其中 $M \geqslant 6.0$ 级地震 4 次。

### 11) 百色—合浦断裂

该断裂始于雷州半岛，向北西经合浦、南宁、百色，而后进入桂黔交界的隆林、西林一带，总体走向 NW，倾向 NE 或 SW，以南宁为界可分成西北和东南两段。西北段又称右江断裂带，控制着第四纪百色—田东盆地的发育，连续性好，延伸长，断层谷槽发育，一些地段断裂切割晚更新世坡积含砾石红土或含土砾石层，一些地段穿越断裂的水系发生同步左旋拐弯，断层物质 TL 测年结果显示断裂最新活动时代为中—晚更新世（宋方敏等，2004）。东南段连续性差，左旋切错十万大山和六万大山，使它们分别向东北和西南方向呈阶梯状下降，控制合浦盆地及其次级构造的发育，最新活动时代为早第四纪。沿断裂带共记述 $M \geqslant 4.7$ 级地震 7 次，最大地震为 5.4 级。

### 12) 靖西—崇左断裂

该断裂西北起自云南富宁，往东南经广西靖西、大新至崇左，长约 250km，走向 NW，倾向不一，倾角 40°~70°。根据断裂几何形态、内部结构以及断裂活动性差异，以垂屯为界可分为西北和东南两段。西北段为平直断裂谷，断层崖发育，左旋错断 NE 向山脊线和现代冲沟、冲槽，对水系有一定控制作用，断层物质测年结果显示中更新世中后期有过活动。东南段线状负地貌、断层陡坎、断层三角面发育，在荣圩断裂穿过 Ⅱ 级阶地，但未见阶地变形，表明断裂在晚更新世以来不活动。断裂带西北段在 1962 和 1982 年分别发生了云南富宁 5½级和 5.8 级地震。

### 13) 富宁—那坡—谅山断裂

该断裂带西北起自云南广南附近，往东南经富宁、那坡进入越南，而后经高平、谅山直抵先安湾，全长 400 余千米，由多条大致平行断裂组成，走向 NW，多数倾向 SW，倾角 45°~80°。断裂带经过之处，多形成平直而狭长的 V 形谷地，断崖、三角面发育；断裂横切河流时，有的地方形成几十米高的跌水，有的地方上、下游地貌形态反常。根据卫星影像判断，在广西那坡县德隆、百合一带，断裂沿线的山脊和小溪（或冲沟）发生左旋同向弯曲和扭动，水平位移达 1000m。断层物质测年结果显示，断裂在中更新世中期有过明显活动。在断裂东南端的越南境内，1900 年以来发生 3 次 5.0 级地震。

### 14）红河断裂带

该断裂带北起云南剑川，向东南经洱源、弥渡、元江、红河、河口，而后穿越南延伸进入南海，全长约1000km，在陆地上总体走向NW—NNW，由多条次级断裂组成，断裂几何结构、地质地貌等诸多方面表现出突出的时空不均匀性和分段性。断裂带经历了多期次、多旋回的强烈构造运动，使早期地层发生不同成因和不同程度变质作用和岩浆活动，控制着断裂两侧广大区域的地层发育（虢顺民等，2001）。新构造运动以来的夷平面发育与解体、新生代盆地发育与堆积、水系及河流阶地发育与变形等方面的特征表明，中国境内红河断裂带第四纪以来总体活动水平由北向南逐渐减弱的趋势一直延续到了越南境内（张建国等，2008）。在越南洒巴、老街和保河三个剖面中，对其上覆地层、断层泥的TL年龄测试结果表明，前两者为中更新世活动断裂，后者为晚更新世早期活动断裂。沿断裂带地震活动频繁，总体呈现北段强、南段弱，陆上多、海域少的分布特征。

### 3. 近东西向断裂

#### 1）河池—宜州断裂

该断裂西起广西河池，向东经宜州、柳城至鹿寨，长约230km，总体呈EW走向、中部向南突出的弧形断裂带，由一系列大致平行的断裂组成，宽5~20km，倾向不一，倾角70°左右。断裂形成于海西期，燕山期活动强烈，喜马拉雅期仍表现继承性活动。沿断裂第四纪盆地呈狭长条带状展布，盆地形状与断裂走向一致并呈弧形弯转。断裂两侧发育着不同的地貌类型，南侧为第四纪断陷盆地或岩溶丘陵，北侧为岩溶台原或低山。从最新破裂面上的擦痕、构造角砾岩及第四系地貌特征来看，该断裂新构造期以走滑运动为主。在河池大杨附近，断裂带中方解石ESR测年结果为24.0±4.0万年；在河池拉进附近，断层泥TL测年结果为23.0±2.0万年。沿断裂南侧常有中小地震发生，如1926年河池4¾级和1943年4¾级地震。

#### 2）王五—文教断裂

该断裂横贯海南岛北部，西起南华寺，东达铜鼓岭，两端延伸入海，全长约200km，总体呈EW走向，倾向N，是海南岛地形地貌的分界线，断裂北侧以玄武岩台地为主，南侧则由丘陵逐渐过渡到山地地貌。布格重力异常沿断裂呈明显的东西向梯度带；航磁ΔTa平面图上，为近东西向的正负异常变化带，零值线大致顺断裂延展。人工地震测深表明，在定安、树德以北均有基底的断点存在。该断裂古近纪—新近纪时期活动强烈，控制断裂北侧厚达万米的古近系—新近系沉积；早第四纪时期仍有活动，切断下中更新统地层（李坪等，1988）；由断裂西段三级阶地和中段四级阶地测量数据分析，中更新世晚期以来可能存在着微弱的活动（张军龙等，2008）；南渡江在澄迈由南向北流经该断裂，野外调查表明，全新世形成的南渡江阶地没受到断裂活动的影响。

## 1.2　地震监测台网

### 1.2.1　测震台网简介

从1996年开始，国家地震局（现中国地震局）进行了大规模数字地震观测系统建设，通过"中国数字地震监测系统""中国数字地震观测网络"和"中国地震背景场探测"三个重点项目的实施,已建成由国家地震台网、区域地震台网和流动地震台网组成的数字地震观测系统(刘瑞丰,2016)。截至2018年10月,中国数字地震台网在网运行测震仪器(国家台和区域台)1034套。

随着中国数字地震台网台站数量不断增加,空间分布更加合理,全国特别是华南地区地震监测能力显著提升。徐伟进和高孟潭(2014)研究认为,1500年以后我国东部地区$M \geqslant$5.0级历史地震目录基本完整,可以用来分析研究。对于有仪器记录的目录,华南地区1975年以来$M \geqslant 3.0$级地震目录基本完整。王亚文等(2017)利用"基于概率的完整性震级"(PMC)方法,对中国地震台网1001个台站以及2008年10月1日至2015年9月17日期间实际产出的地震观测资料进行了研究,结果显示我国东部地区尤其是华北地区、东南沿海地区地震监测能力较高,部分区域达到$M1.0$左右。

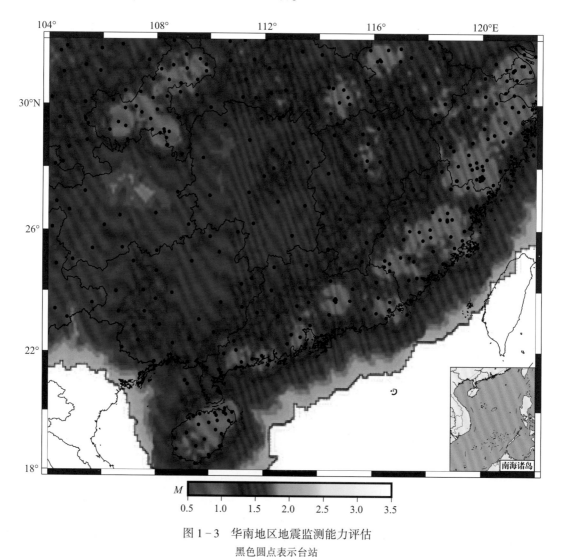

图 1 - 3　华南地区地震监测能力评估

黑色圆点表示台站

为了解华南地区最新地震监测能力，从 2018 年 10 月华南六省及邻区测震台网运行月报收集到 511 个数字地震台站信息，在此基础上计算华南地区地震监测能力。结果显示（图 1-3），中国数字地震台网对华南地区地震监测能力基本达到了 1.5 级，东南沿海陆区台站相对较密，监测能力更好，达到 1.0 级，东南沿海邻近海域的地震监测能力为 2.0 级。从中国地震台网中心收集 2007 年至 2017 年 4 月 16 日华南地区小震资料，绘制 N-M 图和 G-R 关系（图 1-4）。结果显示，近 10 年来，中国地震台网对华南地区 1.2 级以上地震记录较完备。良好的地震监测能力和完备的地震监测结果，为科学开展华南地区地震活动性分析奠定了基础。

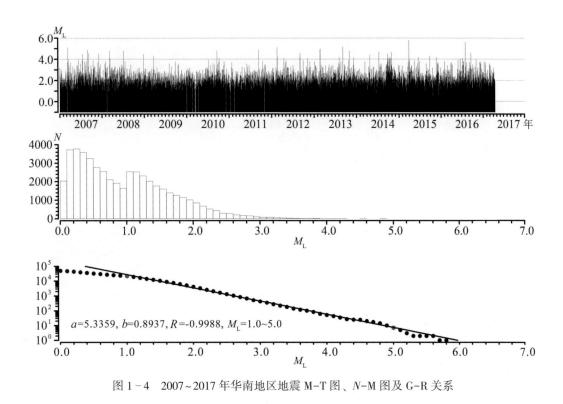

图 1-4　2007~2017 年华南地区地震 M-T 图、N-M 图及 G-R 关系

## 1.2.2　地球物理台网简介

### 1. 地下流体观测网概况

目前，华南地区在运行 75 个地下流体台站，共 160 个测项。其中，水位 64 台项，水温 62 台项，水氡 7 台项，气氡 6 台项，气汞 3 台项，水质及流量等 18 台项。福建及广东两省台站分布较广，均为 21 个台站，且测项比较丰富，除水位和水温外，还有气氡、水氡、水质等多个测项，其他四省台站数量基本为 7~8 个，测项也较单薄，多数只有水位和水温。台站和测项空间分布见图 1-5。

华南区域井水位测项多数运行稳定，资料质量可靠。环境干扰主要为降雨及抽水，少数观测井受抽水严重干扰，导致观测资料质量不稳定；海南和广西部分水位井因靠近海边，受

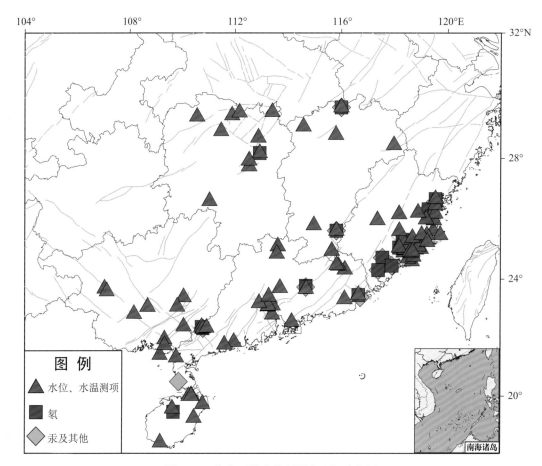

图 1-5　华南区域流体观测点空间分布图

到海潮干扰；江西南昌和会昌井水位因频繁调节流量，导致资料观测质量不可靠。

华南区域井水温测项多数运行稳定，资料质量可靠，个别井受降雨、施工抽水及电源电压干扰，资料稳定性较差；广西部分观测井受海潮、海风等自然因素干扰。

华南区域多数水氡、气氡观测资料稳定可靠；湖南湘乡气氡由于是静水位观测，资料不稳定且不可靠；江西九江 2 井及会昌井观测资料自运行以来背景值一直较低，数据不稳定，可靠性较差；海南兰洋温泉气氡因受泉点抽水及人为观测更换干燥剂等影响，但资料较为稳定，基本可靠。

华南区域水质及气汞资料较少，其中福建水质资料运行均较稳定可靠，而广东水质资料则多为基本稳定或不稳定，主要受抽水、海水侵入、仪器故障等影响导致不可靠；江西九江 2 井及会昌井气汞观测数据突跳较严重，资料不稳定不可靠；后来九江 2 井新增一套气汞，目前运行较稳定可靠，各省设备基本参数、运行情况、效能评估结果及主要干扰因素详见表 1-1 至表 1-9。

表 1-1　华南区域水位基础信息表

| 序号 | 省份 | 测点 | 东经（°） | 北纬（°） | 仪器型号 | 采样率（次/分钟） | 观测时段 |
|---|---|---|---|---|---|---|---|
| 1 | 福建 | 永安冷冻厂井 | 117.36 | 25.97 | SWY-Ⅱ | 1 | 2013.07 至今 |
| 2 | 福建 | 仙游郊尾台井 | 118.78 | 25.32 | HM21F-C1-1-A1 | 1 | 2013.08 至今 |
| 3 | 福建 | 宁德一号井 | 119.54 | 26.67 | LN-3A | 1 | 1998.09 至今 |
| 4 | 福建 | 石狮赤湖井 | 118.71 | 24.76 | DRSW-Ⅱ | 1 | 2018.01 至今 |
| 5 | 福建 | 南安梅山井 | 118.35 | 25.10 | HM21F-A-A1 | 1 | 2013.01 至今 |
| 6 | 福建 | 德化井 | 118.18 | 25.61 | HM21F-C1-1-A1 | 1 | 2013.01 至今 |
| 7 | 福建 | 鲤城井 | 118.58 | 24.92 | HM21F-C1-1-A1 | 1 | 2013.01 至今 |
| 8 | 福建 | 福州浦东井 | 119.35 | 26.07 | HM21F-C1-1-A1 | 1 | 2006.11 至今 |
| 9 | 福建 | 长乐营前井 | 119.48 | 25.97 | HM21F-C1-1-A1 | 1 | 2006.11 至今 |
| 10 | 福建 | 罗源洋后里井 | 119.53 | 26.47 | HM21F-C1-1-A1 | 1 | 2006.11 至今 |
| 11 | 福建 | 平潭北雾里井 | 119.72 | 25.48 | HM21F-C1-1-A1 | 1 | 2006.11 至今 |
| 11 | 福建 | 连江江南井 | 119.53 | 26.19 | HM21F-C1-1-A1 | 1 | 2006.11 至今 |
| 13 | 福建 | 福清龙田井 | 119.46 | 25.62 | HM21F-C1-1-A1 | 1 | 2009.01 至今 |
| 14 | 福建 | 福清江兜井 | 119.22 | 25.47 | HM21F-C1-1-A1 | 1 | 2009.01 至今 |
| 15 | 福建 | 南安东田井 | 118.35 | 24.90 | HM21F-A-A1 | 1 | 2013.01 至今 |
| 16 | 福建 | 南安莲塘井 | 118.35 | 24.98 | HM21F-A-A1 | 1 | 2013.01 至今 |
| 17 | 福建 | 丰泽井 | 118.65 | 24.88 | HM21F-C1-1-A1 | 1 | 2013.01 至今 |
| 18 | 福建 | 洛江井 | 118.67 | 24.93 | HM21F-C1-1-A1 | 1 | 2013.01 至今 |
| 19 | 福建 | 闽侯旗山井 | 119.18 | 26.00 | SWY-Ⅱ | 1 | 2017.12 至今 |
| 20 | 广东 | 新丰江井 | 114.68 | 23.67 | SZW-Ⅱ | 1 | 2007.01 至今 |
| 21 | 广东 | 信宜井 | 110.93 | 22.35 | LN-3A | 1 | 2007.01 至今 |
| 22 | 广东 | 梅州井 | 116.14 | 24.32 | LN-3A | 1 | 2007.01 至今 |
| 23 | 广东 | 韶关井 | 113.58 | 24.85 | LN-3A | 1 | 2007.01 至今 |
| 24 | 广东 | 柱坑井 | 115.9 | 24.45 | SW40-1 型 | 1 | 1988.01 至今 |
| 25 | 广东 | 龙虎井 | 115.83 | 24.47 | SW40-1 型 | 1 | 1988.01 至今 |
| 26 | 广东 | 花都2井 | 113.28 | 23.41 | LN-3A | 1 | 2014.02 至今 |
| 27 | 广东 | 仁化井 | 113.62 | 25.1 | SW40-1 型 | 1 | 1988.01 至今 |
| 28 | 广东 | 花都1井 | 113.28 | 23.41 | SW40-1 型 | 1 | 1988.01 至今 |
| 29 | 广东 | 三水井 | 112.91 | 23.19 | SW40-1 型 | 1 | 2000.01 至今 |

| 序号 | 省份 | 测点 | 东经<br>(°) | 北纬<br>(°) | 仪器型号 | 采样率<br>(次/分钟) | 观测时段 |
|---|---|---|---|---|---|---|---|
| 30 | 广东 | 罗屋井 | 109.78 | 21.33 | 刻度尺 | 1 | 1985.01 至今 |
| 31 | 广东 | 汕头局井 | 116.72 | 23.39 | LN-3 | 1 | 2015.05 至今 |
| 32 | 广东 | 深圳井 | 114.14 | 22.55 | LN-3 | 1 | 1999.01 至今 |
| 33 | 广西 | 九塘井 | 108.69 | 23.06 | SWY-Ⅱ | 1 | 2002.06 至今 |
| 34 | 广西 | 石埠井 | 108.18 | 22.82 | SWY-Ⅱ | 1 | 2002.06 至今 |
| 35 | 广西 | 平1井 | 107.12 | 23.59 | SWY-Ⅱ | 1 | 2007.05 至今 |
| 36 | 广西 | 香1井 | 107.03 | 23.59 | SWY-Ⅱ | 1 | 2003.01 至今 |
| 37 | 广西 | 咸田井 | 109.15 | 21.42 | SWY-Ⅱ | 1 | 1987.07 至今 |
| 38 | 广西 | 石康井 | 109.33 | 21.75 | SWY-Ⅱ | 1 | 1995.06 至今 |
| 39 | 广西 | 西山井 | 110.06 | 23.39 | SWY-Ⅱ | 1 | 1994.03 至今 |
| 40 | 广西 | 东津井 | 109.82 | 23.07 | SWY-Ⅱ | 1 | 2007.05 至今 |
| 41 | 海南 | 海口ZK26井 | 110.35 | 20.03 | SWY-Ⅱ | 1 | 2013.07 至今 |
| 42 | 海南 | 火山流体井 | 110.35 | 19.98 | SWY-Ⅱ | 1 | 2013.09 至今 |
| 43 | 海南 | 海口向荣村井 | 110.28 | 19.98 | DLZ-1 | 1 | 2008.03 至今 |
| 44 | 海南 | 琼海加积井 | 110.46 | 19.24 | SWY-Ⅱ | 1 | 2017.06 至今 |
| 45 | 海南 | 三亚南滨井 | 109.17 | 18.35 | ZKGD3000 | 1 | 2015.01 至今 |
| 46 | 海南 | 文昌潭牛井 | 110.73 | 19.68 | SWY-Ⅱ | 1 | 2013.04 至今 |
| 47 | 海南 | 儋州西流井 | 109.63 | 19.56 | SWY-Ⅱ | 1 | 2016.07 至今 |
| 48 | 江西 | 南昌台井 | 115.8 | 28.76 | ZKGD3000-N | 1 | 2013.08 至今 |
| 49 | 江西 | 九江台1井 | 116.0 | 29.65 | SWY-Ⅱ | 1 | 2007.05 至今 |
| 50 | 江西 | 会昌台井 | 115.82 | 25.62 | LN-3A | 1 | 2007.05 至今 |
| 51 | 江西 | 上饶台井 | 117.97 | 28.43 | SWY-Ⅱ | 1 | 2007.06 至今 |
| 52 | 江西 | 赣州台井 | 114.97 | 25.80 | LN-3A | 1 | 2007.06 至今 |
| 53 | 江西 | 寻乌台井 | 115.65 | 24.95 | SWY-Ⅱ | 1 | 2013.09 至今 |
| 54 | 江西 | 修水台井 | 114.57 | 29.03 | SWY-Ⅱ | 1 | 2014.01 至今 |
| 55 | 湖南 | 长沙井 | 112.92 | 28.17 | ZKGD3000 | 1 | 2002.01 至今 |
| 56 | 湖南 | 桃源井 | 111.47 | 28.88 | SWY-Ⅱ | 1 | 2007.07 至今 |
| 57 | 湖南 | 张家界井 | 110.56 | 29.35 | ZKGD3000 | 1 | 2007.10 至今 |
| 58 | 湖南 | 湘乡井 | 112.53 | 27.74 | TDL-15 | 1 | 2008.08 至今 |

续表

| 序号 | 省份 | 测点 | 东经（°） | 北纬（°） | 仪器型号 | 采样率（次/分钟） | 观测时段 |
|---|---|---|---|---|---|---|---|
| 59 | 湖南 | 清江井 | 111.03 | 26.6 | SWY-Ⅱ | 1 | 2014.06 至今 |
| 60 | 湖南 | 安乡井 | 112.17 | 29.48 | ZKGD3000 | 1 | 2015.02 至今 |
| 61 | 湖南 | 临湘井 | 113.4 | 29.5 | ZKGD3000 | 1 | 2015.01 至今 |
| 62 | 湖南 | 津市井 | 111.89 | 29.39 | ZKGD3000 | 1 | 2014.01 至今 |
| 63 | 湖南 | 湘阴井 | 112.87 | 28.67 | ZKGD3000 | 1 | 2014.01 至今 |
| 64 | 湖南 | 韶山井 | 112.53 | 27.96 | ZKGD3000 | 1 | 2015.01 至今 |
| 65 | 湖南 | 株洲井 | 113.3 | 27.78 | DLZ-1 | 1 | 2015.12 至今 |
| 66 | 湖南 | 花垣井 | 109.47 | 28.58 | DLZ-1 | 1 | 2017.08 至今 |

表 1-2　华南区域水位资料评价表

| 序号 | 省份 | 测点 | 观测手段 | 运行情况 | 资料评估 | 主要干扰因素 |
|---|---|---|---|---|---|---|
| 1 | 福建 | 永安冷冻厂井 | 水位 | 稳定 | 可靠 | 降雨、上游水库泄洪 |
| 2 | 福建 | 仙游郊尾台井 | 水位 | 稳定 | 可靠 | 降雨 |
| 3 | 福建 | 宁德一号井 | 水位 | 稳定 | 可靠 | 降雨 |
| 4 | 福建 | 石狮赤湖井 | 水位 | 稳定 | 可靠 | 降雨 |
| 5 | 福建 | 南安梅山井 | 水位 | 稳定 | 可靠 | 降雨 |
| 6 | 福建 | 德化井 | 水位 | 稳定 | 可靠 | 降雨 |
| 7 | 福建 | 鲤城井 | 水位 | 稳定 | 可靠 | 降雨 |
| 8 | 福建 | 福州浦东井 | 水位 | 稳定 | 基本可靠 | 降雨轻微影响 |
| 9 | 福建 | 长乐营前井 | 水位 | 稳定 | 基本可靠 | 降雨影响 |
| 10 | 福建 | 罗源洋后里井 | 水位 | 稳定 | 基本可靠 | 降雨影响 |
| 11 | 福建 | 平潭北雾里井 | 水位 | 稳定 | 基本可靠 | 降雨影响 |
| 12 | 福建 | 连江江南井 | 水位 | 稳定 | 基本可靠 | 降雨影响 |
| 13 | 福建 | 福清龙田井 | 水位 | 2008年改造 | 基本可靠 | 降雨、抽水影响 |
| 14 | 福建 | 福清江兜井 | 水位 | 2008年改造 | 基本可靠 | 降雨影响 |
| 15 | 福建 | 南安东田井 | 水位 | 基本稳定 | 基本可靠 | 降雨，周边居民抽水 |
| 16 | 福建 | 南安莲塘井 | 水位 | 基本稳定 | 基本可靠 | 降雨，2015年8月周边抽水 |
| 17 | 福建 | 丰泽井 | 水位 | 基本稳定 | 基本可靠 | 降雨，周边居民抽水 |
| 18 | 福建 | 洛江井 | 水位 | 稳定 | 基本可靠 | 降雨，2014年11月周边施工 |

续表

| 序号 | 省份 | 测点 | 观测手段 | 运行情况 | 资料评估 | 主要干扰因素 |
|---|---|---|---|---|---|---|
| 19 | 福建 | 闽侯旗山井 | 水位 | 不稳定 | 不可靠 | 降雨及受周边鱼塘抽水影响 |
| 20 | 广东 | 新丰江井 | 水位 | 稳定 | 可靠 | 降雨 |
| 21 | 广东 | 信宜井 | 水位 | 稳定 | 可靠 | 降雨 |
| 22 | 广东 | 梅州井 | 水位 | 较稳定 | 不可靠 | 测点周围大型工地抽 |
| 23 | 广东 | 韶关井 | 水位 | 稳定 | 可靠 | 降雨 |
| 24 | 广东 | 柱坑井 | 水位 | 较稳定 | 基本可靠 | 降雨 |
| 25 | 广东 | 龙虎井 | 水位 | 较稳定 | 基本可靠 | 降雨 |
| 26 | 广东 | 花都2井 | 水位 | 稳定 | 基本可靠 | 降雨 |
| 27 | 广东 | 仁化井 | 水位 | 较稳定 | 基本可靠 | 测点周围大型矿厂抽水 |
| 28 | 广东 | 花都1井 | 水位 | 不稳定 | 不可靠 | 降雨 |
| 29 | 广东 | 三水井 | 水位 | 停测改造 | | 降雨 |
| 30 | 广东 | 罗屋井 | 水位 | 不稳定 | 不可靠 | 工农业用水 |
| 31 | 广东 | 汕头局井 | 水位 | 较稳定 | 基本可靠 | 工业抽水 |
| 32 | 广东 | 深圳井 | 水位 | 稳定 | 基本可靠 | 降雨 |
| 33 | 广西 | 九塘井 | 水位 | 稳定 | 可靠 | 降雨 |
| 34 | 广西 | 石埠井 | 水位 | 稳定 | 可靠 | 降雨、邕江河水 |
| 35 | 广西 | 平1井 | 水位 | 稳定 | 可靠 | 周边抽水 |
| 36 | 广西 | 香1井 | 水位 | 稳定 | 较可靠 | 周边抽水 |
| 37 | 广西 | 咸田井 | 水位 | 稳定 | 可靠 | 降雨、海潮、海风 |
| 38 | 广西 | 石康井 | 水位 | 稳定 | 可靠 | 降雨、海潮、海风 |
| 39 | 广西 | 西山井 | 水位 | 稳定 | 可靠 | 降雨 |
| 40 | 广西 | 东津井 | 水位 | 不稳定 | 不可靠 | 降雨、周边抽水、井孔自身条件 |
| 41 | 海南 | 海口ZK26井 | 水位 | 稳定 | 可靠 | 海潮、降雨轻微影响 |
| 42 | 海南 | 火山流体井 | 水位 | 较为稳定 | 可靠 | 降雨 |
| 43 | 海南 | 海口向荣村井 | 水位 | 较为稳定 | 可靠 | 降雨 |
| 44 | 海南 | 琼海加积井 | 水位 | 稳定 | 可靠 | 降雨 |
| 45 | 海南 | 三亚南滨井 | 水位 | 较不稳定 | 基本可靠 | 降雨、周边施工或灌溉农田抽水 |
| 46 | 海南 | 文昌潭牛井 | 水位 | 稳定 | 可靠 | 降雨 |
| 47 | 海南 | 儋州西流井 | 水位 | 稳定 | 可靠 | 降雨、附近鱼塘 |
| 48 | 江西 | 南昌台井 | 水位 | 2013年更新改造 | 不可靠 | 降雨、调节流量 |

| 序号 | 省份 | 测点 | 观测手段 | 运行情况 | 资料评估 | 主要干扰因素 |
|---|---|---|---|---|---|---|
| 49 | 江西 | 九江台1井 | 水位 | 稳定 | 可靠 | 降雨 |
| 50 | 江西 | 会昌台井 | 水位 | 稳定 | 不可靠 | 降雨、调节流量 |
| 51 | 江西 | 上饶台井 | 水位 | 稳定 | 可靠 | 降雨 |
| 52 | 江西 | 赣州台井 | 水位 | 稳定 | 可靠 | 降雨 |
| 53 | 江西 | 寻乌台井 | 水位 | 稳定 | 可靠 | 降雨 |
| 54 | 江西 | 修水台井 | 水位 | 稳定 | 可靠 | 降雨 |
| 55 | 湖南 | 长沙井 | 水位 | 稳定 | 可靠 | 降雨 |
| 56 | 湖南 | 桃源井 | 水位 | 稳定 | 可靠 | 降雨 |
| 57 | 湖南 | 张家界井 | 水位 | 稳定 | 不可靠 | 降雨、地下暗河 |
| 58 | 湖南 | 湘乡井 | 水位 | 较稳定 | 不可靠 | 降雨、周边抽水 |
| 59 | 湖南 | 清江井 | 水位 | 稳定 | 可靠 | 降雨 |
| 60 | 湖南 | 安乡井 | 水位 | 稳定 | 可靠 | 降雨 |
| 61 | 湖南 | 临湘井 | 水位 | 稳定 | 可靠 | 降雨 |
| 62 | 湖南 | 津市井 | 水位 | 稳定 | 较可靠 | 降雨 |

表1-3　华南区域水温基础信息表

| 序号 | 省份 | 测点 | 东经（°） | 北纬（°） | 仪器型号 | 采样率（次/分钟） | 观测时段 |
|---|---|---|---|---|---|---|---|
| 1 | 福建 | 石狮赤湖井 | 118.71 | 24.76 | DRSW-Ⅱ | 1 | 2018.01至今 |
| 2 | 福建 | 德化井 | 118.18 | 25.61 | TDT-36 | 1 | 2013.01至今 |
| 3 | 福建 | 鲤城井 | 118.58 | 24.92 | TDT-36 | 1 | 2013.01至今 |
| 4 | 福建 | 丰泽井 | 118.65 | 24.88 | TDT-36 | 1 | 2013.01至今 |
| 5 | 福建 | 洛江井 | 118.67 | 24.93 | TDT-36 | 1 | 2013.01至今 |
| 6 | 福建 | 宁德一号井 | 119.54 | 26.67 | SZW-1A | 1 | 1998.09至今 |
| 7 | 福建 | 仙游郊尾台 | 118.78 | 25.32 | TDT-36 | 1 | 2013.08至今 |
| 8 | 福建 | 南安东田井 | 118.35 | 24.90 | TDT-36 | 1 | 2013.01至今 |
| 9 | 福建 | 南安莲塘井 | 118.35 | 24.98 | TDT-36 | 1 | 2013.01至今 |
| 10 | 福建 | 南安梅山井 | 118.35 | 25.10 | TDT-36 | 1 | 2013.01至今 |
| 11 | 福建 | 福州浦东井 | 119.35 | 26.07 | TDT-36 | 1 | 2006.11至今 |
| 12 | 福建 | 长乐营前井 | 119.48 | 25.97 | TDT-36 | 1 | 2006.11至今 |

| 序号 | 省份 | 测点 | 东经（°） | 北纬（°） | 仪器型号 | 采样率（次/分钟） | 观测时段 |
|---|---|---|---|---|---|---|---|
| 13 | 福建 | 罗源洋后里井 | 119.53 | 26.47 | TDT-36 | 1 | 2006.11 至今 |
| 14 | 福建 | 平潭北雾里井 | 119.72 | 25.48 | TDT-36 | 1 | 2006.11 至今 |
| 15 | 福建 | 连江江南井 | 119.53 | 26.19 | TDT-36 | 1 | 2006.11 至今 |
| 16 | 福建 | 福清龙田井 | 119.46 | 25.62 | TDT-36 | 1 | 2009.01 至今 |
| 17 | 福建 | 福清江兜井 | 119.22 | 25.47 | TDT-36 | 1 | 2009.01 至今 |
| 18 | 福建 | 永安冷冻厂井 | 117.36 | 25.97 | SZW-1A | 1 | 2013.07 至今 |
| 19 | 福建 | 闽侯旗山井 | 119.18 | 26.00 | SZW-1A | 1 | 2016.01 至今 |
| 20 | 广东 | 新丰江井 | 114.68 | 23.67 | SZW-1A | 1 | 2007.01 至今 |
| 21 | 广东 | 信宜井 | 110.93 | 22.35 | SZW-1A | 1 | 2007.01 至今 |
| 22 | 广东 | 梅州井 | 116.14 | 24.32 | SZW-1A | 1 | 2007.01 至今 |
| 23 | 广东 | 韶关井 | 113.58 | 24.85 | SZW-1A | 1 | 2007.01 至今 |
| 24 | 广东 | 信宜1号井 | 110.785 | 22.33 | 水银温度计 | 1 | 1986.01 至今 |
| 25 | 广东 | 信宜2号井 | 110.74 | 22.38 | 水银温度计 | 1 | 1987.01~2016.04 |
| 26 | 广东 | 汕头井 | 116.65 | 23.46 | 水银温度计 | 1 | 1986.01 至今 |
| 27 | 广东 | 罗屋井 | 109.78 | 21.33 | 水银温度计 | 1 | 1985.01 至今 |
| 28 | 广东 | 汕头市地震局 | 116.72 | 23.39 | SZW-1A | 1 | 2015.05 至今 |
| 29 | 广东 | 深圳市地震台 | 114.14 | 22.55 | SZW-1A | 1 | 1999.01 至今 |
| 30 | 广东 | 花都1井 | 113.3 | 23.4 | SZW-1A | 1 | 2014.02 至今 |
| 31 | 海南 | 海口 ZK26 井 | 110.35 | 20.03 | SZW-1A | 1 | 2009.03 至今 |
| 32 | 海南 | 海口 ZK26 井 | 110.35 | 20.03 | SZW-1AV2004 | 1 | 2013.07 至今 |
| 33 | 海南 | 火山流体井 | 110.35 | 19.98 | SZW-1A | 1 | 2007.03 至今 |
| 34 | 海南 | 海口向荣村井 | 110.28 | 19.98 | DLZ-1 | 1 | 2008.03 至今 |
| 35 | 海南 | 琼海加积井 | 110.46 | 19.24 | SZW-1A | 1 | 2007.06 至今 |
| 36 | 海南 | 三亚南滨井 | 109.17 | 18.35 | ZKGD3000 | 1 | 2015.01 至今 |
| 37 | 海南 | 文昌潭牛井 | 110.73 | 19.68 | SZW-1AV2004 | 1 | 2013.07 至今 |
| 38 | 海南 | 儋州西流井 | 109.63 | 19.56 | SZW-1A | 1 | 2008.05 至今 |
| 39 | 江西 | 南昌台井 | 115.8 | 28.76 | SZW-Ⅱ | 1 | 2015.12 至今 |
| 40 | 江西 | 九江台1井 | 116.0 | 29.65 | SZW-1A | 1 | 2007.05 至今 |
| 41 | 江西 | 会昌台井 | 115.82 | 25.62 | SZW-1A | 1 | 2007.05 至今 |

续表

| 序号 | 省份 | 测点 | 东经（°） | 北纬（°） | 仪器型号 | 采样率（次/分钟） | 观测时段 |
|---|---|---|---|---|---|---|---|
| 42 | 江西 | 上饶台井 | 117.97 | 28.43 | SZW-1A | 1 | 2007.05 至今 |
| 43 | 江西 | 赣州台井 | 114.97 | 25.80 | SZW-1A | 1 | 2007.05 至今 |
| 44 | 江西 | 寻乌台井 | 115.65 | 24.95 | SZW-1AV2004 | 1 | 2013.09 至今 |
| 45 | 江西 | 修水台井 | 114.57 | 29.03 | SZW-1AV2004 | 1 | 2014.01 至今 |
| 46 | 湖南 | 长沙井 | 112.92 | 28.17 | ZKGD3000 | 1 | 2002.01 至今 |
| 47 | 湖南 | 桃源井 | 111.47 | 28.88 | SWY-Ⅱ | 1 | 2007.07 至今 |
| 48 | 湖南 | 张家界井 | 110.56 | 29.35 | ZKGD3000 | 1 | 2007.10 至今 |
| 49 | 湖南 | 湘乡井 | 112.53 | 27.74 | TDL-15 | 1 | 2008.08 至今 |
| 50 | 湖南 | 清江井 | 111.03 | 26.6 | SWY-Ⅱ | 1 | 2014.06 至今 |
| 51 | 湖南 | 安乡井 | 112.17 | 29.48 | ZKGD3000 | 1 | 2015.02 至今 |
| 52 | 湖南 | 临湘井 | 113.4 | 29.5 | ZKGD3000 | 1 | 2015.01 至今 |
| 53 | 湖南 | 津市井 | 111.89 | 29.39 | ZKGD3000 | 1 | 2014.01 至今 |
| 54 | 湖南 | 湘阴井 | 112.87 | 28.67 | ZKGD3000 | 1 | 2014.01 至今 |
| 55 | 湖南 | 韶山井 | 112.53 | 27.96 | ZKGD3000 | 1 | 2015.01 至今 |
| 56 | 湖南 | 株洲井 | 113.3 | 27.78 | DLZ-1 | 1 | 2015.12 至今 |
| 57 | 湖南 | 花垣井 | 109.47 | 28.58 | DLZ-1 | 1 | 2017.08 至今 |
| 58 | 广西 | 九塘井 | 108.69 | 23.06 | SWY-Ⅱ | 1 | 2002.06 至今 |
| 59 | 广西 | 石埠井 | 108.18 | 22.82 | SWY-Ⅱ | 1 | 2002.06 至今 |
| 60 | 广西 | 平1井 | 107.12 | 23.59 | SWY-Ⅱ | 1 | 2007.05 至今 |
| 61 | 广西 | 香1井 | 107.03 | 23.59 | SWY-Ⅱ | 1 | 2003.01 至今 |
| 62 | 广西 | 咸田井 | 109.15 | 21.42 | SWY-Ⅱ | 1 | 1987.07 至今 |
| 63 | 广西 | 石康井 | 109.33 | 21.75 | SWY-Ⅱ | 1 | 1995.06 至今 |
| 64 | 广西 | 西山井 | 110.06 | 23.39 | SWY-Ⅱ | 1 | 1994.03 至今 |
| 65 | 广西 | 东津井 | 109.82 | 23.07 | SWY-Ⅱ | 1 | 2007.05 至今 |

表 1-4　华南区域水温资料评价表

| 序号 | 省份 | 测点 | 观测手段 | 运行情况 | 资料评估 | 主要干扰因素 |
|---|---|---|---|---|---|---|
| 1 | 福建 | 石狮赤湖井 | 水温 | 稳定 | 可靠 | 降雨 |
| 2 | 福建 | 德化井 | 水温 | 稳定 | 可靠 | 无 |

续表

| 序号 | 省份 | 测点 | 观测手段 | 运行情况 | 资料评估 | 主要干扰因素 |
|---|---|---|---|---|---|---|
| 3 | 福建 | 鲤城井 | 水温 | 稳定 | 可靠 | 降雨 |
| 4 | 福建 | 丰泽井 | 水温 | 基本稳定 | 可靠 | 降雨 |
| 5 | 福建 | 洛江井 | 水温 | 稳定 | 可靠 | 无 |
| 6 | 福建 | 宁德一号井 | 水温 | 稳定 | 可靠 | 降雨 |
| 7 | 福建 | 仙游郊尾台 | 水温 | 稳定 | 可靠 | 施工、电源不稳 |
| 8 | 福建 | 南安东田井 | 水温 | 基本稳定 | 基本可靠 | 抽水 |
| 9 | 福建 | 南安莲塘井 | 水温 | 稳定 | 基本可靠 | 无 |
| 10 | 福建 | 南安梅山井 | 水温 | 稳定 | 基本可靠 | 无 |
| 11 | 福建 | 福州浦东井 | 水温 | 稳定 | 基本可靠 | 无 |
| 12 | 福建 | 长乐营前井 | 水温 | 稳定 | 基本可靠 | 无 |
| 13 | 福建 | 罗源洋后里井 | 水温 | 稳定 | 基本可靠 | 无 |
| 14 | 福建 | 平潭北雾里井 | 水温 | 稳定 | 基本可靠 | 无 |
| 15 | 福建 | 连江江南井 | 水温 | 稳定 | 基本可靠 | 无 |
| 16 | 福建 | 福清龙田井 | 水温 | 2008 年改造 | 基本可靠 | 无 |
| 17 | 福建 | 福清江兜井 | 水温 | 2008 年改造 | 近期故障较多 | 无 |
| 18 | 福建 | 永安冷冻厂井 | 水温 | 稳定 | 不可靠 | 降雨、水库泄洪 |
| 19 | 福建 | 闽侯旗山井 | 水温 | 稳定 | 可靠 | 无 |
| 20 | 广东 | 新丰江井 | 水温 | 稳定 | 可靠 | 无 |
| 21 | 广东 | 信宜井 | 水温 | 稳定 | 可靠 | 无 |
| 22 | 广东 | 梅州井 | 水温 | 较稳定 | 不可靠 | 附近工地抽水 |
| 23 | 广东 | 韶关井 | 水温 | 稳定 | 可靠 | 无 |
| 24 | 广东 | 信宜 1 号井 | 水温 | 稳定 | 可靠 | 无 |
| 25 | 广东 | 信宜 2 号井 | 水温 | 稳定 | 可靠 | 无 |
| 26 | 广东 | 汕头井 | 水温 | 稳定 | 可靠 | 无 |
| 27 | 广东 | 罗屋井 | 水温 | 较稳定 | 不可靠 | 工农业抽水 |
| 28 | 广东 | 汕头市地震局 | 水温 | 稳定 | 可靠 | 无 |
| 29 | 广东 | 深圳市地震台 | 水温 | 较稳定 | 可靠 | 电源干扰 |
| 30 | 广东 | 花都 1 井 | 水温 | 较稳定 | 基本可靠 | 无 |
| 31 | 海南 | 海口 ZK26 井 | 水温（−510m） | 稳定 | 可靠 | 无 |
| 32 | 海南 | 海口 ZK26 井 | 水温（−154m） | 稳定 | 可靠 | 无 |

续表

| 序号 | 省份 | 测点 | 观测手段 | 运行情况 | 资料评估 | 主要干扰因素 |
|---|---|---|---|---|---|---|
| 33 | 海南 | 火山流体井 | 水温 | 较为稳定 | 基本可靠 | 无 |
| 34 | 海南 | 海口向荣村井 | 水温 | 较为稳定 | 基本可靠 | 无 |
| 35 | 海南 | 琼海加积井 | 水温 | 稳定 | 可靠 | 无 |
| 36 | 海南 | 三亚南滨井 | 水温 | 较为稳定 | 基本可靠 | 周边施工用电 |
| 37 | 海南 | 文昌潭牛井 | 水温 | 稳定 | 可靠 | 无 |
| 38 | 海南 | 儋州西流井 | 水温 | 稳定 | 可靠 | 降雨 |
| 39 | 江西 | 南昌台井 | 水温 | 2015年更新改造 | 不可靠 | 无 |
| 40 | 江西 | 九江台1井 | 水温 | 稳定 | 可靠 | 无 |
| 41 | 江西 | 会昌台井 | 水温 | 稳定 | 可靠 | 无 |
| 42 | 江西 | 上饶台井 | 水温 | 稳定 | 可靠 | 无 |
| 43 | 江西 | 赣州台井 | 水温 | 稳定 | 可靠 | 无 |
| 44 | 江西 | 寻乌台井 | 水温 | 稳定 | 可靠 | 无 |
| 45 | 江西 | 修水台井 | 水温 | 稳定 | 可靠 | 无 |
| 46 | 湖南 | 长沙井 | 水温 | 稳定 | 可靠 | 降雨 |
| 47 | 湖南 | 桃源井 | 水温 | 稳定 | 可靠 | 降雨 |
| 48 | 湖南 | 张家界井 | 水温 | 稳定 | 可靠 | 降雨、地下暗河 |
| 49 | 湖南 | 湘乡井 | 水温 | 较稳定 | 较可靠 | 降雨、周边抽水 |
| 50 | 湖南 | 清江井 | 水温 | 稳定 | 可靠 | 降雨 |
| 51 | 湖南 | 安乡井 | 水温 | 稳定 | 可靠 | 降雨 |
| 52 | 湖南 | 临湘井 | 水温 | 稳定 | 可靠 | 降雨 |
| 53 | 湖南 | 津市井 | 水温 | 较稳定 | 较可靠 | 降雨 |
| 54 | 湖南 | 湘阴井 | 水温 | 较稳定 | 可靠 | 降雨、周边环境 |
| 55 | 湖南 | 韶山井 | 水温 | 较稳定 | 不可靠 | 降雨、周边环境 |
| 56 | 广西 | 九塘井 | 水温 | 不稳定 | 不可靠 | 降雨 |
| 57 | 广西 | 石埠井 | 水温 | 不稳定 | 不可靠 | 降雨、邕江河水 |
| 58 | 广西 | 平1井 | 水温 | 稳定 | 可靠 | 无 |
| 59 | 广西 | 咸田井 | 水温 | 不稳定 | 不可靠 | 降雨、海潮、海风、电压不稳定 |
| 60 | 广西 | 石康井 | 水温 | 不稳定 | 较可靠 | 降雨、海潮、海风、电压不稳 |

| 序号 | 省份 | 测点 | 观测手段 | 运行情况 | 资料评估 | 主要干扰因素 |
|---|---|---|---|---|---|---|
| 61 | 广西 | 西山井 | 水温 | 稳定 | 可靠 | 降雨、网络不稳 |
| 62 | 广西 | 东津井 | 水温 | 不稳定 | 不可靠 | 降雨、周边抽水、电压不稳 |

表 1-5　华南区域水氡基础信息表

| 序号 | 省份 | 测点 | 东经（°） | 北纬（°） | 仪器型号 | 采样率（次/日） | 观测时段 |
|---|---|---|---|---|---|---|---|
| 1 | 广东 | 信宜 1 号井 | 110.78 | 22.33 | FD-125 | 1 | 1974.05 至今 |
| 2 | 广东 | 信宜 2 号井 | 110.74 | 22.38 | FD-125 | 1 | 1980.01 至今 |
| 3 | 广东 | 东山湖 | 116.57 | 23.5 | FD-105 | 1 | 1986.01 至今 |
| 4 | 广东 | 黄子洞 | 114.67 | 23.77 | FD-125K | 1 | 1971.01 至今 |
| 5 | 江西 | 九江台 2 井 | 116.00 | 29.65 | FD-125 | 1 | 2015.01 至今 |
| 6 | 福建 | 华安汰内井 | 117.55 | 24.72 | FD-125 | 1 | 1987.01 至今 |
| 7 | 福建 | 厦门东孚井 | 117.93 | 24.45 | FD-125 | 1 | 1989.01 至今 |

表 1-6　华南区域气氡基础信息表

| 序号 | 省份 | 测点 | 东经（°） | 北纬（°） | 仪器型号 | 采样率（次/小时） | 观测时段 |
|---|---|---|---|---|---|---|---|
| 1 | 海南 | 兰洋温泉台 | 109.672 | 19.458 | SD-3A | 1 | 2001.06 至今 |
| 2 | 江西 | 九江台 2 井 | 116.00 | 29.65 | BL2015 | 1 | 2007.05 至今 |
| 3 | 江西 | 会昌台井 | 115.82 | 25.62 | SD-3A | 1 | 2007.05 至今 |
| 4 | 福建 | 宁德一号井 | 119.54 | 26.67 | SD-3A | 1 | 2004.02 至今 |
| 5 | 湖南 | 长沙井 | 停测 | / | / | / | / |
| 6 | 湖南 | 湘乡井 | 停测 | / | / | / | / |

表 1-7　华南区域气汞基础信息表

| 序号 | 省份 | 测点 | 东经（°） | 北纬（°） | 仪器型号 | 采样率（次/小时） | 观测时段 |
|---|---|---|---|---|---|---|---|
| 1 | 江西 | 九江台 2 井（4 测点） | 116.0 | 29.65 | RG-BQZ | 1 | 2007.05 至今 |
| 2 | 江西 | 九江台 2 井（G 测点） | 116.0 | 29.65 | ATG-6138M | 1 | 2015.10 至今 |
| 3 | 江西 | 会昌台井 | 115.82 | 25.62 | RG-BQZ | 1 | 2007.05 至今 |

表 1-8 华南区域水质基础信息表

| 序号 | 省份 | 测点 | 东经 (°) | 北纬 (°) | 测项 | 仪器型号 | 采样率 (次/小时) | 观测时段 |
|---|---|---|---|---|---|---|---|---|
| 1 | 广东 | 东山湖 | 116.57 | 23.50 | pH 值 | ES-2C | 1 | 1986.01 至今 |
| | | | | | 电导率 | BBS-ⅡA | | |
| | | | | | 钙离子、氟离子、氯离子、重碳酸根 | 滴定法 | | |
| 2 | | 潮州 | 116.63 | 23.67 | 硬度、钙离子、重碳酸根、游离二氧化碳 | 滴定法 | 1 | 1981.01 至今 |
| | | | | | 电导率 | BBS-ⅡA | | |
| 3 | | 信宜1号井 | 110.78 | 22.33 | 气体总量、氦气、氩气、甲烷、二氧化碳、氮气 | TP2060T 气相色谱仪 | 1 | 1987.06 至今 |
| | | | | | 流量 | 量筒、秒表 | | 1987.01 至今 |
| 4 | | 海康盐场 | 109.85 | 20.51 | 钙离子、镁离子、氯离子 | 滴定法 | 1 | 2005.05 至今 |
| 5 | | 三元里 | 113.27 | 23.20 | 钙离子、氯离子、重碳酸根、硬度、硫酸根 | 滴定法 | 1 | 1986.01 至今 |
| | | | | | 电导率 | DS-11A | | |

表 1-9 华南区域水氡、气氡、水质、气汞资料评价表

| 序号 | 省份 | 测点 | 观测手段 | 运行情况 | 资料评估 | 主要干扰因素 |
|---|---|---|---|---|---|---|
| 1 | 福建 | 华安汰内井 | 水氡、水质 | 稳定 | 可靠 | 无 |
| 2 | 福建 | 宁德一号井 | 气氡 | 稳定 | 可靠 | 降雨、气温 |
| 3 | 福建 | 厦门东孚井 | 水氡、水质 | 稳定 | 基本可靠 | 周边、抽水 |
| 4 | 广东 | 信宜1号井 | 水氡 | 稳定 | 可靠 | 无 |
| 5 | 广东 | 信宜2号井 | 水氡 | 稳定 | 可靠 | 无 |
| 6 | 广东 | 东山湖 | 水氡 | 较稳定 | 2010 年后不可靠 | 2010 年以来多次因井孔阻塞换井 |
| 7 | 广东 | 黄子洞 | 水氡 | 稳定 | 可靠 | 无 |
| 8 | 广东 | 东山湖 | 水质 | 较稳定 | 2010 年后不可靠 | 井口阻塞换井 |
| 9 | 广东 | 潮州水化 | 水质 | 稳定 | 基本可靠 | 降雨影响 |

| 序号 | 省份 | 测点 | 观测手段 | 运行情况 | 资料评估 | 主要干扰因素 |
|------|------|------|----------|----------|----------|--------------|
| 10 | 广东 | 三元里 | 水质 | 不稳定 | 不可靠 | 游泳场不定时抽水 |
| 11 | 广东 | 海康盐场 | 水质 | 较稳定 | 不可靠 | 海水侵入 |
| 12 | 广东 | 1号井 | 气体 | 不稳定 | 不可靠 | 仪器故障 |
| 13 | 广东 | 1号井 | 流量 | 稳定 | 基本可靠 | 受降雨影响 |
| 14 | 湖南 | 长沙井 | 气氡 | 稳定 | 较可靠 | 降雨 |
| 15 | 湖南 | 湘乡井 | 气氡 | 不稳定 | 不可靠 | 降雨、周边抽水 |
| 16 | 海南 | 兰洋温泉台 | 气氡 | 较为稳定 | 基本可靠 | 降雨、温泉景点抽水、人为更换干燥剂 |
| 17 | 江西 | 九江台2井 | 气氡 | 稳定 | 基本可靠 | 无 |
| 18 | 江西 | 九江台2井 | 水氡 | 稳定 | 可靠 | 无 |
| 19 | 江西 | 会昌台井 | 气氡 | 2015年新增 | 不可靠 | 降雨 |
| 20 | 江西 | 九江台2井 | 气汞（RG-BQZ） | 稳定 | 不可靠 | 无 |
| 21 | 江西 | 九江台2井 | 气汞（ATG-138M） | 2015年新增 | 可靠 | 无 |
| 22 | 江西 | 会昌台井 | 气汞 | 稳定 | 不可靠 | 无 |

## 2. 地壳形变观测网概况

### 1）定点形变测点概况

华南区域地壳形变观测网包含定点形变、连续重力、流动重力、流动跨断层和 GNSS 观测 5 类。其中定点形变与连续重力属于单点形变观测，流动重力、流动跨断层和 GNSS 则形成观测网络进行观测。

华南地区地壳形变指标体系清理工作，参与预报指标体系清理的定点形变共计 43 个测项，80 个测项分量，部分观测时长不到 3 年或受干扰严重的定点形变测项不参与此次指标体系清理（图 1-6，表 1-10、表 1-11）。参与指标体系清理的流动重力观测网分布于福建、广东、广西和海南；流动跨断层场地分布较不均匀，其中福建有 24 个跨断层场地，广东 5 个场地，湖南 2 个场地，广西 5 个场地；连续重力和 GNSS 观测依托陆态网络台站进行观测，测站分布较稀疏。

表 1-10 华南地区地壳定点形变观测台基础信息表

| 序号 | 省份 | 台站名称 | 观测手段名称 | 东经（°） | 北纬（°） | 仪器型号 | 采样率 | 开始观测时间 |
|---|---|---|---|---|---|---|---|---|
| 1 | 福建 | 福州台 | 钻孔体应变 | 119.28 | 26.09 | TJ-2 | 分 | 2012.03.01 |
| 2 | | | 洞体应变仪北南向 | 119.28 | 26.09 | SS-Y | 分 | 2013.01.01 |
| 3 | | | 洞体应变仪东西向 | 119.28 | 26.09 | SS-Y | 分 | 2013.01.01 |
| 4 | | | 垂直摆倾斜仪北南向 | 119.28 | 26.09 | VS | 分 | 2013.01.01 |
| 5 | | | 垂直摆倾斜仪东西向 | 119.28 | 26.09 | VS | 分 | 2013.01.01 |
| 6 | | | 水管倾斜仪北南向 | 119.28 | 26.09 | DSQ | 分 | 2013.01.01 |
| 7 | | | 水管倾斜仪东西向 | 119.28 | 26.09 | DSQ | 分 | 2013.01.01 |
| 8 | | 厦门台 | 水管倾斜仪北南向 | 118.08 | 24.45 | DSQ | 分 | 2005.01.01 |
| 9 | | | 水管倾斜仪东西向 | 118.08 | 24.45 | DSQ | 分 | 2005.01.01 |
| 10 | | | 洞体应变仪北南向 | 118.08 | 24.45 | SS-Y | 分 | 2005.01.01 |
| 11 | | | 洞体应变仪东西向 | 118.08 | 24.45 | SS-Y | 分 | 2005.01.01 |
| 12 | | 漳州台 | 洞体应变仪北南向 | 117.63 | 24.43 | SS-Y | 分 | 2007.09.01 |
| 13 | | | 洞体应变仪东西向 | 117.63 | 24.43 | SS-Y | 分 | 2007.09.01 |
| 14 | | 南平台 | 垂直摆倾斜仪北南向 | 118.19 | 26.62 | VS | 分 | 2004.02.22 |
| 15 | | | 垂直摆倾斜仪东西向 | 118.19 | 26.62 | VS | 分 | 2004.02.22 |
| 16 | | | 水管倾斜仪北南向 | 118.19 | 26.62 | DSQ | 分 | 2004.06.01 |
| 17 | | | 水管倾斜仪东西向 | 118.19 | 26.62 | DSQ | 分 | 2004.06.01 |
| 18 | | 永安台 | 钻孔体应变 | 117.36 | 25.99 | TJ-2 | 分 | 2007.01.01 |
| 19 | | 龙岩台 | 垂直摆倾斜仪北南向 | 117.02 | 25.13 | VS | 分 | 2004.08.01 |
| 20 | | | 垂直摆倾斜仪东西向 | 117.02 | 25.13 | VS | 分 | 2004.08.01 |
| 21 | 广东 | 汕头台 | 洞体应变仪北南向 | 116.63 | 23.43 | SS-Y | 分 | 2002.01.01 |
| 22 | | | 洞体应变仪东西向 | 116.63 | 23.43 | SS-Y | 分 | 2002.01.01 |
| 23 | | | 水管倾斜仪北南向 | 116.63 | 23.43 | DSQ | 分 | 2002.01.01 |
| 24 | | | 水管倾斜仪东西向 | 116.63 | 23.43 | DSQ | 分 | 2002.01.01 |
| 25 | | 河源台 | 河源室内短水准瓷标 | 116.68 | 23.67 | NI002/2A | 日 | 1990.01.01 |
| 26 | | | 河源室内短水准钢标 | 116.68 | 23.67 | NI002/2A | 日 | 1990.01.01 |
| 27 | | 韶关台 | 垂直摆倾斜仪北南向 | 113.58 | 24.85 | VS | 分 | 2007.06.01 |
| 28 | | | 垂直摆倾斜仪东西向 | 113.58 | 24.85 | VS | 分 | 2007.06.01 |
| 29 | | 信宜台 | 垂直摆倾斜仪北南向 | 110.93 | 22.35 | VS | 分 | 2007.06.01 |
| 30 | | | 垂直摆倾斜仪东西向 | 110.93 | 22.35 | VS | 分 | 2007.06.01 |

| 序号 | 省份 | 台站名称 | 观测手段名称 | 东经（°） | 北纬（°） | 仪器型号 | 采样率 | 开始观测时间 |
|---|---|---|---|---|---|---|---|---|
| 31 | 广西 | 灵山台 | 垂直摆倾斜仪北南向 | 109.28 | 22.42 | VP | 秒 | 2016.10.24 |
| 32 | | | 垂直摆倾斜仪东西向 | 109.28 | 22.42 | VP | 秒 | 2016.10.24 |
| 33 | | 凭祥台 | 垂直摆倾斜仪北南向 | 106.75 | 22.13 | VP | 秒 | 2016.10.24 |
| 34 | | | 垂直摆倾斜仪东西向 | 106.75 | 22.13 | VP | 秒 | 2016.10.24 |
| 35 | | 梧州台 | 水管倾斜仪北南向 | 111.23 | 23.48 | DSQ | 分 | 2008.01.01 |
| 36 | | | 水管倾斜仪东西向 | 111.23 | 23.48 | DSQ | 分 | 2008.01.01 |
| 37 | | | 洞体应变仪北南向 | 111.23 | 23.48 | SSY | 分 | 2008.01.01 |
| 38 | | | 洞体应变仪东西向 | 111.23 | 23.48 | SSY | 分 | 2008.01.01 |
| 39 | 江西 | 会昌台 | 垂直摆倾斜仪北南向 | 115.82 | 25.62 | VS | 分 | 2007.05.01 |
| 40 | | | 垂直摆倾斜仪东西向 | 115.82 | 25.62 | VS | 分 | 2007.05.01 |
| 41 | | | 水管倾斜仪北南向 | 115.82 | 25.62 | DSQ | 分 | 2007.05.01 |
| 42 | | | 水管倾斜仪东西向 | 115.82 | 25.62 | DSQ | 分 | 2007.05.01 |
| 43 | | | 洞体应变仪北南向 | 115.82 | 25.62 | SS-Y | 分 | 2007.05.01 |
| 44 | | | 洞体应变仪东西向 | 115.82 | 25.62 | SS-Y | 分 | 2007.05.01 |
| 45 | | | 钻孔体应变 | 115.82 | 25.62 | RZB-Ⅱ | 秒 | 2014.12.01 |
| 46 | | 南昌台 | 垂直摆倾斜仪北南向 | 115.80 | 28.76 | VS | 分 | 2007.05.01 |
| 47 | | | 垂直摆倾斜仪东西向 | 115.80 | 28.76 | VS | 分 | 2007.05.01 |
| 48 | | | 水管倾斜仪北南向 | 115.80 | 28.76 | DSQ | 分 | 2001.09.01 |
| 49 | | | 水管倾斜仪东西向 | 115.80 | 28.76 | DSQ | 分 | 2001.09.01 |
| 50 | | | 洞体应变仪北南向 | 115.80 | 28.76 | SS-Y | 分 | 2001.09.01 |
| 51 | | | 洞体应变仪东西向 | 115.80 | 28.76 | SS-Y | 分 | 2001.09.01 |
| 52 | | 九江台 | 垂直摆倾斜仪北南向 | 116.00 | 29.65 | VS | 分 | 2007.05.01 |
| 53 | | | 垂直摆倾斜仪东西向 | 116.00 | 29.65 | VS | 分 | 2007.05.01 |
| 54 | | | 水管倾斜仪北南向 | 116.00 | 29.65 | DSQ | 分 | 2007.05.01 |
| 55 | | | 水管倾斜仪东西向 | 116.00 | 29.65 | DSQ | 分 | 2007.05.01 |
| 56 | | | 洞体应变仪北南向 | 116.00 | 29.65 | SS-Y | 分 | 2007.05.01 |
| 57 | | | 洞体应变仪东西向 | 116.00 | 29.65 | SS-Y | 分 | 2007.05.01 |
| 58 | | 上饶台 | 垂直摆倾斜仪北南向 | 117.97 | 28.43 | VS | 分 | 2007.05.01 |
| 59 | | | 垂直摆倾斜仪东西向 | 117.97 | 28.43 | VS | 分 | 2007.05.01 |

续表

| 序号 | 省份 | 台站名称 | 观测手段名称 | 东经（°） | 北纬（°） | 仪器型号 | 采样率 | 开始观测时间 |
|---|---|---|---|---|---|---|---|---|
| 60 | 湖南 | 长沙台 | 水平摆倾斜仪北南向 | 112.92 | 28.17 | SSQ-2I | 分 | 2010.01.01 |
| 61 | | | 水平摆倾斜仪东西向 | 112.92 | 28.17 | SSQ-2I | 分 | 2010.01.01 |
| 62 | | | 垂直摆倾斜仪北南向 | 112.92 | 28.17 | VP | 秒 | 2016.12.21 |
| 63 | | | 垂直摆倾斜仪东西向 | 112.92 | 28.17 | VP | 秒 | 2016.12.21 |
| 64 | | | DSQ 水管倾斜仪北南向 | 112.92 | 28.17 | DSQ | 分 | 2011.09.28 |
| 65 | | | DSQ 水管倾斜仪东西向 | 112.92 | 28.17 | DSQ | 分 | 2011.09.28 |
| 66 | | | 洞体应变仪北南向 | 112.92 | 28.17 | SS-Y | 分 | 2001.10.01 |
| 67 | | | 洞体应变仪东西向 | 112.92 | 28.17 | SSY | 分 | 2001.10.01 |
| 68 | | 石门台 | 垂直摆倾斜仪北南向 | 111.37 | 29.58 | VP | 秒 | 2017.04.01 |
| 69 | | | 垂直摆倾斜仪东西向 | 111.37 | 29.58 | VP | 秒 | 2017.04.01 |
| 70 | | 大祥台 | 垂直摆倾斜仪北南向 | 111.47 | 27.23 | VP | 秒 | 2017.04.01 |
| 71 | | | 垂直摆倾斜仪东西向 | 111.47 | 27.23 | VP | 秒 | 2017.04.01 |
| 72 | | 沅陵台 | 钻孔倾斜仪北南向 | 110.42 | 28.45 | CZB-2A | 分 | 2017.04.01 |
| 73 | | | 钻孔倾斜仪东西向 | 110.42 | 28.45 | CZB-2A | 分 | 2017.04.01 |
| 73 | | 郴州台 | 垂直摆倾斜仪北南向 | 113.04 | 25.82 | VP | 秒 | 2017.04.01 |
| 74 | | | 垂直摆倾斜仪东西向 | 113.04 | 25.82 | VP | 秒 | 2017.04.01 |
| 75 | 海南 | 五指山 | 水管倾斜仪北南向 | 109.52 | 18.74 | DSQ | 分 | 2014.03.05 |
| 76 | | | 水管倾斜仪东西向 | 109.52 | 18.74 | | | |
| 77 | | | 洞体应变仪北南向 | 109.52 | 18.74 | SS-Y | 分 | 2014.03.05 |
| 78 | | | 洞体应变仪东西向 | 109.52 | 18.74 | | | |
| 79 | | | 垂直摆倾斜仪北南向 | 109.52 | 18.74 | VP | 秒 | 2013.11.06 |
| 80 | | | 垂直摆倾斜仪东西向 | 109.52 | 18.74 | | | |

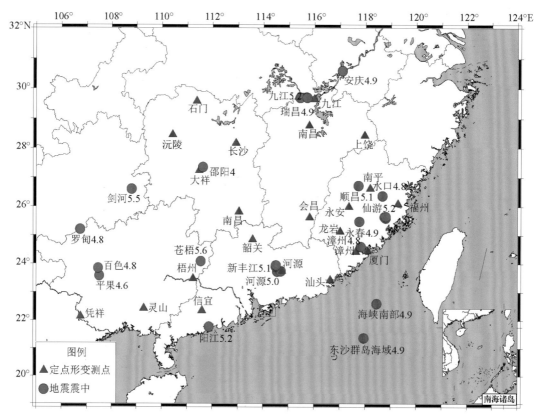

图 1-6　华南地区显著地震和定点形变测项分布图

### 2) 连续重力观测概况

华南地区共有 8 个连续重力观测台，各连续重力台投入观测的时间见表 1-11。

表 1-11　华南地区连续重力观测台基础信息表

| 序号 | 省份 | 台站名称 | 观测手段名称 | 东经 (°) | 北纬 (°) | 仪器型号 | 采样率 | 开始观测时间 |
|---|---|---|---|---|---|---|---|---|
| 1 | 海南 | 琼中台 | 重力 | 109.83 | 19.02 | PET | 秒 | 2008.03.28 |
| 2 | 福建 | 漳州台 | 连续重力 | 117.63 | 24.43 | gPhone | 秒 | 2008.03.01 |
| 3 | 福建 | 福州台 | 连续重力 | 119.28 | 24.43 | gPhone | 秒 | 2012.12.01 |
| 4 | 福建 | 厦门台 | 连续重力 | 110.08 | 24.45 | gPhone | 秒 | 2009.08.01 |
| 5 | 广西 | 梧州台 | 连续重力 | 111.23 | 23.48 | gPhone | 秒 | 2009.08.01 |
| 6 | 广西 | 灵山台 | 连续重力 | 109.28 | 22.42 | gPhone | 秒 | 2016.05.19 |
| 7 | 广西 | 凭祥台 | 连续重力 | 106.75 | 22.13 | gPhone | 秒 | 2014.04.01 |
| 8 | 广东 | 深圳台 | 连续重力 | 114.14 | 22.54 | DZW | 分 | 2013.08.01 |

### 3) 流动重力观测概况

【广东省地震局流动重力测网概况】　广东流动重力联测网每年开展两期观测,上半年观测第一期,时间为 1~4 月份,下半年观测第二期,时间为 6~10 月份。1980 年广东流动重力测网仅有粤西(阳江—雷州半岛)测网,1981 年增设粤东(汕头)流动重力监测网,1987 年增设珠江三角洲流动重力监测网,2014 年增设河源测网和江门测网,2017 年增设粤北流动重力监测网。经过对新老测网的不断改造和升级,截至 2017 年上半年广东流动重力联测网共有 327 个监测点和 376 个测段(图 1-7)。

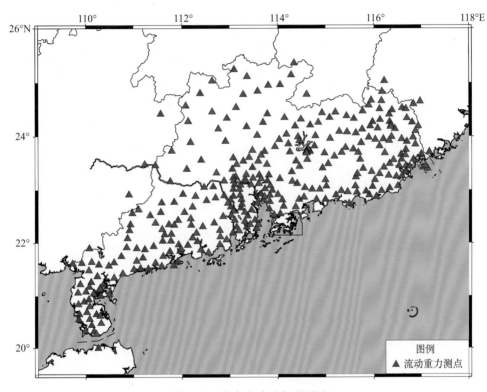

图 1-7　广东流动重力联测网

【广西壮族自治区地震局流动重力测网概况】　广西地震局于 2013 年在区内新建流动重力观测网络,通过不断优化与整合,形成了目前广西及邻区重力观测网(图 1-8)。重力观测网络由 112 个测点,137 条测段构成,测点平均间距为 30~40km,计划每年对测网进行 2 期常规复测。流动重力观测使用 CG-5 重力仪器观测,截至 2017 年 4 月共观测 5 期资料。

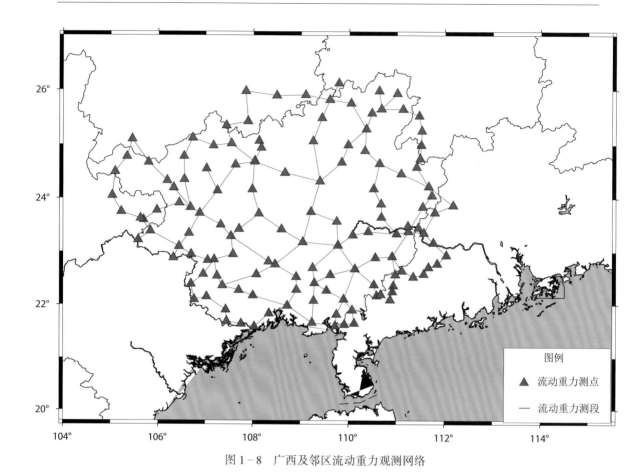

图 1 - 8　广西及邻区流动重力观测网络

　　【福建省地震局流动重力测网概况】　　2001～2008 年福建地区流动重力监测区域为福建东南沿海地区和闽赣交界地区，是 2 个独立的观测区，每年复测 1 期，数据主要采用自由网平差。2008 年下半年，福建省地震局对全省的流动重力观测网进行扩建和改造，建成了基本覆盖全省的观测网，每年开展两期观测，数据采用拟稳平差。目前流动重力全测网共有234 个测点，组成 267 测段，形成 25 个闭合环、10 条支线。重力测点分布在北纬 23.6°～27.5°、东经 115.8°～120.0°地区，基本上覆盖了本地区的主要构造断裂测点基本覆盖福建内陆区域（图 1 - 9）。

　　【海南省地震局流动重力测网概况】　　海南岛陆流动重力测量始于 2003 年。2010 年以后，海南岛陆流动重力测网测点一直稳定在 56 个，测段 60 个，海南岛陆流动重力测网分布图如图 1 - 10 所示。测点分布覆盖海南岛陆 16 个县市（海南岛陆共 18 个县市，保亭县和白沙县无流动重力测点）。2003～2008 年，海南岛陆流动重力每年观测 1 期，从 2009 年开始，改为每年观测 2 期，至 2017 年 6 月，已连续进行了 23 期的流动重力观测。观测所用的仪器均从湖北省地震局（中国地震局地震研究所）重力与固体潮研究室（国家重力台网中心）租借，数量每期为两台，观测时将两台重力仪置于测点墩位上同时进行观测，获取同测点两组数据。2003～2009 年，观测所用仪器为两台 LCR-G 型相对重力仪，2010 年启用 CG-5 型相对重力仪进行观测。

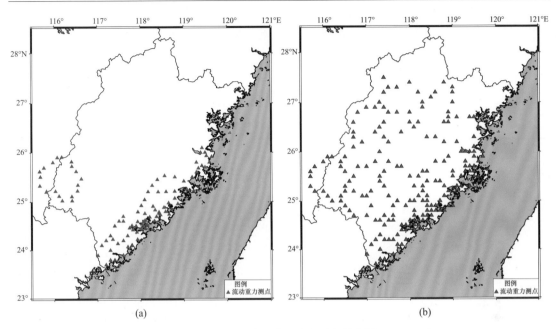

图 1-9　福建流动重力观测点分布图

(a) 2001~2008 年; (b) 2009 年至今

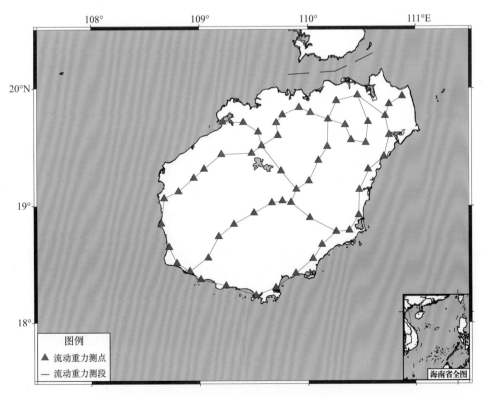

图 1-10　海南岛陆流动重力测网图

### 4）GPS 观测站概况

截至 2017 年，华南地区共建设有 18 个"陆态网络"GNSS 基准站（表 1－12）。台网密度偏低，台间距较大，暂不合适运用于面应变分析，目前以单台三分量时序跟踪为主要分析方法。

表 1－12　GNSS 监测台站基础信息表

| 序号 | 省份 | 台站名称 | 观测手段名称 | 东经（°） | 北纬（°） | 仪器型号 | 采样率 | 开始观测时间 |
|---|---|---|---|---|---|---|---|---|
| 1 | 海南 | 琼中 | GNSS | 109.85 | 19.03 | Trimble　NetR8 | 50Hz/1Hz/30s | 2011.10 |
| 2 | 海南 | 三亚 | GNSS | 109.53 | 18.24 | Trimble　NetR8 | 50Hz/1Hz/30s | 2010.09 |
| 3 | 江西 | 湖口 | GNSS | 116.24 | 29.73 | Trimble　NetR8 | 50Hz/1Hz/30s | 2010.08 |
| 4 | 福建 | 厦门 | GNSS | 118.13 | 24.51 | Trimble　NetR9 | 50Hz/1Hz/30s | 2010.10 |
| 5 | 福建 | 武夷山 | GNSS | 117.99 | 27.62 | Trimble　Net R8 | 50Hz/1Hz/30s | 2010.10 |
| 6 | 福建 | 平潭 | GNSS | 119.77 | 25.50 | Trimble　Net R8 | 50Hz/1Hz/30s | 2010.10 |
| 7 | 福建 | 霞浦 | GNSS | 120.02 | 26.88 | Trimble　Net R8 | 50Hz/1Hz/30s | 2010.10 |
| 8 | 广东 | 广州 | GNSS | 113.33 | 23.18 | Trimble　Net R8 | 50Hz/1Hz/30s | 2010.10 |
| 9 | 广东 | 韶关 | GNSS | 113.58 | 24.85 | Trimble　Net R8 | 50Hz/1Hz/30s | 2010.06 |
| 10 | 广东 | 汕头 | GNSS | 116.60 | 23.41 | Trimble　Net R8 | 50Hz/1Hz/30s | 2011.01 |
| 11 | 广东 | 湛江 | GNSS | 110.30 | 21.15 | Trimble　Net R8 | 50Hz/1Hz/30s | 2010.09 |
| 12 | 广东 | 珠海 | GNSS | 113.56 | 22.27 | Trimble　NetR8 | 50Hz/1Hz/30s | 2010.02 |
| 13 | 广西 | 百色 | GNSS | 106.67 | 23.92 | Trimble　Net R8 | 50Hz/1Hz/30s | 2009.08 |
| 14 | 广西 | 梧州 | GNSS | 111.23 | 23.48 | Trimble　Net R8 | 50Hz/1Hz/30s | 2009.08 |
| 15 | 广西 | 河池 | GNSS | 108.04 | 24.69 | Trimble　Net R8 | 50Hz/1Hz/30s | 2009.08 |
| 16 | 广西 | 桂林 | GNSS | 110.31 | 25.19 | Trimble　Net R8 | 50Hz/1Hz/30s | 2009.08 |
| 17 | 广西 | 北海 | GNSS | 109.21 | 21.65 | Trimble　Net R8 | 50Hz/1Hz/30s | 2009.08 |
| 18 | 广西 | 南宁 | GNSS | 108.15 | 22.57 | Trimble　Net R8 | 50Hz/1Hz/30s | 2009.08 |

### 5) 流动跨断层观测

华南地区共有 36 个流动跨断层场地，其中福建有 24 个场地，广东有 5 个场地，广西有 5 个场地，湖南有 2 个场地。观测场地分布、观测仪器和观测周期等情况见图 1-11 和表 1-13 所示。

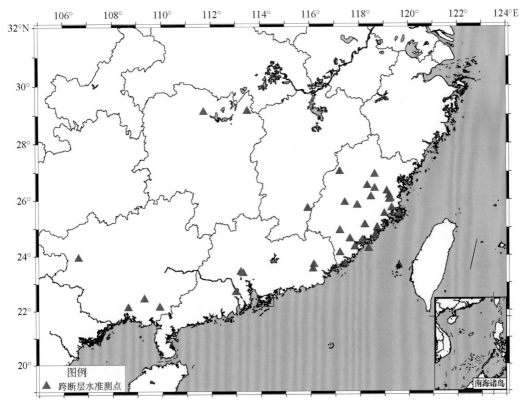

图 1-11 华南地区流动跨断层场地分布图

表 1-13 流动跨断层观测基础信息表

| 序号 | 省份 | 台站名称 | 观测项目 | 东经 (°) | 北纬 (°) | 观测仪器及型号 | 观测周期 | 开始观测时间 |
|---|---|---|---|---|---|---|---|---|
| 1 | 福建 | 安溪参内 | 水准 | 118.20 | 25.10 | Ni004 精密水准仪 | 3 期/年 | 2008.12.13 |
| 2 | | 大坝环 | 水准 | 119.20 | 26.15 | Ni004 精密水准仪 | 3 期/年 | 1995.12.30 |
| 3 | | 东张 | 水准 | 119.30 | 25.70 | Ni004 精密水准仪 | 3 期/年 | 1987.03.01 |
| 4 | | 桂口 | 水准 | 117.40 | 25.90 | Ni004 精密水准仪 | 3 期/年 | 1982.01.04 |
| 5 | | 和溪 | 水准 | 117.20 | 24.90 | Ni004 精密水准仪 | 3 期/年 | 2009.04.07 |
| 6 | | 坑南 | 水准 | 119.20 | 26.00 | Ni004 精密水准仪 | 3 期/年 | 2008.12.21 |
| 7 | | 梅岭 | 水准 | 118.70 | 25.00 | Ni004 精密水准仪 | 3 期/年 | 1982.02.15 |
| 8 | | 南山 | 水准 | 117.20 | 24.10 | Ni004 精密水准仪 | 3 期/年 | 2018.03.03 |

| 序号 | 省份 | 台站名称 | 观测项目 | 东经(°) | 北纬(°) | 观测仪器及型号 | 观测周期 | 开始观测时间 |
|---|---|---|---|---|---|---|---|---|
| 9 | | 莆田 | 水准 | 119.00 | 25.50 | Ni004 精密水准仪 | 3 期/年 | 2008.12.18 |
| 10 | | 前楼 | 水准 | 117.40 | 23.70 | Ni004 精密水准仪 | 3 期/年 | 1987.02.14 |
| 11 | | 泉州客卿 | 水准 | 118.60 | 24.70 | Ni004 精密水准仪 | 3 期/年 | 2012.12.12 |
| 12 | | 三山 | 水准 | 119.60 | 25.50 | Ni004 精密水准仪 | 3 期/年 | 1982.02.12 |
| 13 | | 厦门东渡 | 水准 | 118.35 | 24.25 | Ni004 精密水准仪 | 3 期/年 | 2009.04.01 |
| 14 | | 厦门虎仔山 | 水准 | 118.10 | 24.55 | Ni004 精密水准仪 | 3 期/年 | 1997.12.26 |
| 15 | | 狮子山 | 水准 | 117.20 | 27.00 | Ni004 精密水准仪 | 3 期/年 | 2012.12.25 |
| 16 | | 湾口 | 水准 | 118.45 | 26.10 | Ni004 精密水准仪 | 3 期/年 | 2011.12.23 |
| 17 | | 旺建 | 水准 | 117.90 | 25.80 | Ni004 精密水准仪 | 3 期/年 | 2016.08.11 |
| 18 | | 西瓜洲 | 水准 | 119.10 | 26.30 | Ni004 精密水准仪 | 3 期/年 | 1996.12.31 |
| 19 | | 西塘 | 水准 | 118.60 | 26.40 | Ni004 精密水准仪 | 3 期/年 | 1997.01.03 |
| 20 | | 斜溪 | 水准 | 118.30 | 26.50 | Ni004 精密水准仪 | 3 期/年 | 1997.04.26 |
| 21 | | 谢坊 | 水准 | 115.90 | 25.70 | Ni004 精密水准仪 | 3 期/年 | 1982.05.04 |
| 22 | | 玉山 | 水准 | 118.60 | 26.90 | Ni004 精密水准仪 | 3 期/年 | 1982.01.07 |
| 23 | | 漳浦刘下 | 水准 | 117.80 | 24.30 | Ni004 精密水准仪 | 3 期/年 | 2014.12.05 |
| 24 | | 漳州珠坑 | 水准 | 117.60 | 24.60 | Ni004 精密水准仪 | 3 期/年 | 2013.09.02 |
| 25 | | 灵山场地 | 水准 | 109.28 | 22.42 | DiNi03 精密水准仪 | 月 | 1979.09 |
| 26 | | 博白旺茂 | 水准 | 109.90 | 22.12 | DiNi03 精密水准仪 | 季 | 1979.09 |
| 27 | 广西 | 钦州大垌 | 水准 | 108.63 | 22.10 | DiNi03 精密水准仪 | 季 | 1979.09 ~ 2013.06 |
| 28 | | 百色 | 水准 | 106.54 | 23.93 | DiNi03 精密水准仪 | 季 | 1991.12 |
| 29 | | 平果 | 水准 | 107.53 | 23.34 | DiNi03 精密水准仪 | 季 | 1991.12 |
| 30 | 湖南 | 郑家河 | 水准 | 111.70 | 29.10 | DiNi03 精密水准仪 | 月 | 1993.01.01 |
| 31 | | 公田 | 水准 | 113.47 | 29.13 | DiNi03 精密水准仪 | 月 | 停测 |
| 32 | | 鸡龙岗 | 水准 | 113.35 | 23.15 | Ni004 精密水准仪 | 双月 | 1992.03.08 |
| 33 | | 陈田 | 水准 | 113.28 | 23.22 | Ni004 精密水准仪 | 双月 | 1992.01.08 |
| 34 | 广东 | 江门 | 水准 | 113.10 | 22.58 | Ni004 精密水准仪 | 双月 | 1995.09.12 |
| 35 | | 玉湖 | 水准 | 116.23 | 23.70 | Ni004 精密水准仪 | 双月 | 1995.11.23 |
| 36 | | 广太 | 水准 | 116.28 | 23.47 | Ni004 精密水准仪 | 双月 | 1995.07.24 |

## 3. 电磁观测网概况

华南区域（16°～30°N，104°～124°E）范围内共有地磁台站 17 个，地电阻率台站 1 个，台站分布见图 1–12，各台站观测仪器概况见表 1–14 和表 1–15。

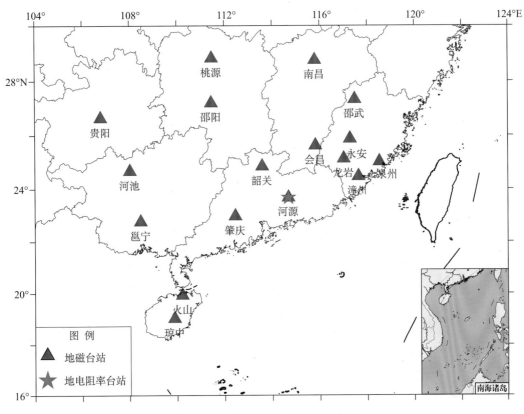

图 1–12　华南地区电磁台站分布图

表 1–14　华南地区地磁台站观测概况

| 序号 | 台站 | 东经<br>（°） | 北纬<br>（°） | 仪器型号 | 采样率 | 开始观测时间 | 停测时间 |
|---|---|---|---|---|---|---|---|
| 1 | 泉州 | 118.51 | 25.02 | FHDZ-M15 | 秒 | 2007.05 | |
| | | | | GM4 | 秒 | 2007.05 | |
| | | | | GSM-19FD | 秒 | 2008.07 | |
| 2 | 龙岩 | 117.02 | 25.13 | GM4 | 秒 | 2004.05 | |
| | | | | FHD-2B | 分 | 2004.02 | |
| 3 | 漳州 | 117.63 | 24.47 | GM3 | 分 | 2004.05 | |
| | | | | FHD-2A | 分 | 2004.02 | 2012.12 |
| | | | | FHD-2B | 分 | 2013.01 | |

续表

| 序号 | 台站 | 东经<br>(°) | 北纬<br>(°) | 仪器型号 | 采样率 | 开始观测时间 | 停测时间 |
|---|---|---|---|---|---|---|---|
| 4 | 邵武 | 117.48 | 27.33 | FHD-2B | 分 | 2008.06 | |
| 5 | 永安 | 117.28 | 25.87 | FHD-2B | 分 | 2013.01 | |
| 6 | 肇庆 | 112.45 | 22.97 | GM3 | 秒 | 2002.01 | 2014.08 |
| | | | | FGM01 | 秒 | 2013.12 | |
| 7 | 河源 | 114.68 | 23.67 | FHD-2B | 分 | 2007.07 | |
| 8 | 韶关 | 113.58 | 24.85 | FHD-2B | 分 | 2007.06 | 2013.01 |
| 9 | 会昌 | 115.82 | 25.62 | FHD-2B | 分 | 2007.06 | |
| 10 | 南昌 | 115.80 | 28.76 | GM4 | 秒 | 2007.08 | |
| | | | | GM4 | 秒 | 2007.08 | 2015.11 |
| 11 | 邵阳 | 111.45 | 27.20 | GM4 | 秒 | 2007.11 | |
| | | | | FHDZ-M15 | 秒 | 2007.10 | |
| 12 | 桃源 | 111.47 | 28.83 | FHD-2B | 分 | 2007.05 | |
| 13 | 邕宁 | 108.47 | 22.76 | GM3 | 秒 | 2007.06 | 2013.12 |
| | | | | FHDZ-M15 | 秒 | 2007.03 | |
| | | | | GM4 | 秒 | 2014.01 | |
| 14 | 河池 | 108.02 | 24.67 | GM4 | 秒 | 2007.04 | |
| 15 | 琼中 | 109.89 | 19.03 | GM3 | 秒 | 2010.09 | 2014.01 |
| | | | | FHDZ-M15 | 秒 | 2007.05 | 2015.06 |
| | | | | GM4 | 秒 | 2014.01 | |
| | | | | GM4 | 秒 | 2015.07 | |
| 16 | 火山 | 110.22 | 19.93 | GM4 | 秒 | 2015.12 | |
| 17 | 贵阳 | 106.78 | 26.64 | FHDZ-M15 | 秒 | 2007.07 | |
| | | | | GM4 | 秒 | 2007.07 | |

表 1－15　华南地区地电阻率台站观测概况

| 序号 | 台站 | 东经<br>(°) | 北纬<br>(°) | 仪器型号 | 采样率<br>(次/小时) | 开始观测时间 | 停测时间 |
|---|---|---|---|---|---|---|---|
| 1 | 河源 | 114.68 | 23.67 | CAT-S | 1 | 1992.01 | 2013.12 |
| | | | | ZD8M | 1 | 2014.01 | |

从表 1-14 可以看出，华南地区共有 17 个地磁台站进行地磁场三分量观测，其中 3 个地磁台站在 2007 年之前开始观测，11 个台站在 2007 年开始观测。2007 年开始观测的 11 个台站数据在观测初期数据质量较差，数据可信度较低，因此华南地区地磁方法预测指标研究从 2008 年 1 月开始。

## 参考文献

陈国能，1993，中国东南地洼区上陆壳多次重熔的效应和机制［J］，大地构造与成矿学，17（2）：191~198

戴传固、张慧、黄清华，2008，黔东地区典型构造样式特征及其地质意义［J］，地质力学学报，14（4）：339~345

虢顺民、计凤桔、向宏发等，2001，红河活动断裂带［M］，北京：海洋出版社

黄玮琼、李文香，1998，地震区划中 b 值统计时空范围的确定［J］，地震学报，20（5）：3~5

黄玉昆、张珂，1990，广东莲花山断裂带的新构造运动特征［J］，华南地震，10（2）：25~34

李坪、杨美娥、刘行松，1988，琼北地区活动性断裂研究［G］，海南岛北部地震研究论文集，北京：地震出版社

廖其林、王振明、王屏路等，1988，福州—泉州—汕头地区地壳结构的爆炸地震研究［J］，地球物理学报，31（3）：270~280

刘瑞丰，2016，中国地震台网的建设与发展，地震地磁观测与研究，37（4）：2+201

丘学林、赵明辉、叶春明等，2002，南海东北部海陆联合深地震探测［C］，中国地球物理学会第十八届年会论文集，299

时振梁、环文林、武宦英等，1973，我国强震活动和板块构造［J］，地质科学，4：281~293

宋方敏、李传友、陈献程等，2004，右江断裂带晚更新世活动的若干地质地貌证据及位移速率，地震地质，26（4）：611~621

汪一鹏、宋方敏、黄卿团等，2001，潮汕平原北西向断裂左旋走滑运动的地貌证据和速率［J］，中国地震，17（1）：35~43

汪泽成、赵文智，2002，四川盆地复合含油气盆地系统特征［J］，石油勘探与开发，29（2）：26~28

王明明、周本刚、计凤桔等，2009，合浦—北流断裂带西支合浦盆地段断裂活动性研究［J］，地震地质，31（3）：470~487

王亚文、蒋长胜、刘芳等，2017，中国地震台网监测能力评估和台站检测能力评分（2008~2015 年），地球物理学报，60（7）：2767~2778

魏柏林，1981，新丰江水库地震震源应力场与构造应力场［J］，地震地质，3（1）：75~79

魏柏林、冯绚敏、陈定国等，2001，东南沿海地震活动特征［M］，北京：地震出版社，60~102

魏柏林、徐辉龙、谢明富，1994，论东南沿海地震区（带）的现代构造应力场［C］，中国地震学会第五次学术大会论文摘要集，40

魏柏林、徐辉龙、谢明富，1996，东南沿海地震区的现代构造应力场［J］，华南地震，16（4）：11~19

魏柏林、薛佳谋、李富光等，1988，从测定壤中的气汞量来研究活断层［J］，地震地质，10（2）：88~92

徐伟进、高孟潭，2014，中国大陆及周缘地震目录完整性统计分析，地球物理学报，57（9）：2802~2812

严国柱，1986，广州—从化断裂构造带的基本特征及其形成演化的研究［J］，华南地震，6（4）：8~21

张建国、皇甫岗、谢英情等，2008，中越红河断裂带考察与研究（一）［J］，地震研究，31（4）：362~368

张军龙、田勤俭、李峰等，2008，海南岛北西部新构造特征及其演化研究［J］，地震，28（3）：85~94

张鹏、胡秋韵、丰成君等，2015，海峡西岸长乐—南澳断裂带中段现今原位地应力测量［J］，地球学报，

36（4）：483~490

中国地震局地球物理研究所，2005，广东阳江核电站厂址 SL-2 级设计基准地面运动参数复核与确定工作
　　报告［R］

周本刚、杨小平、杜龙，2008，广西防城—灵山断裂带活动性分段与潜在震源区划分研究［J］，震灾防御
　　技术，3（1）：8~19

# 第二章  测震学科预测指标

本章节地震地质及地震带的划分参见第一章 1.1 节，地震目录的使用时间截至 2019 年 8 月。文中震级的表述"$M_S$""$M$"和"级"均指面波震级，"$M_L$"为近震震级。

## 2.1  华南地区趋势预测

以下给出的 4 项华南地区趋势预测指标均为中长期指标。

表 2 - 1  华南地区预测指标分类表

| | 异常指标描述 | 对应震级描述 | 对应有效时间描述 | 对应周边范围描述 | 报准率 | 误报率 | 漏报率 |
|---|---|---|---|---|---|---|---|
| 中长期预测指标 | 台湾 7 级强震活跃—平静 | $M \geqslant 5.5$ | ≤3 年 | 华南沿海地震带 | 3/3 | 0/3 | 1/4 |
| | 5.5 级地震标志着进入新的活跃幕 | $M \geqslant 5.5$ | ≤3 年 | 华南沿海地震带 | 4/4 | 0/4 | 0/4 |
| | 地震空区 | $M \geqslant 5.0$ | ≤3 年 | 华南沿海、空区内部 | 6/6 | 0/7 | 9/11 |
| | 3 级地震集中增强 | $M \geqslant 5.0$ | ≤3 年 | 华南内陆、集中区 100km 范围内 | 5/5 | 0/5 | 1/6 |

### 1. 台湾 7 级强震活跃—平静

台湾强震显著活跃可作为华南沿海地震带进入平静幕的参考指标，台湾强震持续平静可作为华南沿海地震带进入活跃幕的参考指标。

从外部动力环境看，华南沿海地震带受到台湾强震活动的影响（Yu Shui-Beih et al，1999；傅容珊等，2000；李延兴等，2002；顾瑾萍等，2004；朱介寿等，2005）。台湾及邻区有 4 次较显著的地震活动状态，1920 年和 1972 年在台湾东部海域发生 2 次 8 级地震（能量释放的最高值和次高值），1951 年和 1999 年在岛内及近海发生 2 次 7 级以上强震群（地震频度的最高值和次高值），这 4 次重要的活动状态均对应了华南沿海地震带 5.5 级以上地震甚至 5 级以上地震平静幕或转入平静幕的时段（图 2 - 1、图 2 - 2）。台湾及邻区自 1900 年以来出现过 4 次 7 级以上地震超过 6 年（2190 天）的长期平静现象，前 3 次长期平静的后期都对应了华南沿海地震带 5.5 级以上地震活跃幕的早期时段（图 2 - 2）。

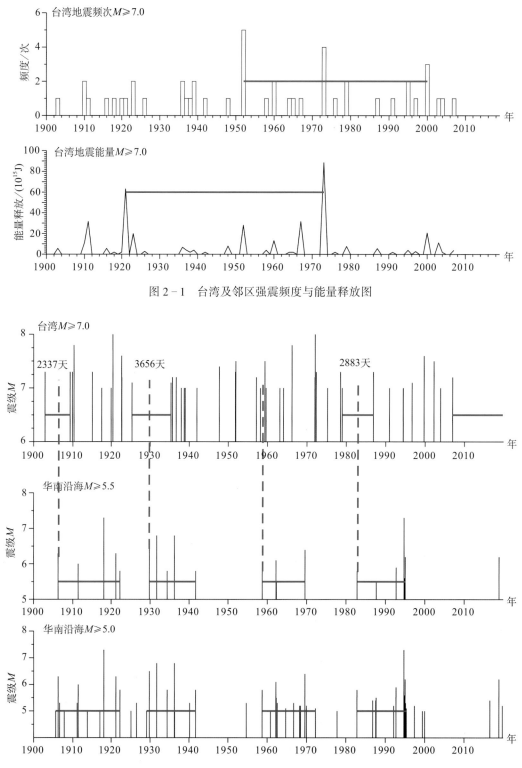

图 2-1　台湾及邻区强震频度与能量释放图

图 2-2　台湾及邻区强震活动与华南沿海地震带 5 级以上地震活动时序特征

（1）采用资料及基本算法：台湾强震目录 M-T 图、频度图、能量释放图。

（2）异常判据指标：台湾 7 级以上地震平静超过 6 年（2190 天）。

（3）预测规则：台湾强震持续平静可作为华南沿海地震带进入活跃幕的参考指标。

（4）预报效能：前 3 次长期平静的后期均对应了华南沿海地震带 5.5 级以上地震活跃幕的早期时段。

**2. 进入活跃幕标志**

发生 5.5 级以上地震可判定华南沿海地震带进入中强地震活跃幕。

从华南沿海地震带中强地震不同震级下限的时序分布图（图 2-2）可以看出：自 1900 年以来，华南沿海地震带 5.5 级以上地震的活跃与平静交替的幕式分布特征是较为清晰的，随着震级下限的降低这种幕式分布特征逐渐变得模糊，因此可将发生 5.5 级以上地震作为判定本区进入中强地震活跃幕的标志。

（1）采用资料及基本算法：华南地震带中强震目录 M-T 图。

（2）异常判据指标：是否发生 5.5 级以上中强震。

（3）预测规则：发生 5.5 级以上地震可判定华南沿海地震带进入中强地震活跃幕。

（4）预报效能：1900 年以来的 4 个开幕均发生 5.5 级以上地震。

**3. 地震空区**

华南沿海地区出现 3 级以上、长轴尺度大于 200km 的地震空区，空区内部及其边缘为 5 级以上地震危险地点。

1970 年以来，华南沿海地震带发生了 19 次 5 级以上地震（删除余震），其中有 11 次发生在沿海地区。这 11 次地震中，有 9 次在主震前数年（一般 4~8 年，北部湾 6 级地震前是近 10 年）、震中附近区域出现 3 级以上地震围空图像，且围空长轴大于 200km，围空震级越高，未来主震震级越高，最大地震通常发生在空区内部（图 2-3 至图 2-8，表 2-2）。对于 6 级以上地震，出现多震级空区嵌套现象，围空地震的震级达到 5 级以上，并发生多次。通过围空地震的最大震级增加 1.5 级左右，可大致估计未来地震的强度（表 2-2）。

（1）采用资料及基本算法：$M_L \geq 3.0$ 级地震平面分布图、M-T 图、D-T 图。

（2）异常判据指标：$M_L \geq 3.0$ 级地震围空，且长轴尺度大于 200km。

（3）预测规则：空区内部及其边缘为 5 级以上地震危险地点，围空地震最大震级增加 1.5 级为目标地震震级。

（4）预报效能：11 次发生在沿海 5 级以上地震，9 次在主震前数年（4~8 年）震中附近区域出现 3 级以上地震围空图像。

表 2－2　地震空区统计

| 空区编号 | 围空开始地震 | 围空结束地震 | 围空震级 | 空区持续时间（月） | 目标地震 $M_S$ | 打破地震 | 目标与打破地震间隔（月） |
|---|---|---|---|---|---|---|---|
| 1 | 1982.01.28 $M_L$3.5 | 1986.10.22 $M_L$6.0（$M_S$5.4） | $M_L$3、最高 $M_S$3.9 | 57.6 | 1986.10.22 海峡南部5.4 1987.09.06 海峡南部5.5 | 1986.10.22 海峡南部 $M_S$5.4 | 0 |
| 2 | 1987.03.20 $M_L$3.1 | 1992.02.18 $M_L$5.6（$M_S$5.2） | $M_L$3、最高 $M_S$3.4 | 59 | 1992.02.18 南日岛5.2 | 1992.02.18 南日岛 $M_S$5.2 | 0 |
| 3 | 1987.09.06 $M_L$5.8 1987.09.06 $M_L$5.8 | 1994.02.21 $M_L$3.6 1994.03.16 $M_L$4.0 | $M_L$3、$M_L$4、最高5.9 | 77.6 78.3 | 1992.09.14 东沙群岛5.9 1994.09.16 海峡南部7.3 | 1994.02.21 海峡南部 $M_L$3.6 1994.03.16 海峡南部 $M_L$4.0 | 6.8 6 |
| 4 | 1985.03.20 $M_L$3.5 | 1994.12.31 $M_L$6.4（$M_S$6.1） | $M_L$3、最高 $M_S$4.8 $M_L$3.5 | 117.5 117.5 | 1994.12.31 北部湾6.1 1995.01.10 北部湾6.2 | 1994.12.31 北部湾 $M_S$6.1 1994.12.31 北部湾 $M_S$6.1 | 0 0 |
| 5 | 1989.12.09 $M_L$3.1 | 1993.09.14 $M_L$3.1 | $M_L$3、最高 $M_S$4.3 | 45.2 | 1995.02.25 晋江海外5.3 | 1993.09.14 金门海外 $M_L$3.1 | 17.4 |
| 6 | 2007.08.19 $M_L$4.0 | 2016.06.18 $M_L$4.1 | $M_L$4、最高 $M_S$5.2 | 106 | 2018.11.26 台湾海峡6.2 | 2016.6.18 漳浦海域 $M_L$4.1 | 29.3 |

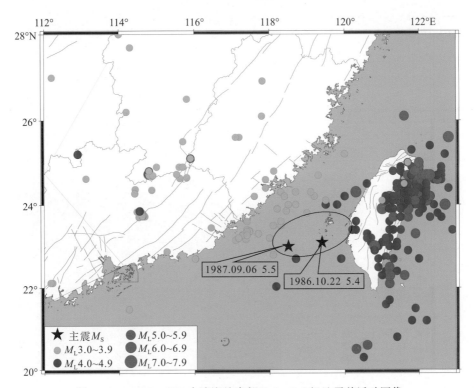

图 2 - 3a　1986~1987 台湾海峡南部 5.4、5.5 级地震前活动图像
1982.01.29~1986.10.21

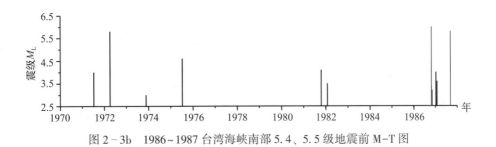

图 2 - 3b　1986~1987 台湾海峡南部 5.4、5.5 级地震前 M-T 图

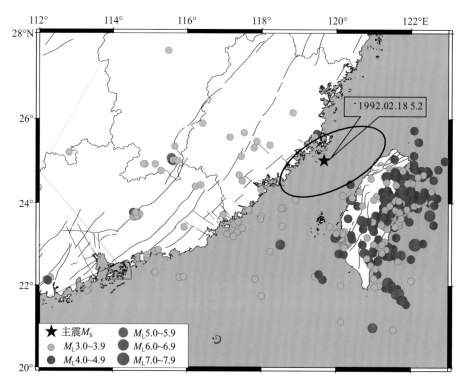

图 2 - 4a　1992 年南日岛 5.2 级地震前活动图像

1987. 03. 21~1992. 02. 17

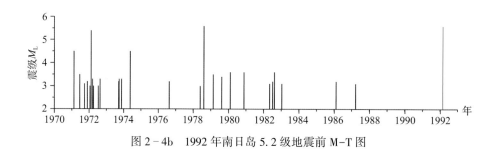

图 2 - 4b　1992 年南日岛 5.2 级地震前 M-T 图

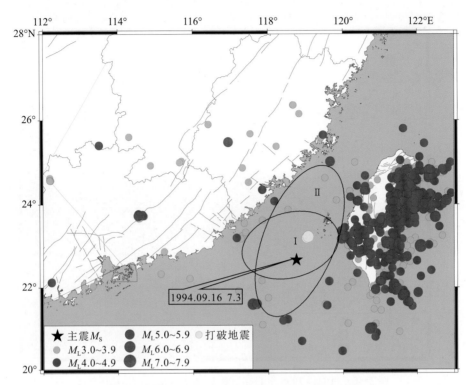

图 2-5a　1994 年台湾海峡南部 7.3 级地震前活动图像

1987.09.07～1994.03.15

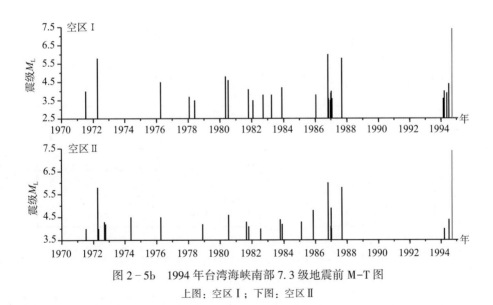

图 2-5b　1994 年台湾海峡南部 7.3 级地震前 M-T 图

上图：空区 I；下图：空区 II

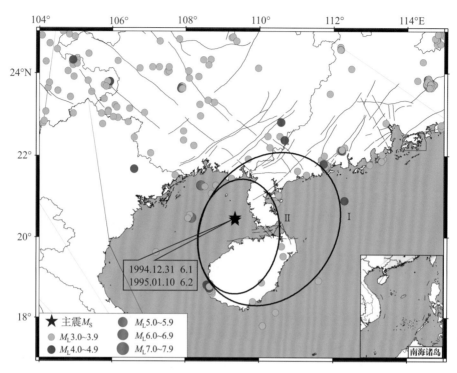

图 2 - 6a　1994~1995 年北部湾 6.1、6.2 级地震前活动图像

1985. 03. 21~1994. 12. 30

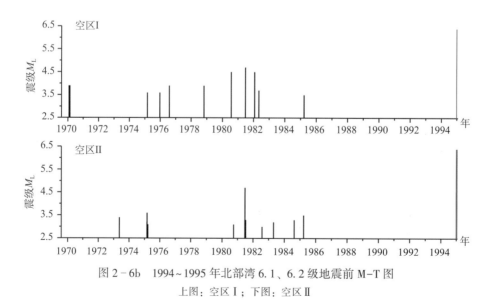

图 2 - 6b　1994~1995 年北部湾 6.1、6.2 级地震前 M-T 图

上图：空区 I；下图：空区 II

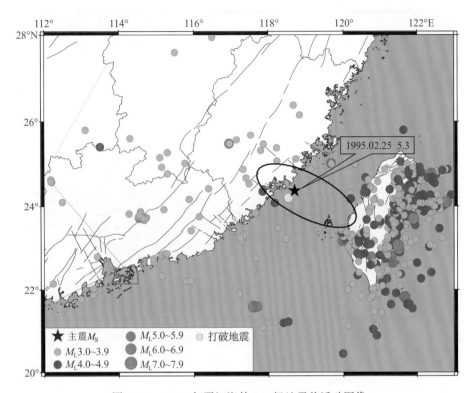

图 2 - 7a 1995 年晋江海外 5.3 级地震前活动图像

1989. 12. 10 ~ 1993. 09. 13

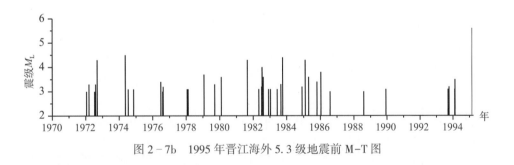

图 2 - 7b 1995 年晋江海外 5.3 级地震前 M-T 图

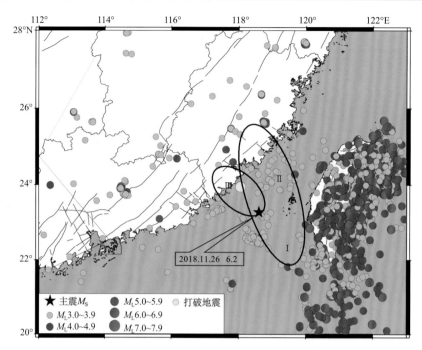

图 2 − 8a　2018 年台湾海峡南部 6.2 级地震前活动图像

2006. 02. 01 ~ 2018. 11. 25

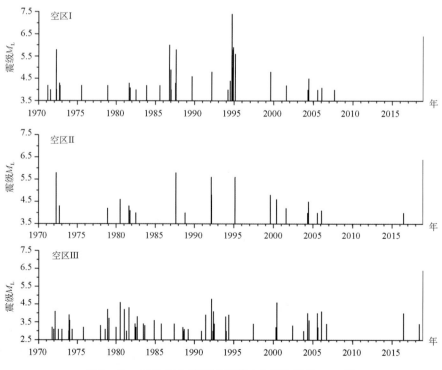

图 2 − 8b　2018 年台湾海峡南部 6.2 级地震前 M−T 图

上图：空区 Ⅰ；中图：空区 Ⅱ；下图：空区 Ⅲ

## 4. 3 级以上地震集中增强

3 级以上地震集中增强且至少 2 次 $M_L4$ 以上地震活动的内陆区域可能为 5 级以上地震危险地点。

1970 年以来，华南沿海地震带的 18 次 5 级以上地震中有 6 次发生在内陆地区。这 6 次地震中，除了广西苍梧地震发生在 1970 年以来的 3 级以上地震长期平静区外，其余 5 次地震在主震前数年（3~5 年）、震中附近区域出现 3 级以上地震集中增强现象，并伴有至少 2 次 $M_L4$ 以上地震活动（图 2-9 至图 2-13，表 2-3），且最后一次 $M_L4$ 以上地震距离未来主震震中距均少于 100km，距离未来主震发震时间为 0.4 到 32.1 个月，5 次有 4 次少于 1 年（表 2-3）。

（1）采用资料及基本算法：$M_L \geqslant 3.0$ 级地震平面分布图、M-T 图、D-T 图。

（2）异常判据指标：$M_L \geqslant 3.0$ 级地震集中增强且至少发生 2 次 $M_L \geqslant 4.0$ 级地震。

（3）预测规则：震前数年（3~5 年）中等地震活跃区附近为 5 级地震危险地点，主震距离最后一次 $M_L4$ 以上地震的震中距均少于 100km，间隔时间少于 3 年。

（4）预报效能：1970 年以来 6 次发生在内陆的 5 级以上地震中，5 次在主震前数年（3~5 年）震中附近区域出现 3 级以上地震集中增强图像。

表 2-3 地震增强区统计

| 编号 | 增强开始时间 | 增强结束时间 | 增强区震级频次 | | | 主震 $M_S$ | 增强期最后一次 $M_L \geqslant 4.0$ 级 | 增强期地震与主震关系 | |
| | | | $M_L3.0$~3.9 | $M_L4.0$~4.9 | $M_L5.0$~5.9 | | | 与主震距离（km） | 与主震时间间隔（月） |
|---|---|---|---|---|---|---|---|---|---|
| 1 | 1972.05.07 | 1977.07.30 | 2 | 5 | 0 | 1977.10.19 广西平果 5.0 | 1977.04.26 $M_L4.0$ | ≤50 | 5.8 |
| 2 | 1978.01.02 | 1982.02.23 | 7 | 2 | 0 | 1982.02.25 江西龙南 5.0 | 1979.06.24 $M_L4.0$ | ≤50 | 32.1 |
| 3 | 1975.08.18 | 1982.09.29 | 12 | 9 | 1 | 1982.10.27 云南富宁 5.8 | 1982.01.25 $M_L4.5$ | ≤100 | 9.0 |
| 4 | 1982.01.02 | 1987.07.19 | 33 | 3 | 1 | 1987.08.02 江西寻乌 5.5 | 1987.07.19 $M_L4.3$ | ≤100 | 0.5 |
| 5 | 1992.11.01 | 1997.05.29 | 30 | 4 | 1 | 1997.05.31 福建永安 5.2 | 1997.05.20 $M_L4.0$ | ≤50 | 0.4 |

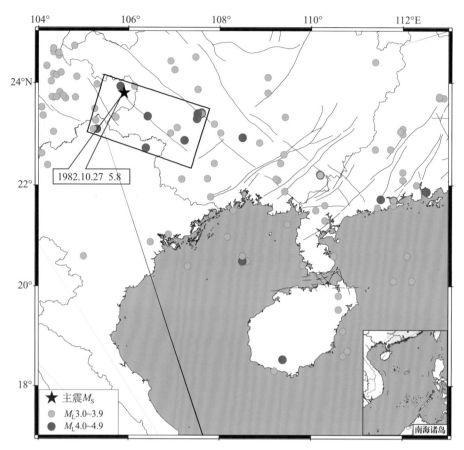

图 2 - 9a　1982 年 10 月 27 日云南富宁 5.8 级地震前活动图像

1975. 08. 18 ~ 1982. 09. 29

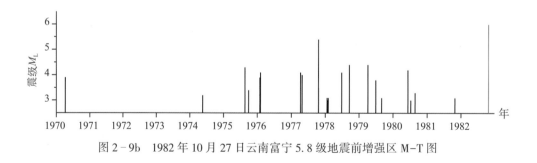

图 2 - 9b　1982 年 10 月 27 日云南富宁 5.8 级地震前增强区 M-T 图

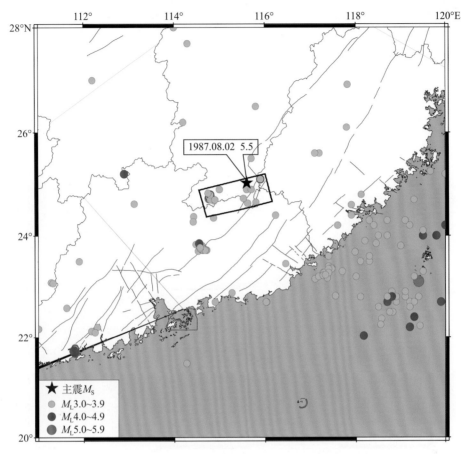

图 2 - 10a　1987 年 8 月 2 日江西寻乌 5.5 级地震前活动图像

1982. 01. 02 ~ 1987. 07. 19

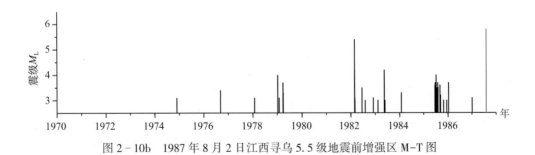

图 2 - 10b　1987 年 8 月 2 日江西寻乌 5.5 级地震前增强区 M-T 图

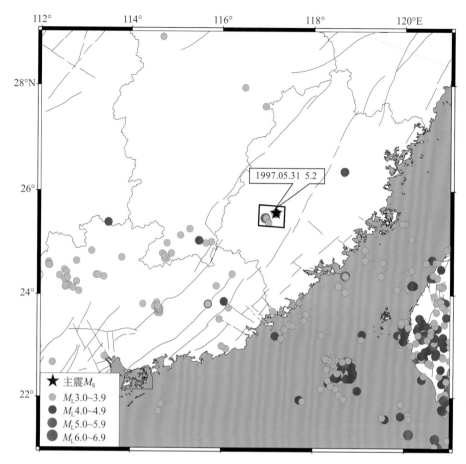

图 2 - 11a　1997 年 5 月 31 日福建永安西南 5.2 级地震前活动图像

1992. 11. 01 ~ 1997. 05. 29

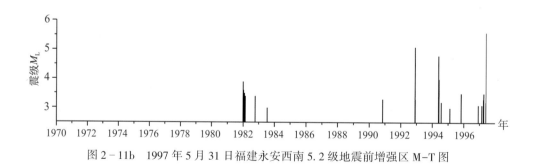

图 2 - 11b　1997 年 5 月 31 日福建永安西南 5.2 级地震前增强区 M-T 图

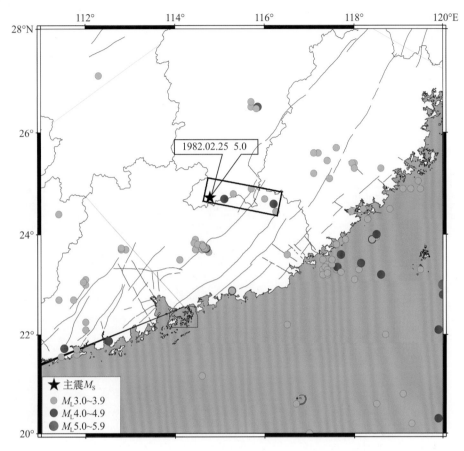

图 2－12a  1982 年 2 月 25 日江西龙南 5.0 级地震前活动图像

1978.01.02～1982.02.23

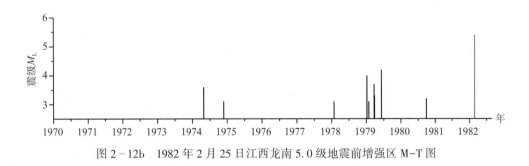

图 2－12b  1982 年 2 月 25 日江西龙南 5.0 级地震前增强区 M-T 图

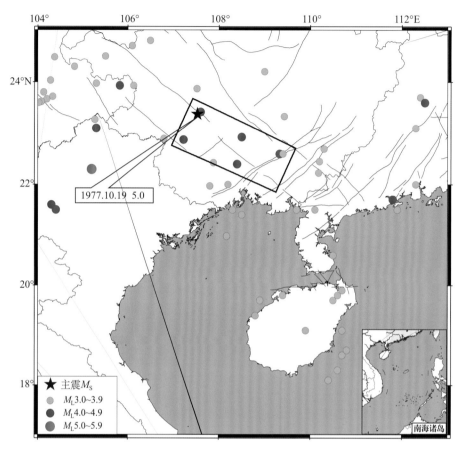

图 2 – 13a　1977 年 10 月 19 日广西平果 5.0 级地震前活动图像

1972. 05. 07 ~ 1977. 07. 30

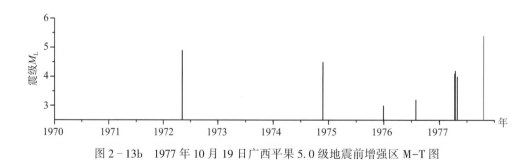

图 2 – 13b　1977 年 10 月 19 日广西平果 5.0 级地震前增强区 M-T 图

## 2.2 华南沿海地震带东段预测指标

以下给出的 6 项华南沿海地震带东段预测指标均为中短期指标。

表 2-4　华南沿海地震带东段预测指标分类表

| | 异常指标描述 | 对应震级描述 | 对应有效时间描述 | 对应周边范围描述 | 报准率 | 误报率 | 漏报率 |
|---|---|---|---|---|---|---|---|
| 中短期预测指标 | $b$ 值持续半年低值异常 | $M \geq 5.0$ | $\leq 2$ 年 | 华南沿海地震带东段 | 8/8 | 0/8 | 0/12 |
| | $M_L 4$ 以上地震 18 个月平静 | $M_L \geq 5.0$ 级成组活动 | $\leq 2$ 年 | 华南沿海地震带东段 | 3/3 | 0/3 | / |
| | 震级结构异常 | $M \geq 5.0$ | $\leq 2$ 年 | 华南沿海地震带东段、地震窗内或其邻近的构造相关区域 | 10/11 | 10/11 | / |
| | 活跃幕时段 $M_L 3.2$ 以上地震异常平静 | $M \geq 5.0$ | 活跃幕时段 $\leq 2$ 年 | 华南沿海地震带东段 | 2/2 | 0/12 | 4/9 |
| | 地震窗 $M_L \geq 3$ 级地震叠加频次超限异常 | $M_L \geq 5.0$ | $\leq 1.5$ 年 | 华南沿海地震带东段 | 7/10 | 3/10 | / |
| | 活跃幕时段台湾 7 级强震 | $M \geq 5.0$ | 活跃幕时段 $\leq 1.5$ 年 | 华南沿海地震带东段 | 5/5 | 5/5 | 0/6 |

### 1. $b$ 值时间扫描

当华南沿海地震带东段 $b$ 值持续半年低于 0.72，后续发生 5 级以上地震的可能性极大。

利用东段 1974 年以来的 $M_L 2.0 \sim 5.0$ 地震资料（去余震），以 12 个月为窗长，1 个月为步长，最大似然法计算 $b$ 值，以持续半年 $b \leq 0.72$ 作为异常判据，反映中强地震前的中小地震震级结构失衡现象。由图 2-14 可见，2000 年之前华南沿海东段低 $b$ 值异常后均出现了 5 级以上地震，两者具有极好相关性。

（1）采用资料及基本算法：$M_L 2.0 \sim 5.0$ 地震资料（去余震）以 12 个月为窗长，1 个月为步长，最大似然法进行 $b$ 值时间扫描。

（2）异常判据指标：持续半年 $b \leq 0.72$。

（3）预测规则：低 $b$ 值异常后东段将发生 5 级以上地震。

（4）预报效能：1974 ~ 2000 年华南沿海东段低 $b$ 值异常后均出现了 5 级以上地震，两者具有极好相关性，对应率 100%。

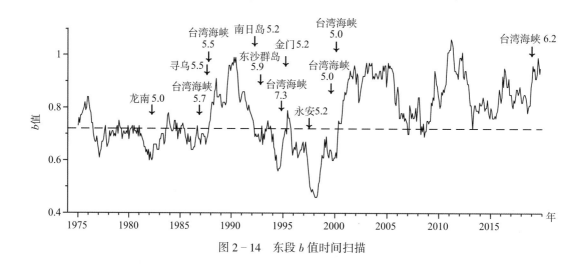

图 2 - 14　东段 $b$ 值时间扫描

## 2. $M_L$4 以上地震异常平静

$M_L$4 以上地震持续平静超过 18 个月视为平静异常，平静打破后 $M_L$5 以上地震成组活动。

1970 年至今，华南沿海地震带东段 $M_L$4.0 以上地震平静超过 18 个月的异常有 3 组，后续研究区内 $M_L$5.0 以上地震成组活动（图 2 - 15）。第 1 组出现在 1985 年，随后 1986、1987 接连发生台湾海峡 5.4 级、江西寻乌 5.5 级等地震；第 2 组出现在 1993 年，随后发生了 1994 年台湾海峡 7.3 级等一系列强震；第 3 组出现在 2010~2011 年，随后发生了 2012 年广东东源 $M_L$5.2、2013 年广东东源 $M_L$5.1、福建仙游 $M_L$5.2 等地震。

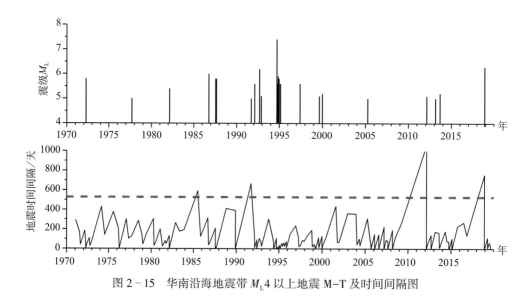

图 2 - 15　华南沿海地震带 $M_L$4 以上地震 M-T 及时间间隔图

（1）采用资料及基本算法：$M_L \geqslant 4$ 级地震发震时间间隔、M-T 图。

（2）异常判据指标：$M_L \geqslant 4$ 级地震持续平静超过 18 个月。

（3）预测规则：$M_L \geqslant 4$ 级地震异常平静打破后 $M_L$5 以上地震成组活动。

（4）预报效能：1970 年至今共出现过 3 次 $M_L \geqslant 4$ 级地震平静超过 18 个月异常，后续均出现 $M_L$5 以上地震成组活动，对应率 100%。

**3. 震级结构异常**

出现震级结构异常的 3 级震群活动，可预测所在区域或同一断裂带、空区、条带的相关部位未来 2 年内可能发生 5 级以上地震。

王建（2000）在分析地震活动性图像差异时，提出了震级结构的概念：即在地震密集区域和密集时段内，由密集震级及以下各震级地震数构成的地震数列，称为震级结构。密集震级就是在密集区域及相应的密集时段内，地震次数达到或超过 7 次的最大震级档。据此对东南沿海东段地震密集活动区内密集时段的地震进行分析，1970 年至今共提取到 11 组震级结构异常的地震密集活动事件（$N_3 \geqslant 7$，次级地震不活跃 $n_2 < 64$），见表 2-5，对应的序列参数见表 2-6。根据历史震例对应情况显示，前 10 组地震窗内出现震级结构异常的小震密集活动后，最短几天，最长 20 个月时间内，东南沿海东段均发生了中强以上地震，后续对应的中强以上地震半数发生在地震窗内或其邻近的构造相关区域。最后一组截至 2017 年 9 月，已超过 2 年，未发生对应中强以上地震（表 2-5）。

（1）采用资料及基本算法：$M_L \geqslant 2.0$ 级地震目录震级结构统计。

（2）异常判据指标：$N_3 \geqslant 7$，次级地震不活跃 $n_2 < 64$。

（3）预测规则：出现震级结构异常震群活动后未来 2 年内发生 5 级以上地震，地点一般在地震窗内或其邻近的构造相关区域。

（4）预报效能：1970 年至今共提取到 11 组震级结构异常的地震密集活动事件，后续最短几天，最长 20 个月时间内 10 组发生了中强以上地震，对应率 90.9%。

表 2-5　震级结构异常的地震密集事件表

| 序号 | 地震窗所在地名 | 密集时段 | 震级结构 | | 对应地震 | | | | |
|---|---|---|---|---|---|---|---|---|---|
| | | | $N_3$ | $n_2$ | 发震时间 | 震中地名 | 震级 | 超前时间 | 相对位置 |
| 1 | 海丰 | 1981.02~1982.02 | 8 | 14 | 1982.02 | 江西龙南 | $M_L$5.4 | 几天 | |
| 2 | 永安—龙岩 | 1981.11~1982.03 | 9 | 33 | 1982.02 | 江西龙南 | $M_L$5.4 | 几天 | |
| 3 | 龙南 | 1982.02~1982.04 | 10 | 9 | 1982.02 | 江西龙南 | $M_L$5.4 | 同步 | 所在地震丛集窗内 |
| 4 | 龙南 | 1985.06~1985.12 | 14 | 19 | 1987.08 | 江西寻乌 | $M_L$5.8 | 20个月 | 同一活动断裂内 |
| 5 | 台湾海峡南部 | 1986.10~1987.01 | 11 | 6 | 1987.09 | 台湾海峡南部 | $M_L$5.8 | 8个月 | 所在地震丛集窗内 |

| 序号 | 地震窗所在地名 | 密集时段 | 震级结构 | | 对应地震 | | | | |
|---|---|---|---|---|---|---|---|---|---|
| | | | $N_3$ | $n_2$ | 发震时间 | 震中地名 | 震级 | 超前时间 | 相对位置 |
| 6 | 水口 | 1993.07~1994.08 | 14 | 56 | 1994.09 | 台湾海峡南部 | $M_S7.3$ | 1 | |
| 7 | 永安—龙岩 | 1994.05~1995.02 | 16 | 45 | 1994.09<br>1995.02 | 台湾海峡南部<br>福建晋江海域 | $M_S7.3$<br>$M_L5.6$ | 基本同步<br>几天 | |
| 8 | 永安—龙岩 | 1997.02~1997.05 | 8 | 25 | 1997.05 | 福建永安 | $M_L5.6$ | 几天 | 所在地震丛集窗内 |
| 9 | 福州 | 1999.09~1999.12 | 9 | 33 | 1999.12 | 台湾海峡南部 | $M_L5.2$ | 几天 | |
| 10 | 仙游 | 2013.08~2014.03 | 11 | 31 | 2013.09 | 福建仙游 | $M_L5.2$ | 基本同步 | 所在地震丛集窗内 |
| 11 | 台湾海峡南部 | 2015.02~2015.03 | 23 | 24 | 目前未对应中强以上地震 | | | | |

表2-6 震级结构异常的地震密集序列参数

| 序号 | 地震窗所在地名 | 序列参数 | | | | 符合前兆震群参数 |
|---|---|---|---|---|---|---|
| | | $U$ | $K$ | $\rho$ | $h$ | |
| 1 | 海丰 | 1.0 | 0.73 | 0.58 | 1.2 | $U$、$K$ |
| 2 | 永安—龙岩 | 0.67 | 0.98 | 0.42 | 1.1 | $U$、$K$、$\rho$ |
| 3 | 龙南 | 0.16 | 0.52 | 0.42 | 1.8 | $\rho$ |
| 4 | 龙南 | 0.48 | 0.89 | 0.56 | 0.62 | $K$、$h$ |
| 5 | 台湾海峡南部 | 0.98 | 0.90 | 0.50 | 1.37 | $U$、$K$、$\rho$ |
| 6 | 水口 | 0.61 | 0.92 | 0.37 | 1.97 | $U$、$K$、$\rho$ |
| 7 | 永安—龙岩 | 0.38 | 0.87 | 0.48 | 0.66 | $K$、$\rho$、$h$ |
| 8 | 永安—龙岩 | 0.98 | 0.96 | 0.38 | 0.91 | $U$、$K$、$\rho$、$h$ |
| 9 | 福州 | 0.37 | 0.87 | 0.46 | 0.86 | $K$、$\rho$、$h$ |
| 10 | 仙游 | 0.95 | 0.19 | 0.40 | 0.52 | $U$、$\rho$、$h$ |
| 11 | 台湾海峡南部 | 0.36 | 0.63 | 0.46 | 0.43 | $\rho$、$h$ |

**4. 活跃幕时段 $M_L3.2$ 以上地震异常平静**

活跃幕时段 $M_L3.2$ 以上地震持续平静超过160天视为平静异常，平静打破后两年内存在发生 $M_S5.0$ 左右地震的可能。

1970年至今，华南沿海地震带东段 $M_L3.2$ 以上地震平静超过160天的异常累计7组（图2-16，表2-7），有3组后续对应了研究区内 $M_S5.0$ 以上地震，其中活跃幕时段内的2

组平静异常打破后，后续 21 个月内均发生了 $M_S5.0$ 以上地震；而在平静幕时段的 5 组，仅 1 组后续发生了 5 级以上地震。因此，$M_L3.2$ 以上地震异常平静与区域所处应力环境有较大的关联，在活跃幕时段是中强震的中短期前兆，在平静幕时段则只是区域应力场减弱的表现，并非是中强震的前兆表现。

（1）采用资料及基本算法：$M_L \geqslant 3.2$ 级地震发震时间间隔。

（2）异常判据指标：$M_L \geqslant 3.2$ 级地震平静超过 160 天。

（3）预测规则：活跃幕时段，平静打破后两年内发生 $M_S5.0$ 以上地震。

（4）预报效能：在上一活跃幕（1986～1999 年），2 次 $M_L \geqslant 3.2$ 级地震平静间隔超过 160 天后均发生 $M_S5$ 以上地震，对应率 100%。

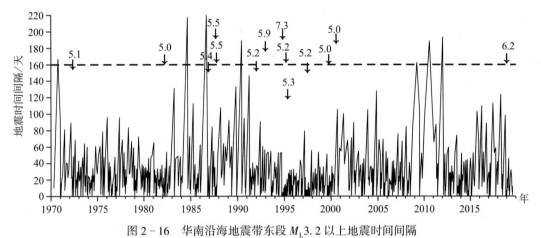

图 2-16 华南沿海地震带东段 $M_L3.2$ 以上地震时间间隔

曲线：中国小震目录 $M_L$，标注地震：中国强震目录 $M_S$，1970.01～2017.08

表 2-7 华南沿海地震带东段 $M_L3.2$ 以上地震平静震例总结

| 主震 $M_S$ | 开始地震 $M_L$ | 结束地震 $M_L$ | 平静持续时间 | 距主震时间 |
|---|---|---|---|---|
| 1972.04.06<br>台湾海峡南部 5.1 | 1970.04.19<br>广东河源 3.9 | 1970.10.03<br>广东河源 3.9 | 167 天 | 约 18 个月 |
| 无 | 1984.01.24<br>江西寻乌 3.3 | 1984.08.29<br>广东连平 3.2 | 218 天 | |
| 1986.10.22<br>台湾海峡南部 5.4<br>1987.08.02<br>江西寻乌 5.5<br>1987.09.06<br>台湾海峡南部 5.5 | 1986.02.07<br>平潭海域 3.2 | 1986.09.15<br>广东河源 4.4 | 220 天 | 约 1 个月 |

续表

| 主震 $M_S$ | 开始地震 $M_L$ | 结束地震 $M_L$ | 平静持续时间 | 距主震时间 |
|---|---|---|---|---|
| 1992.02.18 南日岛 5.2<br>1992.09.14<br>东沙群岛东北 5.9 | 1989.12.04<br>广东河源 3.9 | 1990.06.12<br>广东汕尾 3.3 | 190 天 | 约 21 个月 |
| 无 | 2008.10.12<br>台湾海峡南部 3.4 | 2009.03.23<br>平潭海域 4.3 | 162 天 | |
| 无 | 2010.01.24 金门 3.2<br>2010.07.31<br>台湾海峡南部 3.8 | 2010.07.31<br>台湾海峡南部 3.8<br>2011.01.22<br>江西吉安 3.2 | 188 天<br>175 天 | |
| 无 | 2011.07.03<br>台湾海峡南部 3.5 | 2012.01.12 永泰 3.2 | 193 天 | |

### 5. 地震窗 $M_L \geq 3$ 级地震频次超限异常

地震窗 $M_L \geq 3$ 级地震叠加频次超一倍均方差可判定 18 个月内会出现 $M_L 5.0$ 以上地震活动。

基于华南沿海地震带的地震活动特点和构造背景，利用中国小震目录确定了东南沿海东段小震密集活动地区 13 个，包括：广东河源、梅州、南澳、海丰，江西龙南、寻乌，福建厦门、永安、水口、福州、仙游、金门外海以及台湾海峡南部，区域地震活动 M-T 见图 2-17，图名上方注释为"地名（圆心纬度，圆心经度，圆半径）"。并将地震窗去余震后的频次进行累加（图 2-18），由图可见自 1970 年以来 $M_L \geq 3$ 级地震频次超过 1 倍均方差上限共计 10 次（表 2-8）。10 组超限异常后有 7 组后续发生了 $M_L 5.0$ 以上中强地震，发震时间与高值异常的间隔时间最短不足 1 月，最长 18 个月（超过 24 个月的不做对应）。中强地震发生前地震活动水平出现长时间趋势性增强是多数地震窗具有的共同特征，地震窗或历史上曾发生中强以上地震，是应力变化的敏感点位，例如广东河源、江西寻乌等；或在 1994 年 9 月 16 日台湾海峡南部 7.3 级地震前后才开始出现较为显著活动，如广东海丰、福建福州等，反映了 7.3 级强震的孕育和发生过程中存在着大范围的多个应力集中区，是整个华南沿海地震带区域应力场增强和调整的结果。

（1）采用资料及基本算法：地震窗 $M_L \geq 3$ 级地震频次。

（2）异常判据指标：地震窗 $M_L \geq 3$ 级地震频次超过 1 倍方差上限。

（3）预测规则：地震窗 $M_L \geq 3$ 级地震累加频次超一倍均方差可判定 18 个月内会出现 $M_L 5.0$ 以上地震活动。

（4）预报效能：10 组超限异常后有 7 组后续发生了 $M_L 5.0$ 以中强地震，对应率 70%。

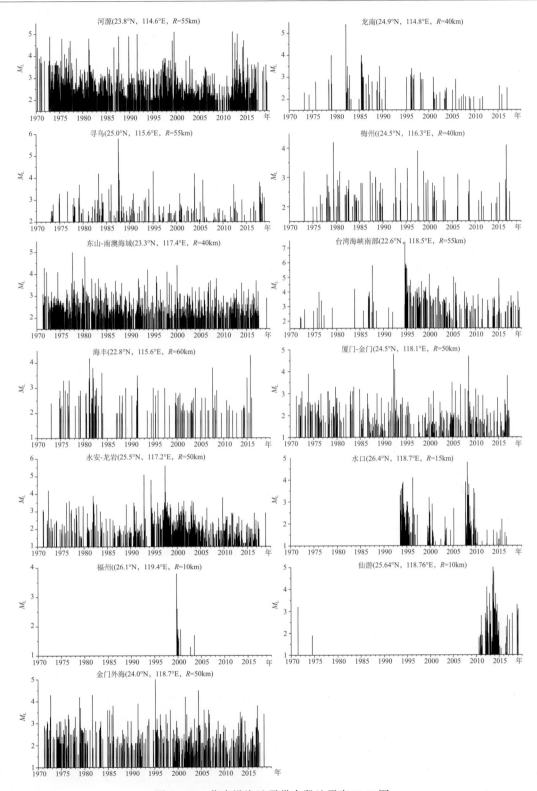

图 2-17 华南沿海地震带东段地震窗 M-T 图

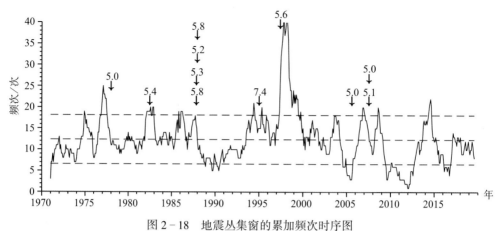

图 2 - 18 地震丛集窗的累加频次时序图

$M_L \geq 3$，窗长 12 个月，步长 1 个月；标注地震：$M_L \geq 5$；K-K 法进行余震删除

表 2 - 8 $M_L \geq 3$ 级地震频次高值异常震例

| 序号 | 超 1 倍均方差上限的时间 | 后续对应震例 | | | 间隔时间 |
| --- | --- | --- | --- | --- | --- |
| | | 时间 | 震级 | 地点 | |
| 1 | 1974. 11. 27 | | | | |
| 2 | 1977. 07. 21 | 1977. 09. 15 | $M_L 5.0$ | 东山—南澳海域 | 2 个月 |
| 3 | 1981. 11. 30 | 1982. 02. 25 | $M_L 5.4$ | 江西龙南 | 3 个月 |
| 4 | 1986. 05. 09 | 1987. 08. 02 | $M_L 5.8$ | 江西寻乌 | 15 个月 |
| | | 1987. 08. 03 | $M_L 5.3$ | 江西寻乌 | 15 个月 |
| | | 1987. 08. 15 | $M_L 5.2$ | 江西寻乌 | 15 个月 |
| | | 1987. 09. 06 | $M_L 5.8$ | 台湾海峡南部 | 16 个月 |
| 5 | 1994. 07. 12 | 1994. 09. 16 | $M_L 7.4$ | 台湾海峡南部 | 2 个月 |
| 6 | 1997. 05. 01 | 1997. 05. 31 | $M_L 5.6$ | 福建永安 | 不足 1 个月 |
| 7 | 2003. 09. 19 | 2005. 04. 04 | $M_L 5.0$ | 台湾海峡南部 | 18 个月 |
| 8 | 2007. 02. 21 | 2007. 03. 13 | $M_L 5.1$ | 福建顺昌 | 不足 1 个月 |
| | | | $M_L 5.0$ | 福建顺昌 | 不足 1 个月 |
| 9 | 2008. 10. 10 | | | | |
| 10 | 2014. 10. 09 | | | | |

**6. 活跃幕时段台湾强震呼应关系**

活跃幕时段台湾 7 级强震与华南沿海地震带东段中强震有强呼应关系，平静幕时段没有呼应关系。

按照台湾地区 7 级以上地震活动密集程度，将地震活动大致分为 11 组（图 2 - 19，表

2-9），其中 5 组发生在华南沿海地震带活跃幕时段，最短 3.2 个月、最长 14.4 个月后续东段上均发生 5 级以上中强震；而在平静幕时段的 6 组台湾强震，仅 1 组后续 2.4 个月东段发生 5 级以上中强震，且这个 5 级地震发生在台湾海峡南部，东段最靠近台湾的区域上。因此，讨论台湾强震与华南沿海地震带东段呼应关系前，需首先判断东段地震活动是处于活跃幕还是平静幕。

（1）采用资料及基本算法：台湾 $M_S \geq 7$ 级地震目录及东段 $M_S \geq 5$ 级地震目录 M-T 图。

（2）异常判据指标：台湾 7 级强震成组活动。

（3）预测规则：活跃幕时段台湾 7 级强震后 15 个月内东段发生 5 级以上中强震。

（4）预报效能：活跃幕 5 组台湾强震后 15 个月内东段均发生中强震，对应率 100%。

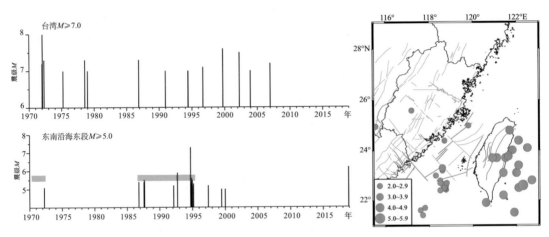

图 2-19 台湾 7 级以上与东南沿海东段 5 级以上地震 M-T 图与震中分布

1970~2017.06，中国强震目录

表 2-9 台湾 7 级与华南沿海地震带东段 5 级地震对应关系统计

| 序号 | 台湾 7 级以上 ($M_S$) | | 东南沿海东段 5 级以上 ($M_S$) | | 间隔时间（月） |
|------|------|------|------|------|------|
| 1 | 1972.01.04 7.2 台湾火烧岛东南<br>1972.01.25 8.0 台湾火烧岛东南<br>1972.01.25 7.6 台湾新港东南<br>1972.04.24 7.3 台湾凤林 | | 1972.04.06 5.1 台湾海峡南部 | | 2.4 |
| 2 | 1975.03.23 7.0 台湾火烧岛东北 | | | | |
| 3 | 1978.07.23 7.3 台湾兰屿西北<br>1978.12.23 7.0 台湾大港口东海 | | | | |
| 4 | 1986.11.15 7.3 台湾花莲东海 | | 1986.10.22 5.4 台湾海峡南部<br>1987.08.02 5.4 江西寻乌<br>1987.09.06 5.5 台湾海峡南部 | | -0.8<br>8.7<br>9.8 |

续表

| 序号 | 台湾 7 级以上<br>（$M_S$） | 东南沿海东段 5 级以上<br>（$M_S$） | 间隔时间<br>（月） |
|---|---|---|---|
| 5 | 1990.12.14　7.0　台湾花莲南海 | 1992.02.18　5.2　福建平潭以南海域<br>1992.09.14　5.9　东沙群岛东北<br>1992.09.19　5.1　东沙群岛东北 | 14.4<br>21.3<br>21.5 |
| 6 | 1994.05.24　7.0　台湾花莲东北海<br>1994.06.05　7.0　台湾宜兰北 | 1994.09.16　7.3　台湾海峡南部<br>（后续 7 次 5 级） | 3.8 |
| 7 | 1996.09.06　7.1　台湾兰屿南 | 1997.05.31　5.2　福建永安小陶 | 8.9 |
| 8 | 1999.09.21　7.6　台湾集集<br>1999.09.21　7.0　台湾花莲至南投 | 1999.06.06　5.0　东沙群岛东北<br>1999.12.27　5.0　台湾海峡南部 | -3.6<br>3.2 个月 |
| 9 | 2002.03.31　7.5　台湾以东海中 | | |
| 10 | 2003.12.10　7.0　台湾台东近海 | | |
| 11 | 2006.12.26　7.2　台湾恒春海域 | | |

注：①台湾地区 7 级以上地震成组活动中，按照最大地震或者多次 7 级地震中的首次地震的发震时间作为震例统计中台湾 7 级强震的发震时间，在表格中用红色字体标注。

　　②华南沿海地震带东段呼应出的 5 级以上地震，蓝色字体表示台湾 7 级之前发生的地震，粉色字体表示之后东南沿海东段呼应的首次 5 级地震，黑色字体为后续其它的 5 级地震，但地震时间间隔都较短。

　　③间隔时间表示台湾 7 级以上与东南沿海东段 5 级以上地震的时间间隔，正值表示东南沿海东段的地震在后，负值表示东南沿海东段的地震在前。

## 2.3　华南沿海地震带西段预测指标

以下给出的 2 项华南沿海地震带西段预测指标均为中短期指标。

**1. $b$ 值时间扫描**

当 $b$ 值持续半年低于 0.75，后续华南沿海地震带西段发生 5 级左右地震的可能性极大。

利用西段 1977 年以来的 $M_L$2.5~5.0 地震资料（去余震），以 12 个月为窗长，1 个月为步长，最大似然法计算 $b$ 值，以持续半年 $b \leqslant 0.75$ 作为异常判据，反映中强地震前的中小地震震级结构失衡现象。由图 2-20 可见，前 2 次低 $b$ 值异常后西段均发生了 5 级左右地震：第一次低值异常出现在 1992 年 4 月至 1993 年 3 月，异常持续 1 年，后续 2 年内接连发生了北部湾 6.1、6.2 级地震；第二次低值异常出现在 1997 年 12 月至 1998 年 8 月，期间发生了广西环江 4.9 级地震。但也出现漏报情况，2016 年 7 月 31 日前广西苍梧 5.4 级地震前，$b$ 值只是略有下降，没出现超阈值低值异常。2016 年 12 月起低 $b$ 值异常持续至今，值得关注（表 2-10）。

（1）采用资料及基本算法：$M_L$2.5~5.0 地震资料（去余震）以 12 个月为窗长，1 个月为步长，最大似然法进行 $b$ 值时间扫描。

（2）异常判据指标：持续半年 $b \leqslant 0.75$。

（3）预测规则：低 $b$ 值异常后西段将发生 5 级左右地震。

（4）预报效能：1977 年至今前 2 次低 $b$ 值异常后西段均出现了 5 级左右地震，但漏报了 2016 年苍梧 5.4 级地震。

表 2－10　华南沿海地震带西段预测指标分类表

| 异常指标描述 | | 对应震级描述 | 对应有效时间描述 | 对应周边范围描述 | 报准率 | 误报率 | 漏报率（%） |
|---|---|---|---|---|---|---|---|
| 中短期预测指标 | $b$ 值持续半年低值异常 | $M \geqslant 5.0$ | $\leqslant 2$ | 华南沿海地震带西段 | 2/2 | 0/2 | 2/4 |
| | 粤桂交界北部湾 $M_L$ ≥2 级地震显著平静 | $M \geqslant 5.0$ | 1.8~2.1 | 粤桂交界及北部湾 | 2/2 | 0/2 | 0/2 |

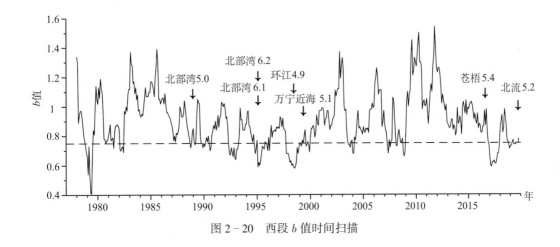

图 2－20　西段 $b$ 值时间扫描

**2. $M_L$ ≥2 级地震显著平静**

粤桂交界至北部湾地区出现超过 12 个月 $M_L$ ≥2 级地震显著平静，之后 1~2 年存在发生 5 级以上地震的可能。

1980 年以来该区出现了 3 次 $M_L$ ≥2 级地震平静时间超过 12 个月时段，前 2 次平静打破后都对应了北部湾地区仅有的两组 M5 以上地震，分别是 1988 年的 2 次 5 级，以及 1994、1995 年的 2 次 6 级地震。目标地震出现在平静打破后 1~2 年时段，最后一次异常平静出现在 2015 年 10 月至 2016 年 10 月，持续 12 个月未出现 $M_L$ ≥2 级地震，目前还处于预测时段，前 2 次异常对应率 100%（表 2－10、表 2－11，图 2－21）。

（1）采用资料及基本算法：$M_L$ ≥2 级地震目录发震时间间隔、M-T 图。

（2）异常判据指标：$M_L$ ≥2 级地震平静间隔超过 12 个月。

（3）预测规则：$M_L \geq 2$ 级地震异常平静打破后 1.8～2.1 年北部湾出现 $M_S5$ 以上双震活动。

（4）预报效能：1980 年至今共出现过 3 次 $M_L \geq 2$ 级地震平静间隔超过 12 个月异常，前 2 次后续均出现 $M_S5$ 以上双震活动，对应率 100%，最后一次异常尚处于预测时段内，目标地震暂时未出现。

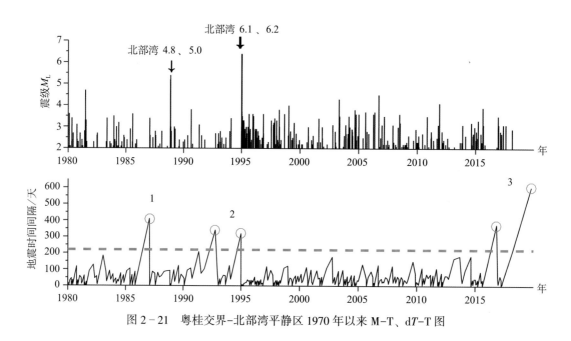

图 2-21 粤桂交界-北部湾平静区 1970 年以来 M-T、dT-T 图

表 2-11 北部湾-粤桂交界显著平静特征统计

| 序号 | 平静开始地震 $M_L$ | 平静结束地震 $M_L$ | 平静间隔（月） | 主震与平静结束地震间隔 | 主震 M |
|---|---|---|---|---|---|
| 1 | 1985.12.11 2.4 | 1987.01.25 3.4 | 13 | 1.8 年 | 1988.11.05 北部湾 4.8<br>1988.11.10 北部湾 5.0 |
| 2 | ①1991.10.29 2.4 | ①1992.10.04 2.7 | 12 | 2.1 年 | 1994.12.31 北部湾 6.1<br>1995.01.10 北部湾 6.2 |
| | ②1994.02.12 3.4 | ②1994.12.28 2.8 | 10 | 2 天 | |
| 3 | 2015.10.20 2.2 | 2016.10.28 2.1 | 12 | 1.8～2.1 年? | ?? |

## 2.4　右江地震带预测指标

### 2.4.1　中长期预测指标

#### 1. 南北地震带中强震呼应关系

南北地震带中南段6.5级以上地震对右江地震带4.8级以上地震孕育产生积极影响。

自1900年以来,在印度板块与欧亚板块碰撞的东、西触角附近发生一系列中强地震,显示了印度板块对欧亚板块推挤作用的增强。右江地震带并非直接与印度板块相作用,但是在印—亚板块碰撞过程中,受下地壳流拖曳作用的控制,位于南北地震带中南段的川滇菱形块体直接与华南块体西部接触,成为控制桂西现代构造变形与地震活动的主要动力边界。因此,东、西触角上的强震活动,南北地震带中南段的强震活动必然对右江地震带中强震的发生起到一定程度的促进作用。

对南北地震带中南段(22°~30°N,99°~105°E)和右江地震带进行地震相关性统计结果表明,右江地震带4.8级以上地震与南北地震中南段6.5级以上强震有较好的响应关系(图2-22)。自1900年以来,南北带中南段6.5级以上地震可分为4个活动组,右江地震带4.8级以上地震也可分为4个活动组,在南北地震带中南段每个活动组首发6.5级以上强震后,右江地震带首发4.8级以上响应地震的平均时间间隔约为8年(表2-13)。右江地震带4.8级以上地震与南北地震带中南段6.5级以上强震较好的响应关系,反映了其间存在着某种构造和力源上的联系,可见南北地震带南段中强震对右江地震带地震孕育产生积极影响(表2-12)。

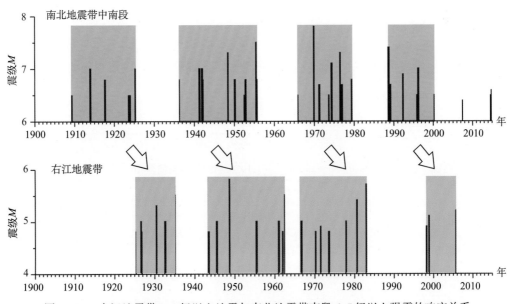

图2-22　右江地震带4.8级以上地震与南北地震带南段6.5级以上强震的响应关系

（1）采用资料及基本算法：南北地震带中南段（22°~30°N，99°~105°E）6.5 级以上地震、右江地震带 4.8 级以上地震 M–T 图和地震目录震级结构统计。

（2）异常判据指标：南北地震带中南段发生 6.5 级以上地震。

（3）预测规则：南北地震带中南段发生 6.5 级以上地震后右江地震带存在发生 4.8 级以上地震的可能。

（4）预报效能：1900 年至今南北地震带中南段发生 5 组 6.5 级以上地震，共有 4 组在南北地震带中南段地震后右江地震带发生 $M \geqslant 4.8$ 级地震，每组第一次 6.5 级以上地震与右江地震带第一次 4.8 级以上地震间隔 7 个月到 16 年不等。

表 2-12　右江地震带预测指标分类表

| 异常指标描述 | | 对应震级描述 | 对应有效时间描述 | 对应周边范围描述 | 报准率 | 误报率 | 漏报率（%） |
|---|---|---|---|---|---|---|---|
| 中长期预测指标 | 南北带南段 6.5 级以上地震活动 | $M \geqslant 4.8$ | 7 个月到 16 年不等 | 右江地震带 | 4/4 | 0/4 | 0/4 |
| | 平果窗开窗 | $M \geqslant 4.3$ | ≤3 年 | 平果震区 140km 范围 | 5/6 | 2/6 | 0/5 |
| 中短期预测指标 | 持续半年低 b 值异常 | $M \geqslant 5.0$ | 异常持续期间 | 右江地震带 | 3/3 | 0/3 | 1/3 |

表 2-13　右江地震带 4.8 级以上地震与南北地震带南段 6.5 级以上强震的响应关系统计表

| | 南北地震南段带 | 右江地震带 | 时间间隔 |
|---|---|---|---|
| 第一组 | 1909.05.11 云南华宁县 6.5 级 | | 16 年 |
| | 1913.12.21 云南峨山县 7.0 级 | | |
| | 1917.07.31 云南大关县 6.8 级 | | |
| | 1923.07.01 云南普洱市 6.5 级 | | |
| | 1923.10.20 四川巴塘县 6.5 级 | | |
| | 1925.03.16 云南大理市 7.0 级 | 1925.05.15 广西平果县 4.8 级 | |
| | | 1926.10.00 云南泸西县 5.0 级 | |
| | | 1926.11.14 广西河池市 4.8 级 | |
| | | 1930.06.00 云南个旧市 5.3 级 | |
| | | 1930.06.16 广西平果县 4.8 级 | |
| | | 1932.06.00 云南个旧市 5.0 级 | |
| | | 1935.02.10 贵州威宁县 5.5 级 | |

| | 南北地震南段带 | 右江地震带 | 时间间隔 |
|---|---|---|---|
| 第二组 | 1936.04.27 四川马边县 6.8 级 | | 7 年 4 个月 |
| | 1936.05.16 四川马边县 6.8 级 | | |
| | 1941.05.16 云南耿马县 7.0 级 | | |
| | 1941.12.26 云南澜沧县 7.0 级 | | |
| | 1942.02.01 云南思茅县 6.8 级 | 1943.08.15 广西宜山县 4.8 级 | |
| | | 1945.08.22 云南个旧市 5.0 级 | |
| | 1948.05.25 四川理塘县 7.3 级 | 1948.10.09 云南大关县 5.8 级 | |
| | 1950.02.03 云南勐海县 6.8 级 | | |
| | 1952.06.19 云南澜沧县 6.5 级 | | |
| | 1952.09.30 四川冕宁县 6.8 级 | | |
| | 1955.04.14 四川康定县 7.5 级 | 1955.05.27 贵州普安县 5.0 级 | |
| | 1955.09.23 四川会理县 6.8 级 | | |
| | | 1960.11.05 广西宜山县 5.0 级 | |
| | | 1961.10.16 云南西畴县 4.8 级 | |
| | | 1962.04.20 广西田林县 5.0 级 | |
| | | 1962.04.23 云南富宁县 5.5 级 | |
| 第三组 | 1966.02.05 云南东川县 6.5 级 | 1966.09.23 云南宣威县 4.9 级 | 7 个月 |
| | 1970.01.05 云南通海县 7.7 级 | 1970.03.25 贵州晴隆县 4.8 级 | |
| | 1971.04.28 云南普洱市 6.7 级 | 1971.06.27 贵州安龙县 4.9 级 | |
| | | 1973.07.22 越南 4.8 级 | |
| | 1973.08.16 云南普洱市 6.5 级 | | |
| | 1974.05.11 云南大关县 7.1 级 | | |
| | 1976.11.07 四川盐源县 6.7 级 | 1977.10.19 广西平果县 5.0 级 | |
| | 1979.03.15 云南普洱市 6.8 级 | 1980.06.18 云南文山县 5.4 级 | |
| | | 1982.10.27 云南富宁县 5.7 级 | |

续表

| 南北地震南段带 | | 右江地震带 | 时间间隔 |
|---|---|---|---|
| 第四组 | 1988.11.06 云南澜沧县 7.5 级 | | 9 年 5 个月 |
| | 1988.11.06 云南耿马县 7.1 级 | | |
| | 1988.11.30 云南澜沧县 6.5 级 | | |
| | 1989.04.16 四川巴塘县 6.7 级 | | |
| | 1989.04.25 四川巴塘县 6.7 级 | | |
| | 1992.04.23 缅甸佤联邦南佤县 6.7 级 | | |
| | 1992.04.23 缅甸佤联邦南佤县 6.8 级 | | |
| | 1995.10.24 云南武定县 6.5 级 | | |
| | 1996.02.03 云南丽江市 6.9 级 | 1998.04.16 广西环江县 4.9 级 | |
| | | 1998.12.01 云南宣威县 5.1 级 | |
| | 2000.01.15 云南姚安县 6.5 级 | 2001.01.27 云南丘北县 5.5 级 | |
| | | 云南文山县 5.3 级 | |
| 第五组 | 2014.08.03 云南鲁甸县 6.5 级 | | |
| | 2014.10.07 云南景谷县 6.6 级 | | |

### 2. 平果地震窗

平果地震窗内 $M_L \geq 2.5$ 级地震可对平果周边 140km 范围内 $M \geq 4.3$ 级地震做时间尺度约为 2 年的中期预测。

1970 年以来右江地震带小震密集活动区域主要是广西平果地区。根据震例回溯检验显示，以顶点座标为（107.15°E，23.98°N）、（107.54°E，23.84°N）、（107.77°E，23.28°N）、（107.42°E，23.10°N）、（107.03°E，23.33°N）、（106.88°E，23.60°N）的平果窗是平果周边 140km 范围较为突出的信号型地震窗口，平果窗内 $M_L \geq 2.5$ 级地震对平果周边 140km 范围内 $M \geq 4.3$ 级地震的发生具有一定的指示意义。

通过对平果窗 $M_L$2.5 以上地震与其周边 140km 范围的中强地震的对应关系统计表明，除 1971 年 1 月田东 $M_L$3.2 及 1971 年 2 月 $M_L$2.6 地震后 2 年内无 4.5 级以上地震发生（但在距震区较远 240km 处发生了 1971 年 6 月 27 日贵州安龙 4.9 级地震），其余中强震前约 2 年时间平果震区均有 $M_L$2.5 以上地震发生，一般年份内平果震区无 $M_L$2.5 以上地震发生，中强震后平果震区 2 年内发生的 $M_L$2.5 以上地震不具有预测意义。由此可见，平果窗 $M_L$2.5 以上地震发生后，可做时间尺度为约 2 年的中短期预测（表 2 - 12、表 2 - 14，图 2 - 23）。

（1）采用资料及基本算法：平果震区 $M_L \geq 2.5$ 级地震 M-T 图、地震目录震级结构统计。

（2）异常判据指标：平果震区内发生 $M_L$2.5 以上地震（平果附近发生中强震后 2 年时段除外）。

（3）预测规则：平果震区内发生 $M_L$2.5 以上地震，1~3 年内平果周边 140km 范围内存在发生 $M \geqslant 4.3$ 级地震的可能。

（4）预报效能：1970 年至今平果震区共提取到 12 组 $M_L \geqslant 2.5$ 级地震，除去 5 组受中强震活动影响，其余 7 组中有 5 组在平果 $M_L \geqslant 2.5$ 级地震后周边出现 $M \geqslant 4.3$ 级地震活动，对应率 71.4%。

表 2 – 14　广西及邻区中强地震与平果震区 $M_L$2.5 以上地震对应关系表

| 序号 | 平果震区 $M_L$2.5 以上地震 | 平果震区及邻区 4.5 级以上地震 | 第一次 2.5 级以上地震与相应的中强震相隔时间 |
|---|---|---|---|
| 1 | 1971.01.20 田东 3.2<br>1971.02.22 田东 2.6 | 无地震对应（但在 240km 位置发生贵州安龙 4.9 级地震） | |
| 2 | 1974.11.22 田东 2.6<br>1975.03.19 田东 2.9<br>1976.09.07 田东 2.6<br>1976.09.10 田东 3.1<br>1976.10.01 田东 2.7<br>1977.04.26 平果 4.0 | 1977.10.19 平果 5.0 | 约 3 年 |
| 3 | 1977.10.19~1979.10.19 共 20 次 2.5 级以上余震 | | 中强震后 2 年内的平果震区 2.5 级以上地震不具有预测意义 |
| 4 | 1981.05.28 平果 2.8<br>1982.08.05 田东 2.6<br>1982.11.05 田东 2.5<br>1983.06.07 平果 2.5<br>1983.07.14 田东 3.6<br>1983.10.14 田东 2.5<br>1983.10.14 田东 3.7<br>1983.10.14 田东 2.9<br>1983.10.18 田东 2.8 | 1983.12.05 天峨县 4.6 | 约 2 年半 |
| 5 | 1984.05.31 平果 2.9<br>1984.10.15 田阳 3.5 | | 中强震后 2 年内的平果震区 2.5 级以上地震不具有预测意义 |
| 6 | 1991.07.24 平果 2.6<br>1992.01.03 隆安 2.7<br>1992.07.11 平果 2.7 | 1993.02.10 大化县 4.5 | 约 1 年半 |
| 7 | 1993.08.24 平果 2.8 | | 中强震后 2 年内的平果震区 2.5 级以上地震不具有预测意义 |

续表

| 序号 | 平果震区 $M_L$ 2.5 以上地震 | 平果震区及邻区 4.5 级以上地震 | 第一次 2.5 级以上地震与相应的中强震相隔时间 |
|---|---|---|---|
| 8 | 2003. 01. 31 平果 2.9<br>2003. 02. 03 平果 2.9<br>2003. 08. 01 平果 2.9 | 2005. 10. 27 平果 4.3 | 约 2 年半 |
| 9 | 2005. 10. 28 平果 2.6<br>2005. 11. 17 平果 2.5<br>2005. 12. 04 平果 2.8 | | 中强震后 2 年内的平果震区 2.5 级以上地震不具有预测意义 |
| 10 | 2012. 01. 08 平果 3.2<br>2012. 12. 23 田东 2.5<br>2012. 12. 24 田东 2.5 | 2013. 02. 20 平果 4.5 | 约 1 年 1 个月 |
| 11 | 平果 3.0<br>平果 3.9<br>2014. 02. 06 平果 2.5 | | 中强震后 2 年内的平果震区 2.5 级以上地震不具有预测意义 |
| 12 | 2016. 01. 21 平果 3.0<br>2016. 01. 29 平果 2.8<br>2016. 01. 31 平果 2.9<br>2016. 07. 16 平果 3.4 | 未发生地震 | |

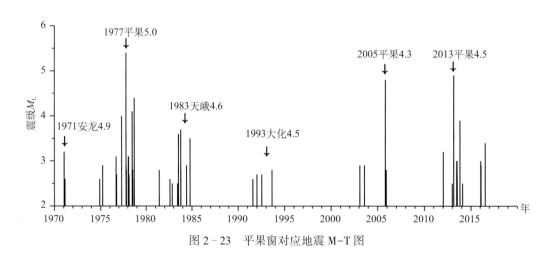

图 2-23　平果窗对应地震 M-T 图

## 2.4.2　中短期预测指标

**$b$ 值时间扫描：**

当 $b$ 值持续半年低于 0.85，后续右江地震带发生 5 级左右地震的可能性极大。

利用右江地震带 1977 年以来的 $M_L$ 2.5~5.0 地震资料（去余震），以 12 个月为窗长，1 个月为步长，最大似然法计算 $b$ 值，以持续半年 $b \leqslant 0.85$ 作为异常判据，反映中强地震前的中小地震震级结构失衡现象。右江地震带位处华南块体西边界，由2.4.1节的分析可见南北地震带中南段强震孕育对右江地震带地震活动影响较大，2008年汶川8级地震前，2005年下半年开始$b$值从高值转折下降，在0.85阈值线附近高低起伏，直至2009年上半年异常才结束。其余2次持续超过半年的低值异常，在异常持续时间均发生了5级左右地震（表2 - 12，图2 - 24）。

（1）采用资料及基本算法：$M_L$2.5~5.0地震资料（去余震）以12个月为窗长，1个月为步长，最大似然法进行$b$值时间扫描。

（2）异常判据指标：持续半年$b \leqslant 0.85$。

（3）预测规则：低$b$值异常后右江带将发生5级左右地震。

（4）预报效能：1977年至今3次低$b$值异常，2次对应了带内或带边缘5级左右地震，1次对应了南北带中南段大震。

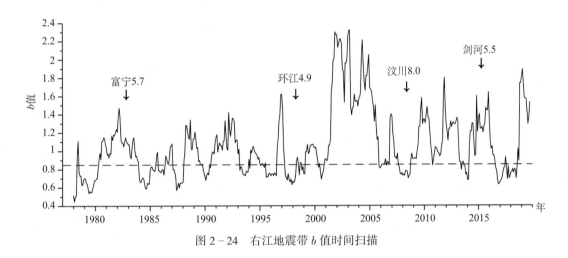

图2 - 24　右江地震带$b$值时间扫描

## 参考文献

傅容珊，黄建华，徐耀民，等.2000.印度与欧亚板块碰撞的数值模拟和现代中国大陆形变［J］.地震学报，22（1）：1~7

顾瑾萍，吕培苓，彭美凤，等.2004.华南地区地震活动特征与台湾强震影响［J］.地震，24（1）：55~59

李延兴，胡新康，李智，等.2002.台湾地区的地壳运动与变形［J］.地震学报，24（5）：487~495

王健.2000.地震活动性震级结构和前兆特征分析及其在地震预测中的应用.国际地震动态，10：25~27

朱介寿，蔡学林，曹学敏，等.2005.中国华南及东海地区岩石圈三维结构及演化［M］.北京，地质出版社

Yu Shui-Beih, Kuo Long-Chen, Raymundos, et al. 1999. GPS observation of crustal deformation in Taiwan-Luzon region［J］. Geophysical Research Letters, 26（7）：923-926.

# 第三章 形变学科预测指标

## 3.1 观测数据质量评价

对地壳形变学科预测指标进行清理时，将观测手段分为定点形变、流动重力、连续重力、流动跨断层和 GNSS 观测 5 类。其中定点形变与连续重力属于单点形变观测，流动重力、流动跨断层和 GNSS 则形成观测网络进行观测（表 1-10、表 1-11）。

华南地区地壳形变指标体系清理工作，参与预报指标体系清理的定点形变共计 43 个测项，80 个测项分量，部分观测时长不到 3 年或受干扰严重的定点形变测项不参与此次指标

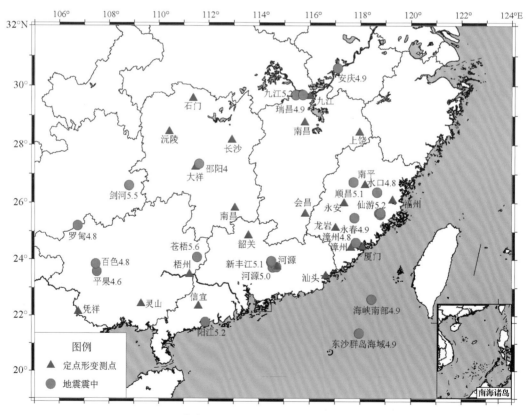

图 3-1 华南地区显著地震和定点形变测项分布图

●显著地震；▲定点形变测项

体系清理。福建、广东、广西和海南建设有流动重力观测网，参与流动重力指标清理；流动跨断层场地大部分分布于福建地区，广东、湖南、广西的流动跨断层场地也参与指标清理；连续重力和 GNSS 主要依托陆态网络台站进行观测，台网密度较稀疏。此次纳入指标清理范围的地震是华南地区 $M_L$4.5 以上地震（图 3 - 1），针对每一台项依据经验用多边形划定映震区域，大部分台项的映震范围位于台站周边 200~300km，在此映震区域内梳理 $M_L$4.5 地震的前兆异常，并给出预测效能评价。

华南地区所有定点形变观测和部分连续观测 GPS 基准站设在地震台内，有台站专业人员值守，随时关注仪器运行状态和周边干扰情况，大部分仪器均可以保证正常观测。近些年因城市化进程加大，部分台站形变观测频频受基建和其他人为干扰影响；沿海台站受台风、强降雨干扰明显；且华南地区气候潮湿，山洞内潮湿渗水严重，仪器受潮后感应器反应不灵敏或者过度反应时有发生。

在对震例进行梳理的过程中我们发现，地震前会出现很多不同特征的定点形变异常，出于后续分析的需要，我们将其划分成 5 类：潮汐畸变、速率改变、大幅波动、破年变、趋势转折（图 3 - 2 至图 3 - 6），通过对所有异常进行总结，分析各类异常的群体特征，尝试研究不同类型异常对于地震预测的指示作用。

华南地区每年受夏季台风影响显著，且随着城市化进程的加快，影响观测环境的干扰源更加复杂多样。在环境变化、供电故障、气象因素以及仪器故障老化等干扰的影响下，会产生大量异常数据，所以华南地区形变指标体系清理的首要工作是区分干扰数据与前兆异常。

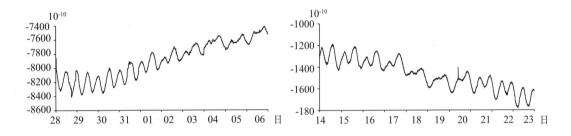

图 3 - 2　潮汐畸变类异常典型曲线

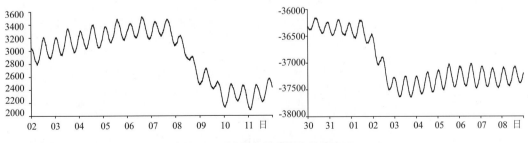

图 3 - 3　速率改变类异常典型曲线

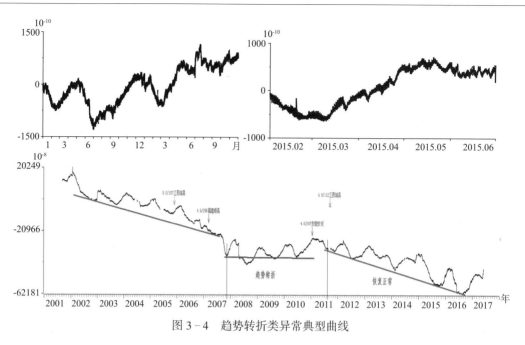

图 3-4　趋势转折类异常典型曲线

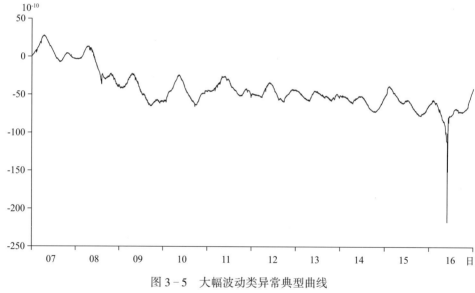

图 3-5　大幅波动类异常典型曲线

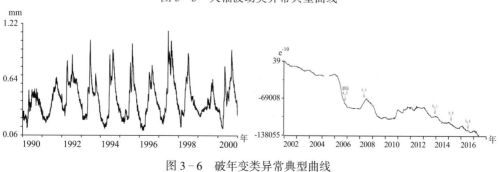

图 3-6　破年变类异常典型曲线

基于华南地区地壳形变定点观测数据的特殊性，形变清理小组在进行异常指标体系清理工作过程中，收集资料包括：原始数据、周边显著地震、有记录以来的气象数据、台站工作日志、仪器维修记录等，同时建立干扰库与异常库，达到定点形变异常指标清理的目的，具体步骤包括：

（1）扫描各测项分量分钟采样曲线，发现潮汐畸变、大幅波动、速率改变等中短期异常时，则查找同一时期的气象数据、台站工作日志和仪器维修记录等观测资料，以判别该中短期异常是否是由于气象、环境变化或仪器故障等因素造成。

（2）如果确认该数据异常是由于干扰而产生，则将这一数据异常波动时段记入干扰库，标明干扰源开始与结束的时间，以及不正常数据的开始与结束时间。

（3）如果某次的数据异常找不到任何干扰因素，我们认为该项异常属于前兆异常，将异常种类、异常起止时间记入异常库。

（4）逐条扫描日均值采样曲线，发现趋势转折、破年变等中长期异常时，再次重复步骤（2）、步骤（3），直至将所有干扰异常与前兆异常分别录入干扰库与异常库。

（5）统计各台项每一类异常在地震前出现的频次，得到各类型异常针对不同台项的预报指标效能。

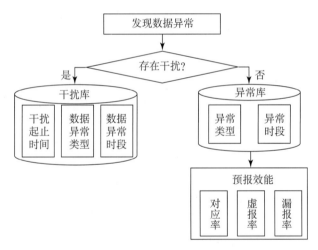

图 3-7　指标系统清理工作步骤

清理步骤中需要熟悉仪器的运行情况，在工作开展之前尽可能多地收集仪器相关记录资料。需要解决的关键性问题有两个：

（1）一是对数据异常形态的判定：目前由各省局负责同志通过经验进行判定，为了提高判断效率和准确性，需要进一步采用数字化方式进行，此次工作先用主观方式进行扫描，得到的初步结果后续可由数字化方式进行二次检验。

（2）二是判断曲线形态异常是否由干扰引起，解决方案是尽可能多地收集当地气象资料、仪器维护资料、异常核实报告，在历次曲线出现异常时及时进行核实与分析与记录有助于今后工作开展。

## 3.2 中期预测指标

### 3.2.1 破年变类异常

河源地震台室内短水准为人工观测，可获取 1990 年以来数据，2003~2009 年受高速路施工影响外，其他时段数据较稳定。室内短水准观测数据对新丰江水库及其周边地震响应较为明显，以破年变异常为主。河源台周边 50km 范围内，共发生 7 次 $M_L4.5$ 以上地震，分别是 1991 年 9 月 21 日 $M_L5.0$、1999 年 3 月 25 日 $M_L4.7$、1999 年 8 月 20 日 $M_L5.1$、2012 年 2 月 16 日 $M_L5.1$、2012 年 8 月 31 日 $M_L4.6$、2013 年 2 月 22 日 $M_L5.0$ 和 2014 年 7 月 11 日 $M_L4.7$。其中 4 次地震发生前，水准仪均发现历时 12 月以上的破年变异常与之对应，排除人为干扰及气象因素干扰之外，水准仪共发生破年变异常 5 次，其中 4 次与地震对应，所以认为河源室内短水准观测的破年变异常对应异常开始之后，1 年之内周边 50km 范围内 $M_L4.5$ 以上地震，对应率为 80%，虚报率 20%，漏报率为 43%。河源水准观测破年变异常对应周边 50km 范围内地震对应率较好（表 3 - 1）。

表 3 - 1 河源台室内短水准破年变异常指标效能评估

| 异常类别 | 测项 | 异常特征 | | 异常分量 | 震例震级 | 震例预报参数 | | 对应率 | 虚报率 | 漏报率 |
| | | 起止时间 | 持续时间（月） | | | 异常开始至发震间隔（日） | 震中距（km） | | | |
|---|---|---|---|---|---|---|---|---|---|---|
| 破年变 | 河源台 | 1990.04.01~1991.03.31 | 12 | 室内短水准 | 1991.09.21 河源 $M_L5.0$ | 161 | 12.3 | 80% | 20% | 43% |
| | | 1999.02.16~2000.03.31 | 12.5 | | 1999.08.20 河源 $M_L4.7$ | 180 | 3.4 | | | |
| | | 2011.04.01~2012.03.31 | 12 | | 2012.02.16 东源 $M_L5.1$ | 287 | 29.4 | | | |
| | | 2011.04.01~2012.03.31 | 12 | | 2013.02.22 东源 $M_L5.0$ | 653 | 27.3 | | | |
| | | 2016.03.01~2017.04.30 | 13 | | 虚报 | | | | | |

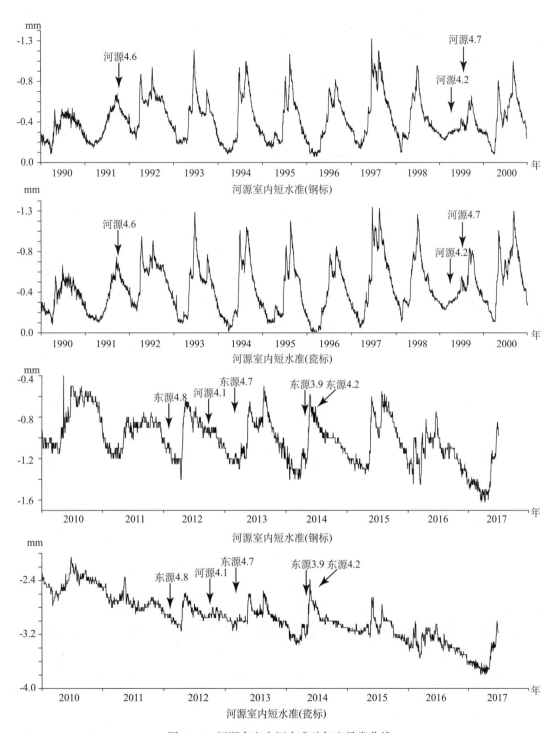

图 3-8　河源台室内短水准破年变异常曲线

南昌地震台地壳形变观测仪器有垂直摆倾斜仪、洞体应变仪和水管倾斜仪，2007 年 6 月垂直摆倾斜仪开始观测，之后在南昌台周边 300km 范围内，发生 2 次 $M_L$4.5 以上地震，即 2011 年 1 月 19 日安庆 $M_L$4.9 和 2011 年 9 月 10 日瑞昌 $M_L$4.9 地震，排除人为干扰及气象因素干扰之外，南昌垂直摆倾斜仪东西向发生趋势转折异常 3 次，其中 1 次发生在九江地震之前 157 天，综上认为南昌台垂直摆倾斜仪东西向破年变类异常对应周边 300km 范围内 90 日以内发生 $M_L$4.5 以上地震，对应率为 33%，虚报率 67%，漏报率为 50%（表 3 - 2）。

表 3 - 2　　南昌台垂直摆倾斜仪东西向破年变类异常指标效能评估

| 异常类别 | 测项 | 异常特征 | | 异常分量 | 震例震级 | 震例预报参数 | | 对应率 | 虚报率 | 漏报率 |
| --- | --- | --- | --- | --- | --- | --- | --- | --- | --- | --- |
| | | 起止时间 | 持续时间（日） | | | 异常开始至发震间隔时长（日） | 震中距（km） | | | |
| 破年变 | 南昌台垂直摆倾斜仪 | 2011.04.05~2011.07.15 | 101 | 东西向 | 九江 $M_L$4.9 | 157 | 112 | 33% | 67% | 50% |
| | | 2012.04.25~2012.07.30 | 96 | | 虚报 | | | | | |
| | | 2015.08.15~2016.06.20 | 309 | | | | | | | |

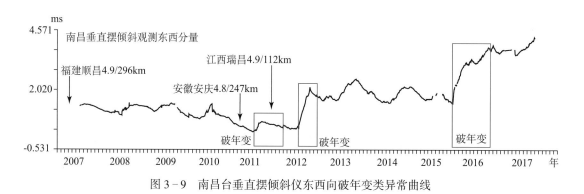

图 3 - 9　　南昌台垂直摆倾斜仪东西向破年变类异常曲线

长沙地震台 2002 年 01 月洞体应变仪开始观测，之后，在长沙台西南方 500km 范围内，发生 3 次 $M_L$4.0 以上地震，即 2006 年 11 月 14 日邵阳 $M_L$4.0、2015 年 3 月 30 日剑河 $M$5.5 和 2016 年 7 月 31 日苍梧 $M$5.4 地震，排除人为干扰及气象因素干扰之外，长沙洞体应变在这 3 次地震前均发生破年变类异常（表 3 - 3），综上可以得到：

（1）长沙台洞体应变仪东西向或北南向破年变类异常对应长沙台西南方 200km 范围，异常持续 200 日以上将发生 $M_L$4.0 以上地震，对应率为 100%，虚报率 0，漏报率为 0。

（2）长沙台洞体应变仪北南向破年变类异常对应长沙台西南方 500km 范围，异常持续 200 日以上将发生 $M$5.0 级以上地震，对应率为 100%，虚报率 0，漏报率为 0。

表 3 - 3　长沙台洞体应变破年变类异常指标效能评估

| 异常类别 | 测项 | 异常特征 | | 异常测项 | 震例震级 | 震例预报参数 | | 对应率 | 虚报率 | 漏报率 |
|---|---|---|---|---|---|---|---|---|---|---|
| | | 起止时间 | 持续时间（日） | | | 异常开始至发震间隔时长 | 震中距（km） | | | |
| 破年变 | 长沙台洞体应变 | 2006.04.23～2006.11.09 | 205 | 东西向 | 2006.11.14 邵阳 $M_L4.0$ | 震后即恢复 | 370 | 100% | 0 | 0 |
| | | 2006.05.15～2006.11.14 | 183 | 北南向 | 2006.11.14 邵阳 $M_L4.0$ | 震后即恢复 | 348 | | | |
| 破年变 | | 2014.09.09～2015.03.31 | 202 | 北南向 | 2015.03.30 剑河 $M5.5$ | 震后即恢复 | 490 | 100% | 0 | 0 |
| | | 2015.10.01～2016.07.31 | 304 | | 2016.07.30 苍梧 $M5.4$ | 震后即恢复 | 475 | | | |

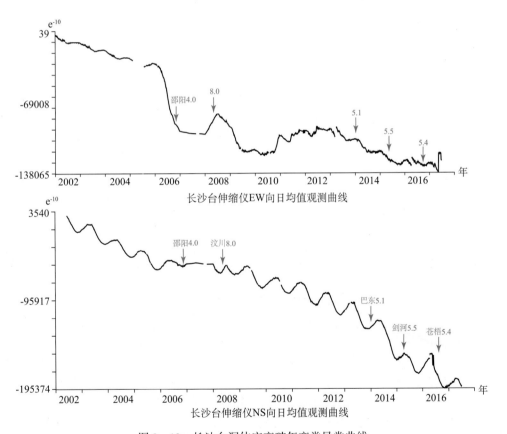

长沙台伸缩仪EW向日均值观测曲线

长沙台伸缩仪NS向日均值观测曲线

图 3 - 10　长沙台洞体应变破年变类异常曲线

### 3.2.2　趋势转折类异常

　　梧州地震台地壳形变观测仪器有水管倾斜仪和洞体应变仪，2008 年 1 月水管倾斜仪开始观测，之后，在梧州台周边 300km 范围内，仅发生 1 次 $M_L$4.5 以上地震，即 2016 年 7 月 31 日苍梧 $M_L$5.6 地震，排除人为干扰及气象因素干扰之外，梧州水管倾斜仪东西向发生趋势转折异常 2 次，其中 1 次发生在苍梧地震之前 138 天，综上认为梧州台水管倾斜仪北南向趋势转折类异常对应周边 300km 范围内 180 日以内发生 $M_L$4.5 以上地震，对应率为 50%，虚报率 50%，漏报率为 0（表 3-4）。

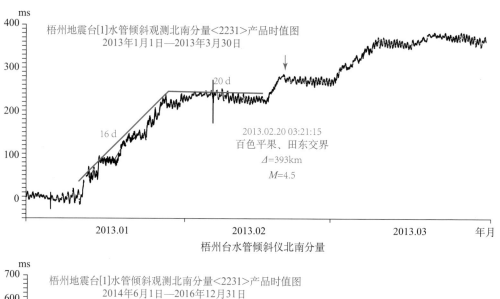

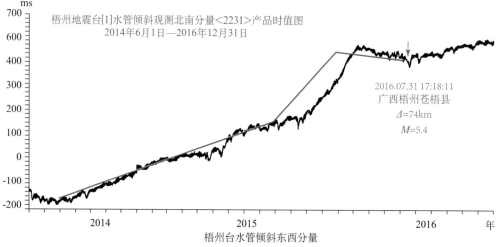

图 3-11　梧州台水管倾斜仪北南向趋势转折类异常曲线

表 3-4　梧州台水管倾斜仪北南向趋势转折类异常指标效能评估

| 异常类别 | 测项 | 异常特征 | | 异常分量 | 震例震级 | 震例预报参数 | | 对应率 | 虚报率 | 漏报率 |
|---|---|---|---|---|---|---|---|---|---|---|
| | | 起止时间 | 持续时间（日） | | | 异常结束至发震间隔时长（日） | 震中距（km） | | | |
| 趋势转折 | 梧州台水管倾斜仪 | 2013.01.12~2013.02.16 | 30 | 北南向 | 虚报 | | | 50% | 50% | 0 |
| | | 2015.11.18~2016.03.14 | 119 | | 2016.07.31苍梧5.4 | 138 | 73 | | | |

## 3.3　短期预测指标

### 3.3.1　潮汐畸变类异常

漳州地震台地壳形变观测仪器有洞体应变观测仪与相对重力观测仪，2007 年 9 月洞体应变仪开始观测，之后，在漳州台周边 200km 范围内，发生了 2008 年 7 月 5 日漳州 $M_L4.8$ 地震、2013 年 8 月仙游 $M_L4.5$ 和 9 月仙游 $M_L5.2$ 地震，排除人为干扰及气象因素干扰之外，

表 3-5　漳州台洞体应变潮汐畸变异常指标效能评估

| 异常类别 | 测项 | 异常特征 | | 异常测项 | 震例震级 | 震例预报参数 | | 对应率 | 虚报率 | 漏报率 |
|---|---|---|---|---|---|---|---|---|---|---|
| | | 起止时间 | 持续时间（h） | | | 异常结束至发震时长 | 震中距（km） | | | |
| 潮汐畸变（2~4倍潮汐幅度或者不足60%幅度） | 漳州台洞体应变 | 2008.06.13~2008.06.14 | 25 | 东西向 | 2008.07.05漳州 $M_L4.8$ | 21日 | 24 | 40% | 60% | 0 |
| | | 2013.08.15 | 13 | 东西向 | 2013.08.23仙游 $M_L4.5$ 2013.09.04仙游 $M_L5.2$ | 8日 20日 | 168 | | | |
| | | 2009.12.16 | 10 | 东西向 | 虚报 | | | | | |
| | | 2009.12.16 | 10 | 北南向 | | | | | | |
| | | 2010.03.27~2010.03.28 | 10 | 北南向 | | | | | | |
| | | 2010.04.03~2010.04.07 | 168 | 北南向 | | | | | | |

洞体应变仪发生潮汐畸变异常共 6 次，其中 2 次发生在 200km 范围内的地震之前 30 日内，所以认为漳州洞体应变潮汐畸变异常对应周边 200km，30 日内发生 $M_L$4. 5 以上地震，对应率为 33%，虚报率 67%，漏报率为 0（表 3 - 5）。

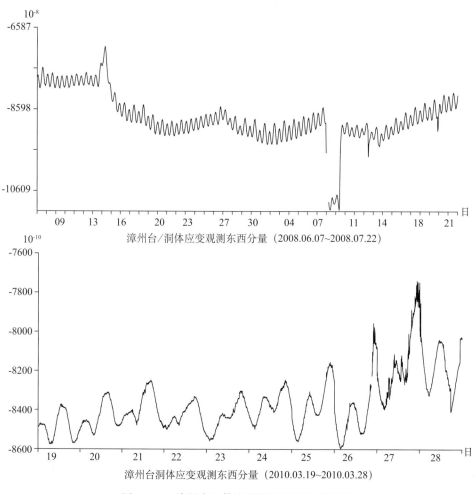

漳州台/洞体应变观测东西分量（2008.06.07~2008.07.22）

漳州台洞体应变观测东西分量（2010.03.19~2010.03.28）

图 3 - 12　漳州台洞体应变潮汐畸变异常曲线

　　汕头地震台地壳形变观测仪器有洞体应变观测仪与水管倾斜仪，2013 年 10 月洞体应变仪开始观测，之后，在汕头台周边 256km 范围内，仅发生 1 次 $M_L$4. 5 以上地震，即 2015 年 2 月 5 日台湾海峡南部 $M$4.6 地震，排除人为干扰及气象因素干扰之外，洞体应变仪发生潮汐畸变异常共 6 次，其中 1 次发生在地震之前 44 天，所以认为汕头洞体应变北南向潮汐畸变异常对应周边 300km 范围，60 日内发生 $M_L$4. 5 以上地震，对应率为 25%，虚报率 75%，漏报率为 0。对应率较低（表 3 - 6）。

表 3－6　汕头台洞体应变潮汐畸变异常指标效能评估

| 异常类别 | 测项 | 异常特征 | | 异常分量 | 震例震级 | 震例预报参数 | | 对应率 | 虚报率 | 漏报率 |
|---|---|---|---|---|---|---|---|---|---|---|
| | | 起止时间 | 持续时间（h） | | | 异常结束至发震时长 | 震中距（km） | | | |
| 潮汐畸变（2~4倍潮汐幅度） | 汕头洞体应变 | 2015.11.15 | 18 | 东西向 | 虚报 | | | 0 | 100% | 100% |
| | | 2016.05.20 | 11 | | | | | | | |
| | | 2014.12.22 | 4 | 北南向 | 2015.02.05台湾海峡南部 M4.6 | 44 日 | 256 | 25% | 75% | 0 |
| | | 2014.05.12 | 7 | | 虚报 | | | | | |
| | | 2014.06.16~2014.06.17 | 36 | | | | | | | |
| | | 2016.09.10 | 26 | | | | | | | |

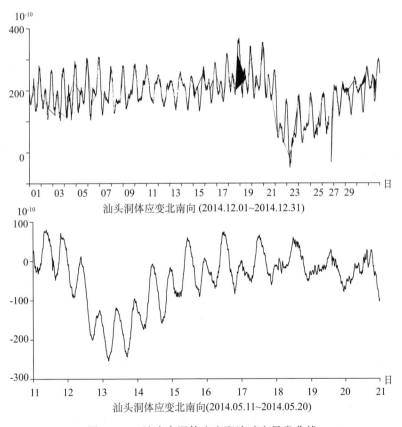

图 3－13　汕头台洞体应变潮汐畸变异常曲线

### 3.3.2 速率改变类异常

　　厦门地震台地壳形变观测仪器有洞体应变观测仪、水管倾斜仪、垂直摆倾斜仪和相对重力观仪。其中垂直摆倾斜仪观测时间较短，2005 年 1 月洞体应变仪与水管倾斜仪投入观测之后，厦门台周边 200km 范围内，发生了 2005 年 9 月 5 日台湾海峡南部 4.6 级、2007 年 8 月 2 日永春 $M_L4.9$、2008 年 7 月 5 日漳州 $M_L4.8$、2013 年 8 月仙游 $M_L4.5$ 和 9 月仙游 $M_L5.2$ 地震等共 5 次地震，排除人为及气象干扰，厦门台洞体应变仪发生单个分量速率改变异常共12 次，其中 8 次发生上述 5 次地震之前 150 日之内，所以认为厦门台洞体应变速率改变异常对应 200km 范围，150 日内发生 $M_L4.5$ 以上地震，对应率为 67%，虚报率 33%，漏报率为 0（表 3−7，如果两分量同时发生速率改变异常，则异常共出现 20 次，则厦门台洞体应变速率改变异常对应率为 40%，虚报率 60%，漏报率为 0）。

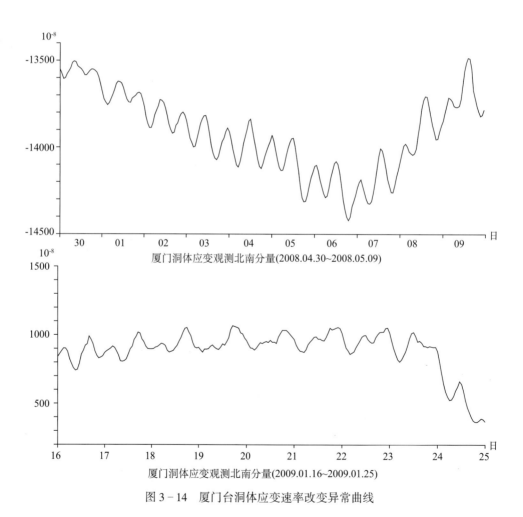

厦门洞体应变观测北南分量(2008.04.30~2008.05.09)

厦门洞体应变观测北南分量(2009.01.16~2009.01.25)

图 3−14　厦门台洞体应变速率改变异常曲线

表 3-7 厦门台洞体应变速率改变异常指标效能评估

| 异常类别 | 测项 | 异常特征 | | 异常分量 | 震例震级 | 震例预报参数 | | 对应率 | 虚报率 | 漏报率 |
|---|---|---|---|---|---|---|---|---|---|---|
| | | 起止时间 | 持续时间（h） | | | 异常结束至发震时长 | 震中距（km） | | | |
| 速率改变 | 厦门台洞体应变 | 2005.04.01~2005.04.03 | 72 | 东西向 | 2005.09.01 海峡南部 $M_L$4.6 2005.09.05 海峡南部 $M_L$4.6 | 150日 | 186 | 67% | 33% | 0% |
| | | 2005.09.01~2005.09.03 | 72 | 东西向 | 2005.09.01 海峡南部 $M_L$4.6 2005.09.05 海峡南部 $M_L$4.6 | 1~2日 | 186 | | | |
| | | 2007.06.08~2007.06.10 | 72 | 东西向 | 2007.08.29 永春 $M_L$4.9 | 27日 | 118 | | | |
| | | 2007.08.22~2007.08.24 | 72 | 东西向 | | 5日 | 118 | | | |
| | | 2008.04.11~2008.04.13 | 72 | 北南向 | 2008.07.05 漳州 $M_L$4.8 | 84日 | 30.6 | | | |
| | | 2008.04.28~2008.05.01 | 80 | 北南向 | 2008.07.05 漳州 $M_L$4.8 | 66日 | 30.7 | | | |
| | | 2008.05.08~2008.05.10 | 72 | 北南向 | 2008.07.05 漳州 $M_L$4.8 | 55日 | 30.8 | | | |
| | | 2008.08.29~2008.08.30 | 48 | 北南向 | 虚报 | | | | | |
| | | 2013.05.21~2013.05.23 | 72 | 东西向 | 2013.08.23 仙游 $M_L$4.5 2013.09.04 仙游 $M_L$5.2 | 103日 | 151.9 | | | |
| | | 2012.05.29~2012.05.30 | 48 | 北南向 | 虚报 | | | | | |
| | | 2009.01.23~2009.01.26 | 48 | 北南向 | | | | | | |
| | | 2009.05.28~2009.05.31 | 80 | 北南向 | | | | | | |

### 3.3.3　趋势转折类异常

　　汕头地震台洞体应变仪发生趋势转折类异常共2次，其中1次发生在256km内的2015年2月6日台湾海峡$M_L$4.6地震前10天，所以认为汕头洞体应变趋势转折类异常对应周边300km范围，30日内发生$M_L$4.5以上地震，对应率为50%，虚报率50%，漏报率为0。汕头台洞体应变趋势转折类异常发生次数较少（表3-8）。

表3-8　汕头台洞体应变趋势转折异常指标效能评估

| 异常类别 | 测项 | 异常特征 | | 异常分量 | 震例 | 震例预报参数 | | 对应率 | 虚报率 | 漏报率 |
|---|---|---|---|---|---|---|---|---|---|---|
| | | 起止时间 | 持续时间 | | | 异常结束至发震时长 | 震中距 | | | |
| 趋势转折 | 汕头台洞体应变 | 2014.07.01~2015.01.24 | 7月 | 北南向 | 台湾海峡南部 $M$4.6 | 11日 | 256km | 50% | 50% | 0 |
| | | 2015.03.12~2015.05.20 | 2月 | 北南向 | 虚报 | | | | | |

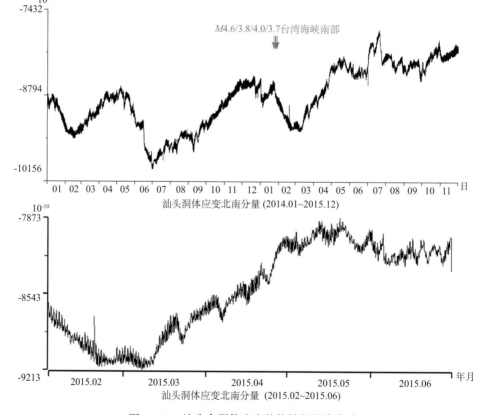

图3-15　汕头台洞体应变趋势转折异常曲线

　　上饶地震台地壳形变观测仪器仅有垂直摆倾斜仪，2007 年 6 月垂直摆倾斜仪开始观测，之后，在上饶台周边 300km 范围内，发生 2 次 $M_L$4.5 以上地震，即 2011 年 1 月 19 日安徽安庆 $M_L$4.9 和 2011 年 9 月 10 日江西瑞昌 4.9 级地震，排除人为干扰及气象因素干扰之外，上饶垂直摆倾斜仪东西向发生趋势转折异常仅 1 次，发生在九江地震之前 31 天，综上认为上饶垂直摆倾斜仪东西向趋势转折类异常对应周边 300km 范围内 60 日以内发生 $M_L$4.5 以上地震，对应率为 100%，虚报率 0，漏报率为 50%。上饶台垂直摆倾斜仪发生趋势转折类异常次数较少（表 3 - 9）。

**表 3 - 9　上饶台垂直摆倾斜仪东西向趋势转折类异常指标效能评估**

| 异常类别 | 测项 | 异常特征 | | 测项分量 | 震例震级 | 震例预报参数 | | 对应率 | 虚报率 | 漏报率 |
| --- | --- | --- | --- | --- | --- | --- | --- | --- | --- | --- |
| | | 起止时间 | 持续时间 | | | 异常结束至发震时间 | 震中距 | | | |
| 趋势转折 | 上饶台垂直摆倾斜仪 | 2011.06.01～2011.08.10 | 100 天 | 东西向 | 2011.09.10 九江 $M_L$4.9 | 31 日 | 287km | 100% | 0% | 50% |

图 3 - 16　上饶台垂直摆倾斜仪东西向趋势转折类异常

　　南昌地震台 2001 年 09 月洞体应变仪开始观测，之后，在南昌台周边 300km 范围内，发生 4 次 $M_L$4.5 以上地震，即 2005 年 11 月 26 日九江 $M_L$6.0、2007 年 3 月 13 日顺昌 4.9 级、2011 年 1 月 19 日安庆 $M_L$4.9 和 2011 年 9 月 10 日瑞昌 4.9 级地震，排除人为干扰及气象因素干扰之外，南昌台洞体应变东西向发生趋势转折异常 1 次，其中 1 次发生在安庆地震之前 57 天，同时也是瑞昌地震 264 天之前；此外南昌台洞体应变北南向发生趋势转折异常 2 次，其中 1 次发生在九江地震之前 79 天，同时也是安庆地震 60 天之前，北南向另一次趋势转折类异常结束不到一年，应震效果等验证。综上认为南昌台洞体应变仪趋势转折类异常对应周边 274km 范围，1 年内发生 $M_L$4.5 以上地震，对应率为 100%，虚报率 0，漏报率为 50%（表 3 - 10）。

表 3-10　南昌台洞体应变仪趋势转折类异常指标效能评估

| 异常类别 | 测项 | 异常特征 | | 异常分量 | 震例震级 | 震例预报参数 | | 对应率 | 虚报率 | 漏报率 |
| --- | --- | --- | --- | --- | --- | --- | --- | --- | --- | --- |
| | | 起止时间 | 持续时间（天） | | | 异常结束至发震时间 | 震中距（km） | | | |
| 趋势转折 | 南昌台洞体应变仪 | 2007.11.15～2010.12.31 | 114 | 东西向 | 2011.01.09 安庆 $M_L$4.8 2011.09.10 九江 $M_L$4.9 | 19 日 254 日 | 274　112 | 100% | 0 | 50% |
| | | 2010.11.01～2010.11.15 | 379 | 北南向 | 2011.01.09 安庆 $M_L$4.8 2011.09.10 九江 $M_L$4.9 | 79 日 60 日 | 247　112 | | | |
| | | 2015.11.15～2016.12.01 | 381 | 北南向 | 待验证 | | | | | |

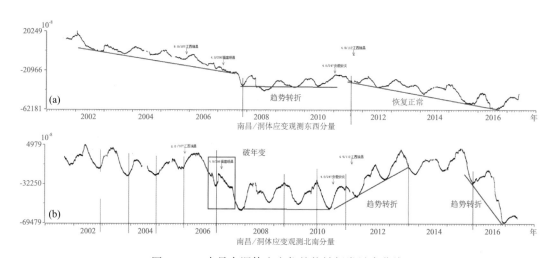

图 3-17　南昌台洞体应变仪趋势转折类异常曲线

（a）东西分量；（b）北南分量

　　长沙地震台地壳形变观测仪器有水平摆倾斜仪、水管倾斜仪和洞体应变仪，2002 年 1 月洞体应变仪开始观测，之后，在长沙台西南向 500km 范围内，发生 2 次 $M$5.0 以上地震，即 2015 年 3 月 30 日剑河 5.5 级和 2016 年 7 月 31 日苍梧 $M$5.4 级地震，排除人为干扰及气象因素干扰之外，长沙洞体应变北南向在剑河地震之前发生趋势转折类异常 1 次，综上认为长沙台洞体应变仪北南向趋势转折类异常对应长沙台西南方 500km 范围，异常结束后 30 日内发生 5.0 级以上地震，对应率为 100%，虚报率 0，漏报率为 50%（表 3-11）。

表 3-11　长沙台洞体应变北南向趋势转折类异常指标效能评估

| 异常类别 | 测项 | 异常特征 | | 异常分量 | 震例震级 | 震例预报参数 | | 对应率 | 虚报率 | 漏报率 |
|---|---|---|---|---|---|---|---|---|---|---|
| | | 起止时间 | 持续时间（天） | | | 异常结束至发震时间（日） | 震中距（km） | | | |
| 趋势转折 | 长沙台洞体应变 | 2015.02.05~2015.03.26 | 50 | 北南向 | 2015.03.30贵州剑河5.5级 | 30 | 490 | 100% | 0 | 50% |

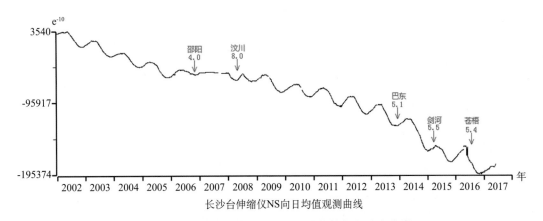

长沙台伸缩仪NS向日均值观测曲线

图 3-18　长沙台洞体应变北南向趋势转折类异常曲线

## 3.3.4　大幅波动类异常

汕头地震台水管倾斜仪发生大幅波动类异常仅 1 次，异常结束后 19 日，发生了 2015 年 2 月 6 日台湾海峡 $M_L4.6$ 地震，距离汕头台 256km，所以认为汕头水管倾斜仪大幅波动类异常周边 300km 范围，30 日内发生 $M_L4.5$ 以上地震，对应率为 100%，虚报率 0，漏报率为 0。汕头台水管倾斜仪大幅波动类异常发生次数较少（表 3-12）。

表 3-12　汕头台水管倾斜仪大幅波动异常指标效能评估

| 异常类别 | 测项 | 异常特征 | | 异常分量 | 震例震级 | 震例预报参数 | | 对应率 | 虚报率 | 漏报率 |
|---|---|---|---|---|---|---|---|---|---|---|
| | | 起止时间 | 持续时间（h） | | | 时间（日） | 震中距（km） | | | |
| 大幅波动 | 汕头台水管倾斜 | 2015.01.16 | 3 | 北南向 | 台湾海峡南部4.6 | 19 | 256 | 50% | 50% | 0 |

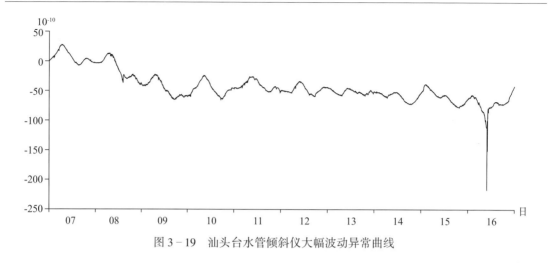

图 3 - 19　汕头台水管倾斜仪大幅波动异常曲线

## 3.4　重力预测指标

### 3.4.1　测网概况

**1. 广东地震局流动重力测网概况**

广东流动重力联测网每年开展两期观测，上半年观测第一期，时间为 1~4 月份，下半年观测第二期，时间为 6~10 月份。1980 年广东流动重力测网仅有粤西（阳江—雷州半岛）测网，1981 年增设粤东（汕头）流动重力监测网，1987 年增设珠江三角洲流动重力监测网，2014 年增设河源测网和江门测网，2017 年增设粤北流动重力监测网。经过对新老测网的不断改造和升级，截至 2017 年上半年广东流动重力联测网共有 327 个监测点和 376 个测段（图 3 - 20）。

**2. 广西地震局流动重力测网概况**

广西地震局于 2013 年在区内新建流动重力观测网络，通过不断优化与整合，形成了目前广西及邻区重力观测网（图 3 - 21）。重力观测网络由 112 个测点，137 条测段构成，测点平均间距为 30~40km，计划每年对测网进行 2 期常规复测。流动重力观测使用 CG-5 重力仪器观测，截至 2017 年 4 月共观测 5 期资料。

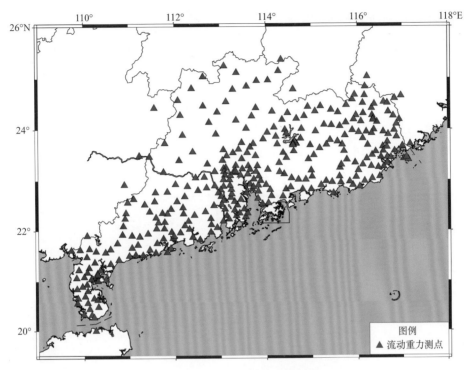

图3-20　广东流动重力联测网

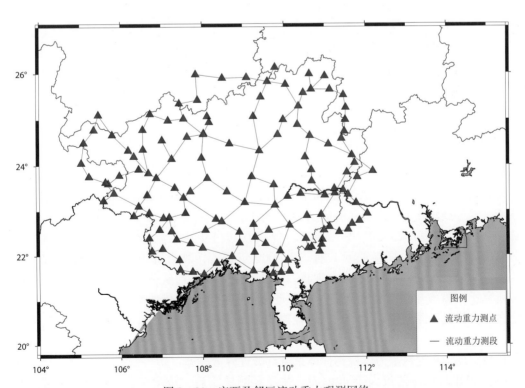

图3-21　广西及邻区流动重力观测网络

### 3. 福建地震局流动重力测网概况

2001~2008 年福建地区流动重力监测区域为福建东南沿海地区和闽赣交界地区，是 2 个独立的观测区，每年复测 1 期，数据主要采用自由网平差。2008 年下半年，福建省地震局对全省的流动重力观测网进行扩建和改造，建成了基本覆盖全省的观测网，每年开展两期观测，数据采用拟稳平差。目前流动重力全测网共有 234 个测点，组成 267 测段，形成 25 个闭合环、10 条支线。重力测点分布在北纬 23.6°~27.5°、东经 115.8°~120.0°地区，基本上覆盖了本地区的主要构造断裂测点基本覆盖福建内陆区域（图 3－22）。

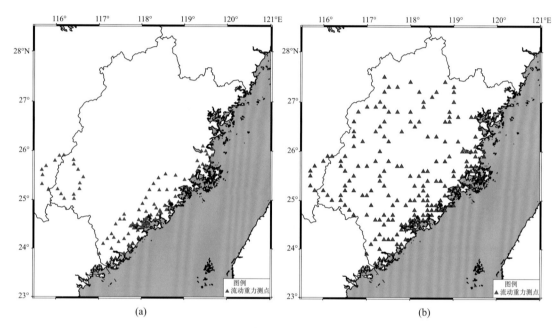

图 3－22　福建流动重力观测点分布图

（a）2001~2008 年；（b）2009 年至今

### 4. 海南省地震局流动重力测网概况

海南岛陆流动重力测量始于 2003 年。2010 年以后，海南岛陆流动重力测网测点一直稳定在 56 个，测段 60 个，海南岛陆流动重力测网分布图如图 3－23 所示。测点分布覆盖海南岛陆 16 个县市（海南岛陆共 18 个县市，保亭县和白沙县无流动重力测点）。2003~2008 年，海南岛陆流动重力每年观测 1 期，从 2009 年开始，改为每年观测 2 期，至 2017 年 6 月，已连续进行了 23 期的流动重力观测。观测所用的仪器均从湖北省地震局（中国地震局地震研究所）重力与固体潮研究室（国家重力台网中心）租借，数量每期为两台，观测时将两台重力仪置于测点墩位上同时进行观测，获取同测点两组数据。2003~2009 年，观测所用仪器为两台 LCR-G 型相对重力仪，2010 年启用 CG5 型相对重力仪进行观测。

梳理发现华南地区重力本次指标体系重点清理异常类型：

（1）相邻两期段差值大于 40μGal，并经复测核实后，排除干扰，可作为短期（几个月）异常，其控制范围 50km，预报震级 $M_S \geqslant 4.0$ 级左右。

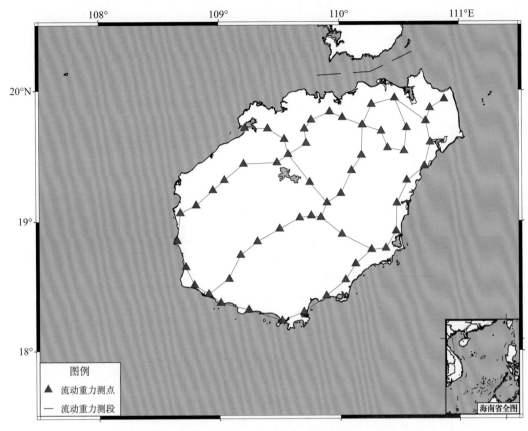

图 3-23 海南岛陆流动重力测网图

（2）同一点（或相邻多点）重力值相对于起始观测时刻的各期观测资料出现趋势变化，持续时间 1~2 年，可作中期异常，若累积幅度大于 45μGal，其控制范围 50km，预报震级 $M_S \geq 4.0$ 级左右，震中多发生在重力变化梯度大的区域。

## 3.4.2 流动重力观测

### 1. 多个重力点值同步大幅变化

#### 1）丰顺 $M_L 4.7$ 地震

自 1995 年 8 月 4~6 日五华（N23°49′，E115°42′）发生小震群活动，最大震级为 $M_L 4.2$，震源深度 10km，以及 11 月 12 日丰顺发生 $M_L 4.7$ 地震前后，在该测区内测点重力值大幅度变化，如安流测点 1995 年 8 月累积变化 $85 \times 10^{-8} \mathrm{m/s^2}$，横陂测点为 $86 \times 10^{-8} \mathrm{m/s^2}$，水口测点为 $87 \times 10^{-8} \mathrm{m/s^2}$，径义测点为 $39 \times 10^{-8} \mathrm{m/s^2}$，丰良测点为 $52 \times 10^{-8} \mathrm{m/s^2}$，本期测区中误差为 $9.9 \times 10^{-8} \mathrm{m/s^2}$，异常幅值达到 4 倍以上观测精度，对该期重力变化进行方差分析及相关检验，结果表明系统误差不显著，该期重力变化不存在系统误差。

从时空强（图 3-24）分析重力场变化有如下三个特征：①异常区重力场变化等值线展布方向为北东向，与该区的北东向莲花山断裂带方向基本一致，受莲花山断裂带的控制，在

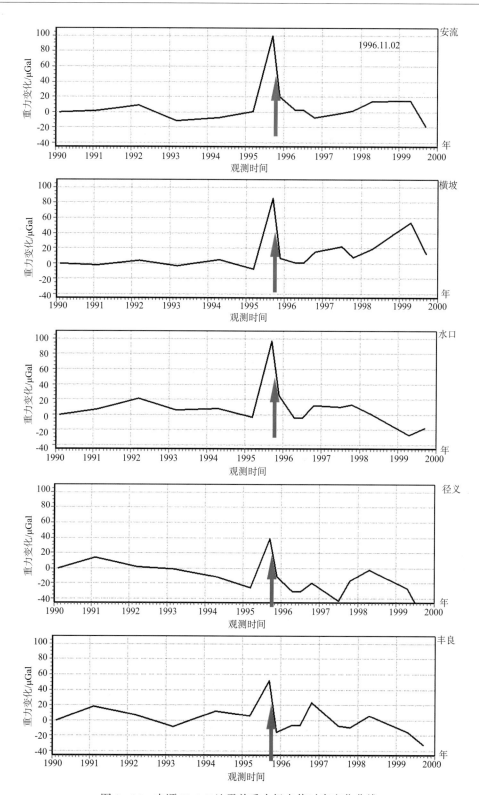

图 3-24　丰顺 $M_L4.7$ 地震前重力场点值时序变化曲线

该断裂带的北面为正变化异常区，且幅值较大，而南面大部分呈负变化区，幅值较小。②正变化区异常指标，从安流—丰良测点点值累积变化都大于 4 倍测区观测中误差。③发震的地点处于等值线梯度最大的区域，而发震时间处于重力场恢复阶段，即曲线下降阶段，震后逐渐恢复震前水平。

### 2）三水 $M_L$4.4 地震

通过对 1997 年 9 月广东三水南边镇地震前后重力场变化时、空、强分布特征进行分析研究，认为该区重力场变化特征如下：

（1）从点值变化空间分布特征来看，北面石湾—和顺测线重力场等值线分布呈北西方向，受北西向断裂控制，重力场变化以正变化为主，异常幅值达到 3 倍以上测区中误差，而南面以负变化为主，而深圳点及南头点异常幅值最大，这与近几年在台山、三水、深圳先后出现小震群活动有着一定关系。

（2）从点值时序变化曲线分析（图 3 - 25），该区点值变化类似于粤东测区。1995 年前重力场变化表现为平静，变化幅值较小。在 1997 年 9 月 23、26 日三水南边镇发生 $M_L$3.7、4.4 地震前后，距三水南边地震震中不到 10km 的石湾—和顺测线，重力出现突跳变化，表现为大幅上升—下降趋势，出现区域性重力异常分布，从图 3 - 25 可看出，1997 年 5 月 24 日各点值累积变化上升 $32\times10^{-8}\sim54\times10^{-8}\mathrm{m/s^2}$，本期测区中误差为 $7.8\times10^{-8}\mathrm{m/s^2}$，异常幅值达到 3 倍以上观测精度；1997 年 9 月 12 日观测成果出现转折反向异常，期变化在 $-51\times10^{-8}\sim-36\times10^{-8}\mathrm{m/s^2}$，本期测区中误差为 $8.5\times10^{-8}\mathrm{m/s^2}$，异常幅值达到 4 倍观测精度，四个月内，重力点值随时间变化大幅度呈现区域性的增减趋势，显示出壳幔物质正处于迁移，或高应力状态。表明华南沿海地震带活动在该区有增强趋势。

（3）1997 年 9 月三水南边镇地震异常指标，靠近震中石湾—和顺测线各测点点值累积变化都大于四倍测区观测中误差，发震的地点均处于重力异常区附近，而发震时间处于重力场恢复阶段，即曲线下降阶段，震后重力变化值都恢复震前水平。

### 3）阳江平岗 4.9 级地震

阳江地区有史以来地震活动都较活跃，这与该区构造断裂活动密切相关。如阳江洋边海老震区，正处于高明—海陵岛断裂和阳西—海陵岛断裂交会部位。从 1998～2006 年监测成果分析表明：重力场变化幅值较大的区域仍在海陵岛至阳江。阳江、海陵和闸坡测点，自 1998 年以来一直表现长趋势起伏波动变化，而梯度变化较大的区域为洋边海老震区及其周边地带，即东起阳江测点，西至电白测点，北由陂面测点，南到闸坡以南。由重力点值时间变化曲线（图 3 - 26），阳江—海陵—闸坡自 1998～2003 年一直处于趋势性减少，从 2004 年在洋边海及附近发生 $M_L \geqslant 3.0$ 级的地震就有多次，最大的一次是 2004 年 9 月 17 日，阳江平岗发生 $M_S$4.9 地震（北纬 21.77°，东经 111.87°），1998～2003 年靠近震中的海陵、闸坡测点，重力场呈现小幅波动变化，至 2004 年间其幅值明显加速正变化，震前闸坡测点累积返向增大 $41\times10^{-8}\mathrm{m/s^2}$，海陵点重力场累积变化达到 $41\times10^{-8}\mathrm{m/s^2}$，本期测区中误差为 $8.5\times10^{-8}\mathrm{m/s^2}$，异常指标达到 4 倍观测精度，表明重力场的变化是与地震的孕育息息相关。

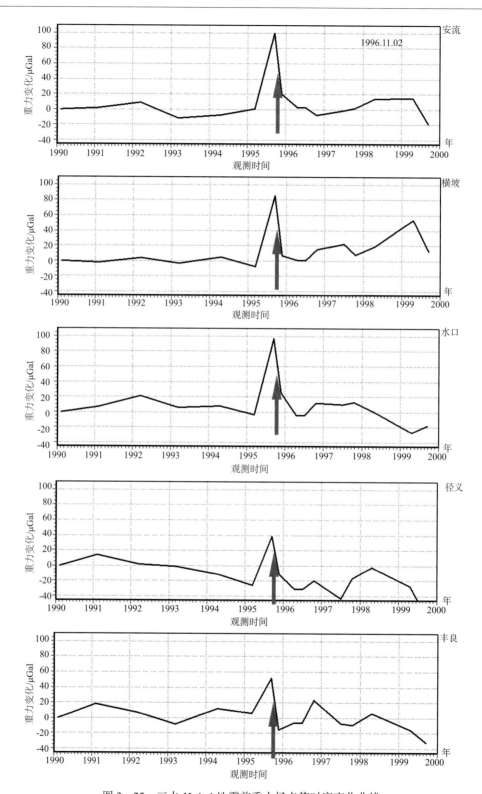

图 3 - 25　三水 $M_L$4.4 地震前重力场点值时序变化曲线

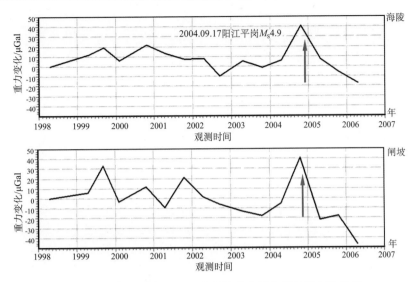

图 3 - 26 阳江平岗 $M_S$ 4.9 地震前重力场点值时序变化曲线

上述重力场变化特征是随地震活动强、弱而相应变化，变化方向主要以北东和北西走向为主，几乎有趋势性变化的点（段）一般在断裂交会部位，明显受构造断裂所控制。

**4) 徐闻 $M_L$ 4.2 地震**

2003 年以来，海南岛及近海地区共发生 $M_L$ 4.0 以上地震 4 次。2012~2014 年，海南岛的抱罗、美兰机场、翁田等测点变化平稳，变化幅度较小，但在徐闻 $M_L$ 4.2 地震前半年，也即 2015 年 4~9 月过程中，上述测点重力值反向大幅下降（抱罗、翁田反向下降，美兰机场反向上升），下降幅度均达 $45 \times 10^{-8} \text{m/s}^2$ 以上；且徐闻地震震中位于雷琼地区重力场变化 0 直线上。

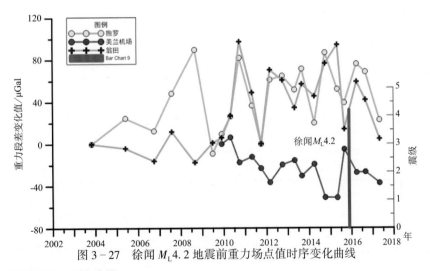

图 3 - 27 徐闻 $M_L$ 4.2 地震前重力场点值时序变化曲线

**5) 广西苍梧 5.4 级地震**

从图 3 - 28 重力点值时间序列变化曲线看，苍梧 $M_S$ 5.4 地震发生在重力点值呈先减小后逐步回升的过程中。

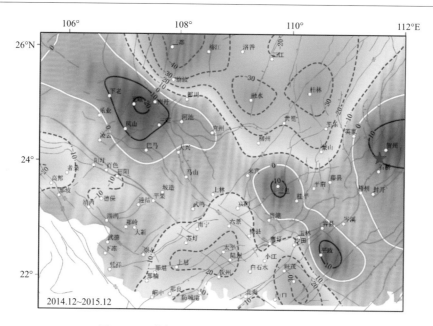

图 3-28　苍梧 $M_S$5.4 地震前重力场变化图像

★2016 年 7 月 31 日苍梧 $M_S$5.4 地震　○重力测点　/断裂

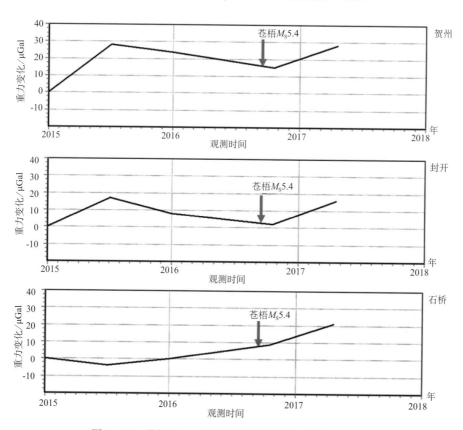

图 3-29　苍梧 $M_S$5.4 地震前重力场点值时序变化曲线

## 2. 多个重力点累积变化超 30μGal

在测点之间距离不超过 50km 的情况下，观测网内多个重力点累积变化超过 30μGal 的现象出现 2 次。顺昌 5.1 级、永春 4.9 级、古田 4.8 级地震发生时，其所在区域没有建成重力观测网。

### 1) 福建长泰 4.8 级地震

震中的西南出现重力点值累积变化持续 2 年以上的高值正变化，震后出现回落。见图 3-30、图 3-31。

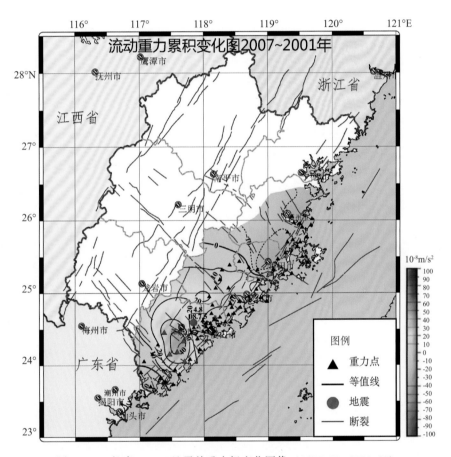

图 3-30　长泰 $M_S$4.8 地震前重力场变化图像（2007.03~2001.03）

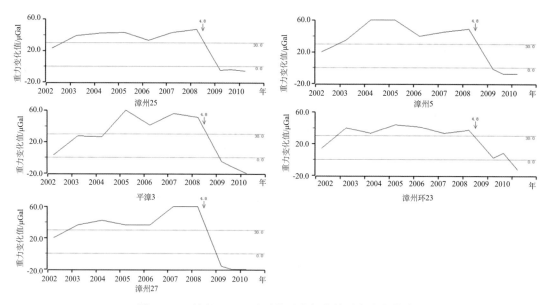

图3-31　长泰 $M_S$ 4.8 地震前重力场点值时序变化曲线

## 2) 福建仙游 5.2 级地震

震中的东北出现（震中距在 60km）重力点值累积变化持续 2 年以上的高值正变化，震后仍然持续高值正变化，关注周边还有发生 $M_L$ 4.5 以上地震的可能性。见图 3 - 32、图 3 - 33。

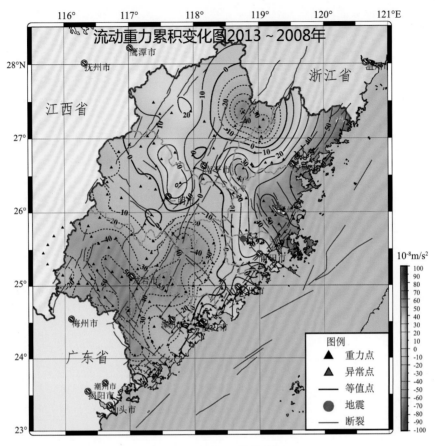

图 3 – 32　福建流动重力点值累积变化等值线图（2013.04~2008.12）

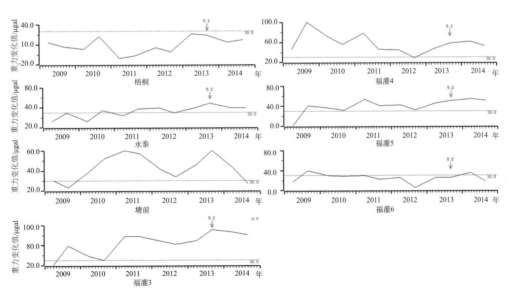

图 3 – 33　福建流动重力点值变化曲线图

## 3. 流动重力指标效能评估

表 3 - 13   华南地区流动重力非潮汐类异常预报效能统计

| 异常类别 | 是否为前兆异常 | 异常特征 起止时间 | 异常特征 持续时长 | 异常项目 | 观测点 | 北纬(°) | 东经(°) | 震例震级 | 震例预报 时间 | 震例预报 震中距(km) | 对应率 | 虚报率 | 漏报率 |
|---|---|---|---|---|---|---|---|---|---|---|---|---|---|
| 期变化大幅增加/减少 | 异常 | 1995.03~1995.08 | 半年 | 流动重力 | 丰良 | 23.96 | 116.20 | 1996.11.02 丰顺4.7级，震中 23.87°N、116.05°E | | 18 | 100% | | |
| | | | | | 径义 | 23.95 | 116.03 | | | 9 | | | |
| | | | | | 水口 | 23.99 | 115.90 | | | 20 | | | |
| | | | | | 横坡 | 23.88 | 115.73 | | | 32 | | | |
| | | | | | 安流 | 23.70 | 115.68 | | | 43 | | | |
| | 异常 | 1996.03~1997.06 | 1 年 | 流动重力 | 和顺 | 23.26 | 113.13 | 1997.09.26 三水4.4级，震中 23.27°N、112.97°E | | 16 | 100% | | |
| | | | | | 官窑 | 23.23 | 113.08 | | | 12 | | | |
| | | | | | 显子岗 | 23.17 | 113.09 | | | 16 | | | |
| | | | | | 大沥 | 23.11 | 113.10 | | | 23 | | | |
| | 异常 | 2003.09~2004.10 | 1 年 | 流动重力 | 海陵 | 21.66 | 111.92 | 2004.09.17 阳江岗美4.9级，震中 21.77°N、111.87°E | | 14 | 100% | | |
| | | | | | 闸坡 | 21.57 | 111.83 | | | 22 | | | |
| | 异常 | 2014.12~2015.12 | 1 年 | 流动重力 | 贺州 | 24.22 | 111.67 | 2016.07.31 梧州苍梧5.4级，震中 24.08°N、111.56°E | | 22 | 100% | | |
| | | | | | 石桥 | 23.84 | 111.55 | | | 26 | | | |
| | | | | | 封开 | 23.45 | 111.45 | | | 70 | | | |
| | 异常 | 2015.04~2015.09 | 5 个月 | 流动重力 | 美兰机场 | 19.94 | 110.46 | 2015.11.22 徐闻4.2级，震中 20.42°N、110.36°E | | 54 | 100% | | |
| | | | | | 抱罗 | 19.87 | 110.75 | | | 74 | | | |
| | | | | | 翁田 | 19.93 | 110.88 | | | 76 | | | |
| 累积变化超30微伽 | 异常 | 2006.03~2008.03 | 2 年 | 流动重力 | 漳州5 | 24.45 | 117.38 | 2008.07.05 长泰4.8级，震中 24.6°N、117.83°E | | 49 | 100% | | |
| | | | | | 平漳3 | 24.15 | 117.47 | | | 63 | | | |
| | | | | | 漳州25 | 24.18 | 117.58 | | | 52 | | | |
| | | | | | 漳州27 | 24.33 | 117.68 | | | 34 | | | |
| | | | | | 漳州环23 | 24.05 | 117.70 | | | 62 | | | |
| | 异常 | 2011.03~2013.08 | 2.5 年 | 流动重力 | 梧桐 | 25.75 | 118.80 | 2013.09.04 仙游5.2级，震中 25.64°N、118.75°E | | 14 | | | |
| | | | | | 福灌6 | 25.47 | 119.14 | | | 45 | | | |
| | | | | | 永泰 | 25.86 | 118.93 | | | 31 | | | |
| | | | | | 福灌5 | 25.54 | 119.26 | | | 53 | | | |
| | | | | | 塘前 | 25.88 | 119.16 | | | 49 | | | |
| | | | | | 福灌3 | 25.83 | 119.30 | | | 57 | | | |
| | | | | | 福灌4 | 25.69 | 119.31 | | | 59 | | | |

### 3.4.3　连续重力观测

华南地区共有 8 个连续重力观测台，大部分连续重力仪利用秒采样的 g-Phone 重力仪进行观测，仪器观测稳定可靠，各连续重力台投入观测的时间见表 1－11，本次指标体系清理没有发现具有实际操作意义的预测指标。

## 3.5　GPS 和跨断层短水准观测

### 3.5.1　GPS 观测

对位于华南地区的"陆态网络"GNSS 基准站进行分析，发现江西湖口、福建平潭、海南琼中、海南三亚这 4 个基准站观测曲线变化较大。

江西湖口基准站（JXHK）站 2016 年至 2017 年上半年垂向分量出现大幅上升，超过 2011 年以来的最高值，并呈持续隆升状态，量值超过 30mm，东西向分量 2017 年之后出现快速升高（图 3－34）。可能的原因有两个：①可能与测站附近的水负荷形变有关。②观测误差自 2014 年开始有逐年增大趋势，主要是由于测站多路径效应引起的，多路径误差指标由建站初期的 0.3m 增加至目前的 0.6m。

福建平潭基准站（FJPT）站自 2015~2016 年以来东西向运动周期特征消失，表现为破年变变化（图 3－35），初步判定为周边观测环境变化引起，该时间段内平潭站周边高层住宅楼房、高架桥、路基开挖、大型塔吊作业等多个大项目在建筑施工，建筑施工时间与曲线出现畸变时段较一致。

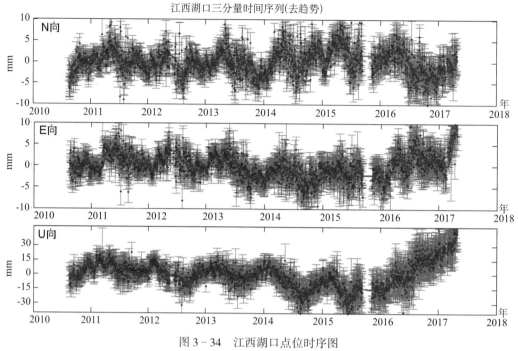

图 3 - 34　江西湖口点位时序图

蓝点为日值；红线为月值；灰线为误差棒

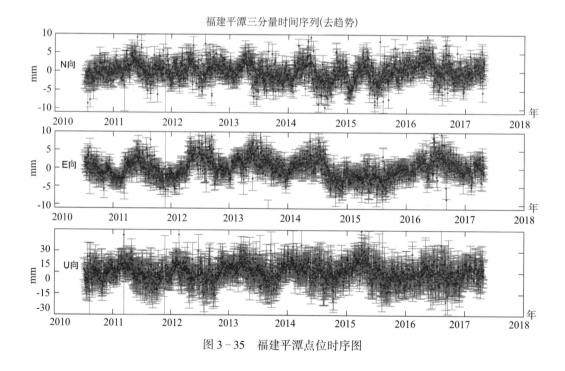

图 3 - 35　福建平潭点位时序图

　　海南琼中基准站（QION）自 2011 年以来持续向北运动，量值约为 15mm，与 2004 年以前变化相似。东向运动 2013~2016 略有增强，目前走势平缓（图 3 - 36）。

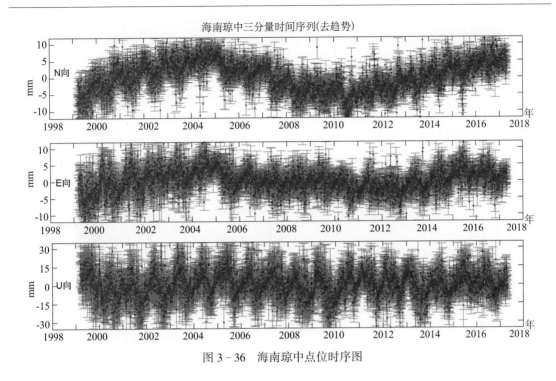

图 3 - 36　海南琼中点位时序图

海南三亚基准站（HISY）自 2016 年下半年三个分量都出现了大幅下降，北向分量、垂向分量 2017 年已经回升至平均值附近，东向分量仍然呈现低值（图 3 - 37）。

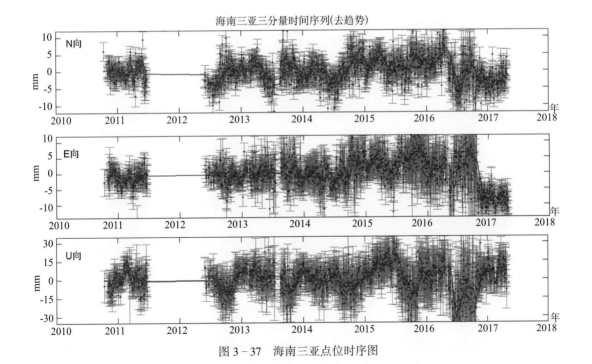

图 3 - 37　海南三亚点位时序图

### 3.5.2　流动跨断层观测

华南地区共有 36 个流动跨断层场地，其中福建有 24 个场地，广东有 5 个场地、广西有 5 个场地、湖南有 2 个场地，观测场地分布情况如图 1-11 和表 1-13 所示。流动跨断层观测时间较长，利用小波分析的方法，可以发现台湾 7 级以上强震之前，部分场地存在破年变异常，但是取得震例较少。

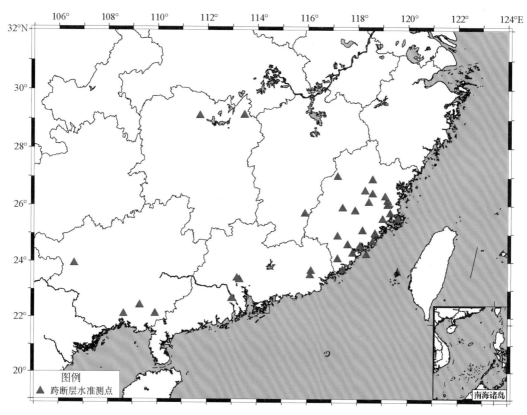

图 3-38　华南地区流动跨断层场地分布图

以上各 GNSS 观测点三分量时序发生大幅波动或破年变变化等异常形态，经后期核实分析均为环境干扰所致，不是地震前兆异常，解算后的 GPS 数据经本次清理后，没有发现预测指标，可能与 GNSS 观测时间较短，且建成后华南地区发生的地震震级较小有关。

1999 年 9 月 21 日台湾南投发生 $M_S$7.6 地震。对福建流动跨断层短水准观测资料进行小波分析，取 db4 小波函数和 1 阶细节分解，信号周期（21~22）×4 个月 = 8~16 个月，即 1 年左右，提取到 4 个测段震前出现破年变异常，异常时段信号幅度明显变小（图 3-39）。异常持续 15~24 个月。

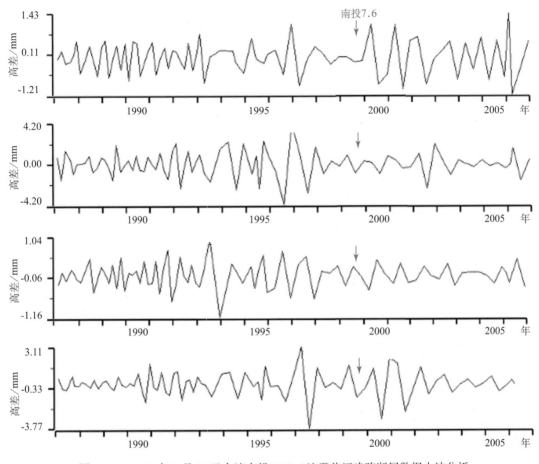

图 3-39 1999 年 9 月 21 日台湾南投 $M_S$7.6 地震前福建跨断层数据小波分析

　　为提取地震前兆信息，对福建省流动跨断层短水准观测 22 个测段资料进行小波分析，仍取 db4 小波函数和 1 阶细节分解，提取到 5 个测段目前持续异常（图 3-40）。其中参内 2-4 为 2008 年建设场地，2008~2010 年信号变化幅度大，说明场地不够稳定，因此该场地可信度不高。西瓜洲 3-4 从 2012 年 8 月出现异常，至 2017 年上半年已经 5 年未发生显著地震，为无震异常。最后只有 3 个测段异常，总体而言异常信度不高，认为还没有达到地震前兆的指征。

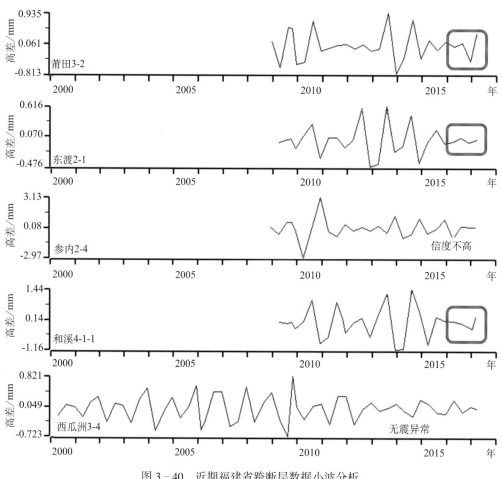

图 3-40 近期福建省跨断层数据小波分析

## 3.6 存在问题和讨论

从华南地区地壳形变异常类型指标体系清理结果看，初步可得出以下几点认识：

（1）洞体应变仪映震效果相对较好，以潮汐畸变、速率变化、破年变、趋势转折类异常为主。但各台站的洞体应变映震指标并不一致。

（2）破年变类异常的预测时间从异常开始至发震半年至 2 年不等，空间范围为 500km 范围，预测震级以 5 级地震为主，同时也需关注附近 200km 范围内 $M_L4.0$ 以上地震的危险。

（3）河源的室内水准仪属于模拟观测的光学仪器，观测时间，虽然因受到干扰存在暂停观测事件，但恢复观测后其映震效能没有发生明显变化，其破年变异常对应周边 50km 范围内的 $M_L4.0$ 以上地震，映震效能指标优秀。

（4）倾斜类仪器发生各类异常的次数都比较少，样本数量过少的震例指标信度较低。

（5）与非沿海地区相比，沿海地区观测仪器受环境干扰普遍更严重，仪器折旧老化也明显加速，表现在长期趋势上没有规律，所以更适合提取到中短期异常预测指标，而非沿海地区观测数据相对稳定，可提取到中长期预测指标。

（6）流动重力观测寻找区域上成片的异常。

表 3-14　华南地区各定点形变观测预报指标效能统计表

| 异常类型 | 测项 | 预报三要素 | | | 预报效能 | | | 备注 |
|---|---|---|---|---|---|---|---|---|
| | | 时 | 空（km） | 强 | 对应率 | 虚报率 | 漏报率 | |
| 潮汐畸变 | 漳州洞体应变 | 30 日内 | 200 | $M_L$4.5 以上 | 40% | 60% | 0 | |
| | 汕头洞体应变北南向 | 60 日内 | 300 | $M_L$4.5 以上 | 25% | 75% | 0 | |
| 速率改变 | 厦门洞体应变 | 150 日内 | 200 | $M_L$4.5 以上 | 67% | 33% | 0 | |
| 趋势转折 | 汕头洞体应变 | 30 日内 | 300 | $M_L$4.5 以上 | 50% | 50% | 0 | 较少发生趋势转折 |
| | 上饶垂直摆东西向 | 60 日内 | 300 | $M_L$4.5 以上 | 100% | 0 | 50% | 很少发生趋势转折 |
| | 南昌洞体应变 | 365 日内 | 274 | $M_L$4.5 以上 | 100% | 0 | 50% | |
| | 梧州水管北南向 | 180 日内 | 300 | $M_L$4.5 以上 | 50% | 50% | 0 | |
| | 长沙洞体应变北南向 | 30 日内 | 西南方 500 | $M_L$5.0 以上 | 100% | 0 | 50% | |
| 大幅波动 | 汕头水管倾斜仪 | 30 日内 | 300 | $M_L$4.5 以上 | 100% | 0 | 0 | 很少发生大幅波动 |
| 破年变 | 河源室内短水准 | 365 日内 | 50 | $M_L$4.5 以上 | 80% | 20% | 43% | |
| | 南昌垂直摆东西向 | 90 日内 | 300 | $M_L$4.5 以上 | 33% | 67% | 50% | |
| | 长沙洞体应变两分量 | 200 日内 | 西南方 200 | $M_L$4.0 以上 | 100% | 0 | 0 | |
| | 长沙洞体应变仪北南向 | 200 日内 | 西南方 500 | $M$5.0 以上 | 100% | 0 | 0 | |

# 参考文献

鲍志诚、赵爱平、查小惠等，2017，利用加卸载响应比分析南昌地震台垂直摆倾斜仪观测数据［J］，地震
　　地磁观测与研究，(6)：92~97

林树、王紫燕、李祖宁等，2013，福建地区地壳变形特征研究［J］，大地测量与地球动力学，(3)：21~24

任镇寰、叶秀薇、韦明昌等，2011，珠江三角洲地区重力资料解释的学部断裂系统［J］，四川地震，(4)：
　　29~34

文翔、罗远鹏、梁飞等，2019，广西北流 $M_S$5.2 地震区域重力场变化［J］，华北地震科学，(S01)：62~66

徐立、何万平、周红伟等，2019，福建重力场演变特征与仙游 $M_L$5.2 地震研究［J］，华南地震，(1)：
　　76~85

叶秀薇、杨马陵、叶东华等，2005，2004 年 9 月 17 日阳江 4.9 级地震概述［J］，华南地震，(3)：67~77

钟继茂、李祖宁等，2008，福建定点和流动跨断层对台湾强震的反映及特征研究［J］，华南地震，(3)：
　　63~70

周斌、文翔、原永东，2018，2016 年苍梧 $M_S$5.4 地震前后重力变化［J］，地震地质，(3)：539~551

# 第四章　电磁学科预测指标

## 4.1　观测质量数据评价

华南地区研究区域范围：16°~30°N，104°~124°E。区域范围内共有地磁台站 17 个，地电阻率台站 1 个。各台站观测仪器概况见表 1-14 和表 1-15，台站分布见图 4-1。

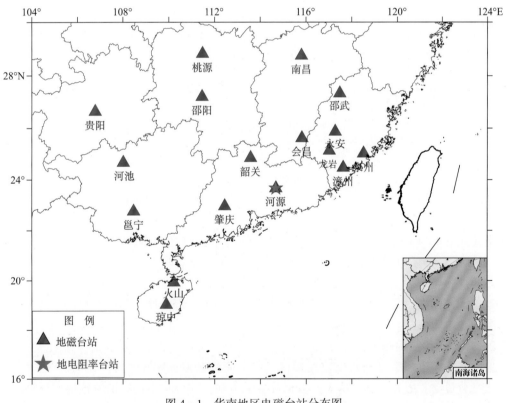

图 4-1　华南地区电磁台站分布图

从表 1-14 可以看出，华南地区共有 17 个地磁台站进行地磁场三分量观测，其中 3 个地磁台站在 2007 年之前开始观测，11 个台站在 2007 年开始观测。2007 年开始观测的 11 个台站数据在观测初期数据质量较差，数据可信度较低，因此华南地区地磁方法预测指标研究从 2008 年 1 月开始。

## 4.2　中期预测指标

### 4.2.1　地磁测深视电阻率

**1. 方法概述**

**1) 基本原理**

对于随时间周期变化的不均匀场源，在地球介质为均匀各向同性的平面导体的条件下：

$$\frac{Z(\omega)}{H_x(\omega)} = \frac{Z(\omega)}{H_y(\omega)} = i \cdot \frac{\lambda}{\theta} \tag{4-1}$$

$$\theta^2 = \sigma\mu\omega \cdot i + \lambda^2 \tag{4-2}$$

式中，$Z(\omega)$、$H_x(\omega)$ 和 $H_y(\omega)$ 分别是地磁场的垂直分量、北向水平分量和东向水平分量的频谱值；$\mu$ 为磁导率；$\sigma$ 为电导率；$\omega$ 为圆频率；$\lambda$ 是变化磁场的波数，是反映场源尺度的参数。在上式中，$\dfrac{Z(\omega)}{H_x(\omega)}$ 与 $\dfrac{Z(\omega)}{H_y(\omega)}$ 没有差异。但是，实际的地球介质是不均匀的，也是各向异性的，此时 $\dfrac{Z(\omega)}{H_x(\omega)} \neq \dfrac{Z(\omega)}{H_y(\omega)}$。地磁谐波振幅比的定义为（冯志生，2009）：

$$Y_{ZHx}(\text{NS}) = \left| \frac{Z(\omega)}{H_x(\omega)} \right| \qquad Y_{ZHy}(\text{EW}) = \left| \frac{Z(\omega)}{H_y(\omega)} \right| \tag{4-3}$$

由公式（4-1）至式（4-3）可见，$Y_{ZHx}$ 和 $Y_{ZHy}$ 与介质的电阻率呈正比（与电导率呈反比），即当地球介质电阻率下降时，$Y_{ZHx}$ 和 $Y_{ZHy}$ 也下降。$Y_{ZHx}$ 和 $Y_{ZHy}$ 分别为谐波振幅比的南北向和东西向，可记为 $Y_{ZHx}$（NS）和 $Y_{ZHy}$（EW）。

地磁谐波振幅比是一段使用地磁数据计算分析地下深部介质电阻率变化的方法，可称为地磁测深视电阻率法。

**2) 华南地区应用概况**

地磁测深视电阻率（地磁谐波振幅比，以下简称谐波振幅比）是一种基于地表观测到的地磁三分量 $Z$、$H(H_x)$ 和 $D(H_y)$ 数据计算的方法。综合华南地区谐波振幅比计算结果分析认为，FHD 系列仪器计算得到的谐波振幅比较为稳定，在周边无震的台站整体趋势同步性较好。FHDZ-M15、GM4 和 GSM19FD 等秒采样仪器的计算结果存在同一台站不同仪器计算结果不一致的现象。因此对华南地区谐波振幅比的研究仅使用 FHD 系列仪器。

对华南地区所有台站 FHD 仪器的谐波振幅比计算结果进行分析，仅提取到可信异常 2 次。

**2. 预测指标**

**1）异常判据**

当谐波振幅比出现长短周期趋势不同步或东西向和南北向趋势不同步时，且不同步时间超过 1 年，视为异常。

**2）预测规则**

异常确认后 1.5 年内，在异常台站周边 200km 范围内存在发生 4.5 级以上地震的可能；漳州台谐波振幅比异常有可能对应台湾西带 6 级以上地震。

**3. 异常与震例**

**1）广东河源台谐波振幅比（图 4-2）**

广东河源台谐波振幅比 2010 年 11 月至 2011 年 11 月出现 2 方向趋势变化不同步异常，该时段内东西向呈上升趋势，而南北向则呈下降趋势，趋势不同步时间达 12 个月，在 2 方

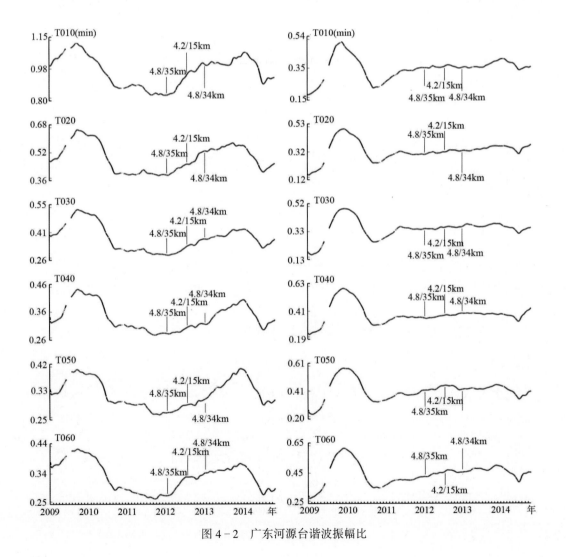

图 4-2　广东河源台谐波振幅比

向均转折上升后的 2012 年 2 月至 2013 年 2 月，在河源地区连续发生 2012 年 2 月 16 日 4.8 级、2012 年 8 月 31 日 4.2 级和 2013 年 2 月 22 日 4.8 级 3 次 4.0 级以上地震，震中距分别为 35、15 和 34km。异常参数见表 4-1。

表 4-1　河源台谐波振幅比异常异常参数

| 方法 | 异常类型 | 异常开始时间 | 异常结束时间 | 异常周期（分钟） | 趋势不同步时长（月） |
|---|---|---|---|---|---|
| 谐波振幅比 | 2 方向不同步 | 2010.11 | 2011.11 | 10、20、30、40、50、60 | 12 |

**2）福建漳州台谐波振幅比**

漳州台谐波振幅比在 2011 年 3 月至 2012 年 11 月出现 2 方向趋势变化不同步异常，其

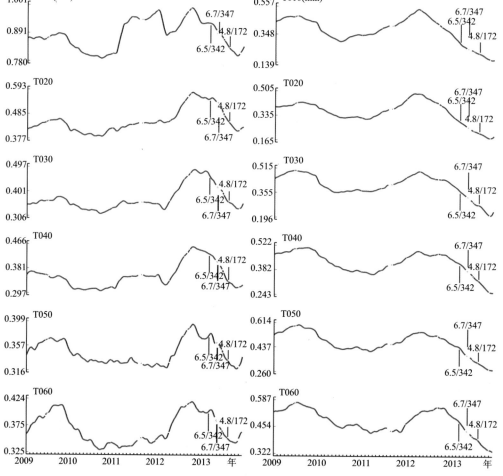

图 4-3　福建漳州台谐波振幅比

中 2011 年 3 月至 2012 年 3 月 30、40、和 50 分钟周期东西向和南北向趋势不同步，该时段内南北向为下降趋势而东西向呈上升趋势；2012 年 3 月开始出现 10~50 分钟周期东西向和南北向趋势不同步，该时段内南北向为上升趋势而东西向呈下降趋势。异常结束后在 2013 年 3 月 27 日、6 月 2 日和 9 月 4 日，分别发生了台湾南投 6.5 级和 6.7 级以及福建仙游 4.8 级地震，震中距分别为 342、347 和 172km。异常参数见表 4 - 2。

表 4 - 2　漳州台谐波振幅比异常异常参数

| 方法 | 异常类型 | 异常开始时间 | 异常结束时间 | 异常周期 | 趋势不同步时长（月） |
|---|---|---|---|---|---|
| 谐波振幅比 | 2 方向不同步 | 2011. 03 | 2012. 11 | 10、20、30、40、50 分钟 | 20 |

## 4.2.2　地磁加卸载响应比法

### 1. 方法概述

#### 1）基本原理

地磁加卸载响应比（以下简称加卸载响应比）的定义：

$$P(Z) = \frac{R_z(\max)}{R_z(\min)} \tag{4-4}$$

式中，$R_z(\max)$ 为地磁垂直分量加载日日变幅；$R_z(\min)$ 为地磁垂直分量卸载日日变幅。

加载日：某天日变幅大于前后两天的日变幅，这一天即为加载日。

卸载日：加载日之后出现的第一个日变幅小于前后两天的日变幅的日期。

#### 2）地磁垂直分量日变幅变化特征

在时间上，地磁垂直分量日变幅具有以 11 年为周期的太阳周变化，太阳活动强的时间日变幅大，太阳活动弱的时间日变幅小；同时地磁垂直分量日变幅还具有夏高冬低的年变化特征，即夏季日变幅大，冬季日变幅小。而在空间上，中国大陆地区地磁场垂直分量日变幅在 25°N 附近存在拐点，在 15°~25°N 随纬度的增加而增加，在 25°~50°N 随纬度的增加而减小（李军辉，2012）。

#### 3）可用仪器介绍

现有中国地磁台网中心的所有的三分量地磁连续观测仪器，采样率在 1 次/分钟以上的，主要包括 FHD 系列、GM4 磁通门系列、FHDZ - M15 系列等，均可用于加卸载响应比的计算。

#### 4）计算步骤

（1）将下载的垂直分量分量分钟值数据转换成北京时。

（2）对北京时数据进行粗差处理，去除突跳数据。

（3）对粗差处理后的数据进行 48 阶傅式拟合滤波，消除高频噪声。

（4）计算日变幅。

（5）计算加卸载响应比。

**2. 华南地区指标体系**

**1）资料概况**

（1）区域范围。

研究范围为 16°~30°N、104°~121°E 的区域。

（2）时间范围。

2008 年 1 月至 2016 年 12 月。

（3）台站分布。

华南地区地磁台站共 17 个，台站分布情况见图 4－4。

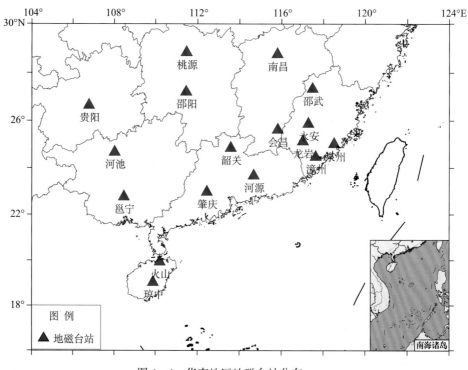

图 4－4　华南地区地磁台站分布

（4）地震选择。

选取 2008~2016 年，16°~30°N、104°~121°E，4.0 级以上地震（剔除台湾地震；使用 KK 法剔除余震），共 32 个。详见表 4－3 和图 4－5。

**2）指标体系**

（1）判据指标。

①阈值为 3.0，超过阈值为异常信号，加卸载响应比值四舍五入后取小数点后 1 位。

②若三个或者三个以上相邻台站在2天之内出现超阈值，视为准同步异常变化，作为一次异常。

③当加载日DST指数小于-30nT时，不作为异常。

（2）预测规则。

①发震时间。异常出现后6个月内。

②发震地点。发生在阈值线附近的可能性较大。

③发震强度。对应华南地区4.0级以上地震。

（3）预报效能。

表4-4给出了所有异常对应地震的情况，异常报对率＝有震异常/所有异常＝6/7＝86%。

表4-3 华南地区研究地震列表

| 序号 | 发震时间 | 震中经度 (°E) | 震中纬度 (°N) | 震级 $M$ | 参考地名 |
|---|---|---|---|---|---|
| 1 | 2008.02.01 | 104.88 | 28.33 | 4.4 | 四川宜宾 |
| 2 | 2008.03.06 | 118.67 | 26.37 | 4.4 | 福建水口 |
| 3 | 2008.05.06 | 104.52 | 25.95 | 4.1 | 贵州盘县 |
| 4 | 2008.07.05 | 117.83 | 24.60 | 4.4 | 福建长泰 |
| 5 | 2008.12.26 | 106.75 | 25.53 | 4.1 | 贵州罗甸 |
| 6 | 2009.01.17 | 104.22 | 26.90 | 4.1 | 贵州威宁 |
| 7 | 2009.03.22 | 104.18 | 26.88 | 4.7 | 贵州威宁 |
| 8 | 2009.11.20 | 105.62 | 28.95 | 4.3 | 四川泸州 |
| 9 | 2010.09.18 | 106.73 | 25.20 | 4.4 | 贵州罗甸 |
| 10 | 2010.10.04 | 105.75 | 25.52 | 4.4 | 贵州镇宁 |
| 11 | 2010.10.06 | 104.92 | 28.37 | 4.2 | 四川宜宾 |
| 12 | 2011.09.10 | 115.40 | 29.70 | 4.5 | 江西瑞昌 |
| 13 | 2011.11.06 | 105.73 | 25.48 | 4.2 | 贵州镇宁 |
| 14 | 2012.02.16 | 114.50 | 23.95 | 4.8 | 广东河源 |
| 15 | 2012.06.12 | 104.28 | 28.10 | 4.6 | 四川筠连 |
| 16 | 2012.08.31 | 114.67 | 23.81 | 4.2 | 广东河源 |
| 17 | 2012.09.07 | 104.03 | 27.56 | 5.7 | 云南彝良 |
| 18 | 2013.02.19 | 104.95 | 28.35 | 4.6 | 四川宜宾 |

| 序号 | 发震时间 | 震中经度<br>(°E) | 震中纬度<br>(°N) | 震级<br>M | 参考地名 |
|---|---|---|---|---|---|
| 19 | 2013.02.20 | 107.45 | 23.85 | 4.5 | 广西百色 |
| 20 | 2013.02.22 | 114.48 | 23.91 | 4.8 | 广东河源 |
| 21 | 2013.04.25 | 104.95 | 28.40 | 4.8 | 四川宜宾 |
| 22 | 2013.08.23 | 118.80 | 25.65 | 4.1 | 福建仙游 |
| 23 | 2013.09.04 | 118.75 | 25.64 | 4.8 | 福建仙游 |
| 24 | 2014.07.11 | 114.49 | 23.91 | 4.2 | 广东河源 |
| 25 | 2014.09.23 | 119.95 | 27.65 | 4.1 | 浙江文成 |
| 26 | 2014.10.25 | 120.00 | 27.65 | 4.2 | 浙江文成 |
| 27 | 2015.02.05 | 118.45 | 22.59 | 4.5 | 台湾海峡 |
| 28 | 2015.02.07 | 104.90 | 28.36 | 4.6 | 四川长宁 |
| 29 | 2015.03.30 | 108.85 | 26.55 | 5.5 | 贵州剑河 |
| 30 | 2015.11.19 | 105.77 | 25.49 | 4.1 | 贵州镇宁 |
| 31 | 2016.07.31 | 111.54 | 24.09 | 5.4 | 广西苍梧 |
| 32 | 2016.09.17 | 108.92 | 23.65 | 4.2 | 广西来宾 |

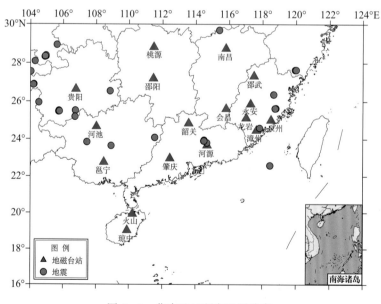

图 4-5　华南地区研究地震分布

表 4-4 华南地区加卸载响应比异常对应地震情况

| 序号 | 异常日期 | 对应地震 $M$ | 地震时间 |
|------|----------|--------------|----------|
| 1 | 2008.11.06 | 贵州罗甸 4.1 | 2008.12.26 |
| 2 | 2009.04.17 | 无 | |
| 3 | 2012.08.10 | 云南彝良 5.7 | 2012.09.07 |
| 4 | 2012.08.22 | 广东河源 4.2 | 2012.08.31 |
| 5 | 2013.02.09 | 广西百色 4.5<br>广东河源 4.8 | 2013.02.20<br>2013.02.22 |
| 6 | 2014.08.14 | 台湾海峡 4.5 | 2015.02.05 |
| 7 | 2014.12.22 | 贵州剑河 5.5 | 2015.03.30 |

表 4-5 给出了所有地震报对/漏报的情况，地震漏报率＝漏报地震/所有应报地震＝25/32＝78%。

表 4-5 加卸载响应比华南地区地震报对/漏报情况

| 序号 | 发震时间 | 震中经度<br>（°E） | 震中纬度<br>（°N） | 震级<br>$M$ | 参考地名 | 报对/漏报 |
|------|----------|---------|---------|------|----------|-----------|
| 1 | 2008.02.01 | 104.88 | 28.33 | 4.4 | 四川宜宾 | 漏报 |
| 2 | 2008.03.06 | 118.67 | 26.37 | 4.4 | 福建水口 | 漏报 |
| 3 | 2008.05.06 | 104.52 | 25.95 | 4.1 | 贵州盘县 | 漏报 |
| 4 | 2008.07.05 | 117.83 | 24.60 | 4.4 | 福建长泰 | 漏报 |
| 5 | 2008.12.26 | 106.75 | 25.53 | 4.1 | 贵州罗甸 | 报对 |
| 6 | 2009.01.17 | 104.22 | 26.90 | 4.1 | 贵州威宁 | 漏报 |
| 7 | 2009.03.22 | 104.18 | 26.88 | 4.7 | 贵州威宁 | 漏报 |
| 8 | 2009.11.20 | 105.62 | 28.95 | 4.3 | 四川泸州 | 漏报 |
| 9 | 2010.09.18 | 106.73 | 25.20 | 4.4 | 贵州罗甸 | 漏报 |
| 10 | 2010.10.04 | 105.75 | 25.52 | 4.4 | 贵州镇宁 | 漏报 |
| 11 | 2010.10.06 | 104.92 | 28.37 | 4.2 | 四川宜宾 | 漏报 |
| 12 | 2011.09.10 | 115.40 | 29.70 | 4.5 | 江西瑞昌 | 漏报 |
| 13 | 2011.11.06 | 105.73 | 25.48 | 4.2 | 贵州镇宁 | 漏报 |
| 14 | 2012.02.16 | 114.50 | 23.95 | 4.8 | 广东河源 | 漏报 |
| 15 | 2012.06.12 | 104.28 | 28.10 | 4.6 | 四川筠连 | 漏报 |
| 16 | 2012.08.31 | 114.67 | 23.81 | 4.2 | 广东河源 | 报对 |

| 序号 | 发震时间 | 震中经度<br>（°E） | 震中纬度<br>（°N） | 震级<br>$M$ | 参考地名 | 报对/漏报 |
|---|---|---|---|---|---|---|
| 17 | 2012.09.07 | 104.03 | 27.56 | 5.7 | 云南彝良 | 报对 |
| 18 | 2013.02.19 | 104.95 | 28.35 | 4.6 | 四川宜宾 | 漏报 |
| 19 | 2013.02.20 | 107.45 | 23.85 | 4.5 | 广西百色 | 报对 |
| 20 | 2013.02.22 | 114.48 | 23.91 | 4.8 | 广东河源 | 报对 |
| 21 | 2013.04.25 | 104.95 | 28.40 | 4.8 | 四川宜宾 | 漏报 |
| 22 | 2013.08.23 | 118.80 | 25.65 | 4.1 | 福建仙游 | 漏报 |
| 23 | 2013.09.04 | 118.75 | 25.64 | 4.8 | 福建仙游 | 漏报 |
| 24 | 2014.07.11 | 114.49 | 23.91 | 4.2 | 广东河源 | 漏报 |
| 25 | 2014.09.23 | 119.95 | 27.65 | 4.1 | 浙江文成 | 漏报 |
| 26 | 2014.10.25 | 120.00 | 27.65 | 4.2 | 浙江文成 | 漏报 |
| 27 | 2015.02.05 | 118.45 | 22.59 | 4.5 | 台湾海峡 | 报对 |
| 28 | 2015.02.07 | 104.90 | 28.36 | 4.6 | 四川长宁 | 漏报 |
| 29 | 2015.03.30 | 108.85 | 26.55 | 5.5 | 贵州剑河 | 报对 |
| 30 | 2015.11.19 | 105.77 | 25.49 | 4.1 | 贵州镇宁 | 漏报 |
| 31 | 2016.07.31 | 111.54 | 24.09 | 5.4 | 广西苍梧 | 漏报 |
| 32 | 2016.09.17 | 108.92 | 23.65 | 4.2 | 广西来宾 | 漏报 |

（4）建立过程。

使用不同阈值（2.9、3.0、3.1）进行异常和对应地震统计，各阈值加卸载响应比异常报对率见表4－6，采用异常报对率最高的3.0作为华南地区加卸载响应比阈值。

表4－6　华南地区各阈值加卸载响应比异常报对率

| 序号 | 阈值 | 异常总数/次 | 报对数/次 | 异常报对率/% |
|---|---|---|---|---|
| 1 | 2.9 | 8 | 6 | 75 |
| 2 | 3.0 | 7 | 6 | 86 |
| 3 | 3.1 | 6 | 5 | 83 |

## 3) 有震异常

表 4-7　华南地区加卸载响应比震例参数

| 序号 | 异常日期 | 极大值日 | 对应地震 $M$ | 地震时间 | 时间间隔（天） | 震中位置等值线值 |
|---|---|---|---|---|---|---|
| 1 | 2008.11.06 | 2008.11.04 | 贵州罗甸 4.1 | 2008.12.26 | 50 | 3.2 |
| 2 | 2012.08.10 | 2012.08.07 | 广东河源 4.2<br>云南彝良 5.7 | 2012.08.31<br>2012.09.07 | 21<br>28 | 3.6<br>3.3 |
| 3 | 2012.08.22 | 2012.08.19 | 广东河源 4.2 | 2012.08.31 | 9 | 3.4 |
| 4 | 2013.02.09 | 2013.02.07 | 广西百色 4.5<br>广东河源 4.8 | 2013.02.20<br>2013.02.22 | 13 | 3.0<br>3.1 |
| 5 | 2014.08.14 | 2014.08.11 | 台湾海峡 4.5 | 2015.02.05 | 175 | 2.9 |
| 6 | 2014.12.22 | 2014.12.20 | 贵州剑河 5.5 | 2015.03.30 | 98 | 2.8 |

（1）2008 年 12 月 26 日贵州罗甸 4.1 级地震。

震前 50 天即 2008 年 11 月 6 日出现异常，地震位于异常区域内，震中位置加卸载响应比等值线值为 3.2（图 4-6、图 4-7）。

（2）2012 年 8 月 31 日广东河源 4.2 级地震。

震前出现两次异常，分别是 2012 年 8 月 10 日和 8 月 22 日，距离发震时间间隔 21 和 9 天，地震位于两次异常的异常区域内，震中位置加卸载响应比等值线值分别为 3.6 和 3.4（图 4-8、图 4-9、图 4-10）。2012 年 8 月 10 日的异常还对应了 9 月 7 日云南彝良 5.7 级地震。

（3）2013 年 2 月 20 日广西百色 4.5 级和 2013 年 2 月 22 日广东河源 4.8 级地震。

2013 年 2 月 9 日出现异常，距离 2 次地震发生分别是 11 和 13 天，广西百色 4.5 级地震位于异常区域西侧阈值 3.0 等值线上，广东河源 4.8 级地震震中加卸载响应比等值线值为 3.1（图 4-11、图 4-12）。

（4）2015 年 2 月 5 日台湾海峡 4.5 级地震。

震前 175 天出现异常，地震位于异常区域内东侧，震中位置加卸载响应比等值线值为 2.9（图 4-13、图 4-14）。

（5）2015 年 3 月 30 日贵州剑河 5.5 级地震。

震前 98 天出现异常，地震位于异常区域内西侧，震中位置加卸载响应比等值线值为 2.8（图 4-15、图 4-16）。

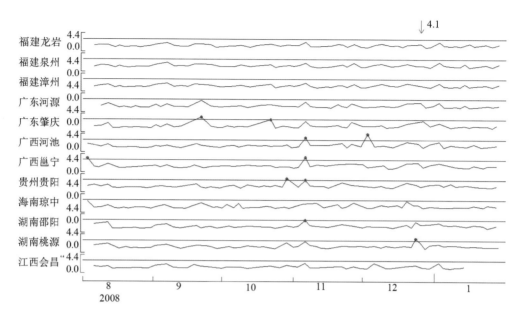

图 4-6　2008 年 11 月 6 日加卸载响应比异常曲线

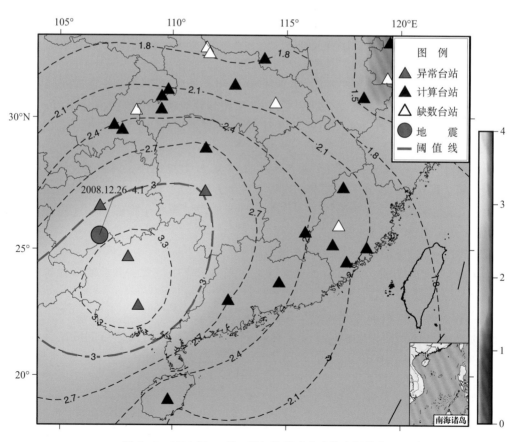

图 4-7　2008 年 11 月 6 日加卸载响应比值空间分布

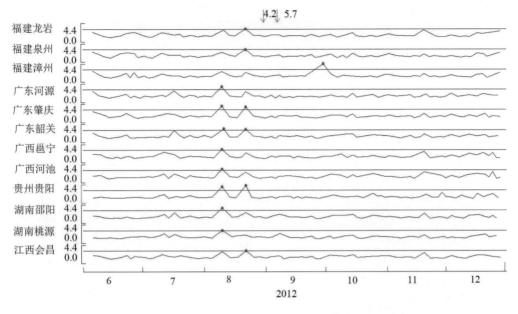

图 4 - 8　2012 年 8 月 10 日和 8 月 22 日加卸载响应比异常曲线

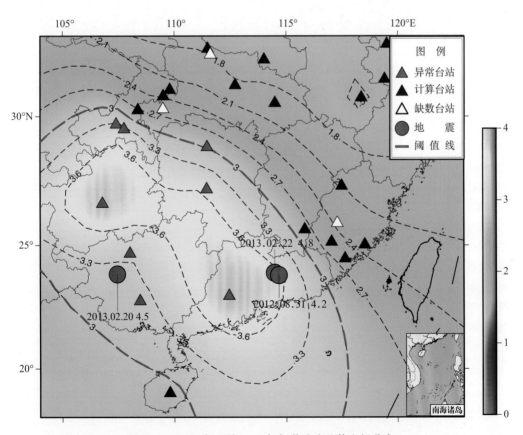

图 4 - 9　2012 年 8 月 10 日加卸载响应比值空间分布

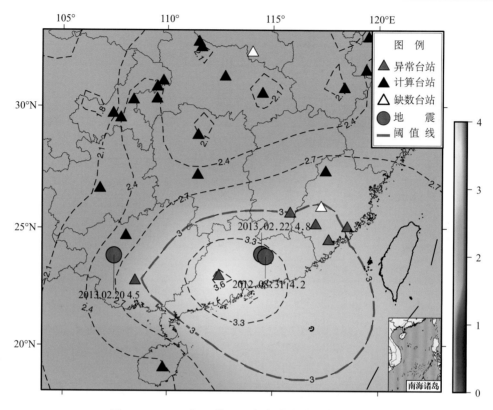

图 4 - 10　2012 年 8 月 22 日加卸载响应比值空间分布

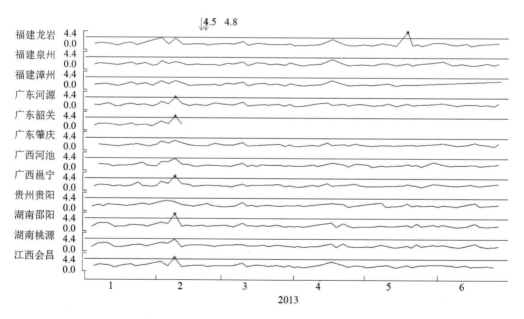

图 4 - 11　2013 年 2 月 9 日加卸载响应比异常曲线

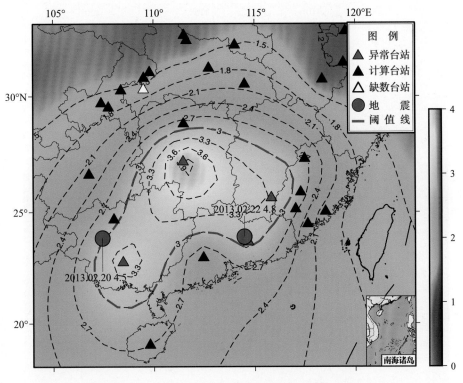

图4-12　2013年2月9日加卸载响应比值空间分布

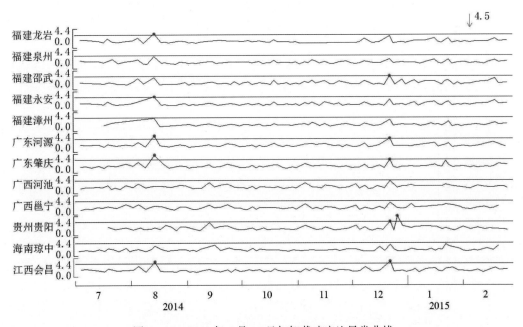

图4-13　2014年8月14日加卸载响应比异常曲线

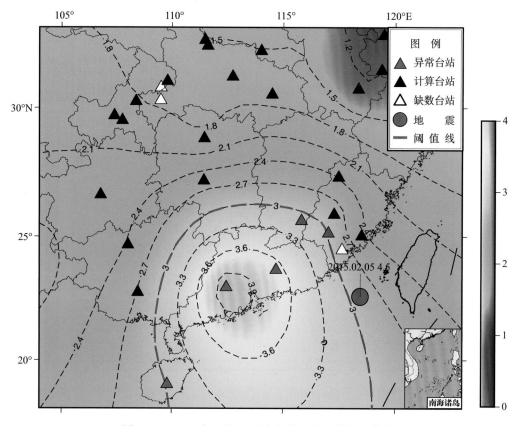

图 4－14　2014 年 8 月 14 日加卸载响应比值空间分布

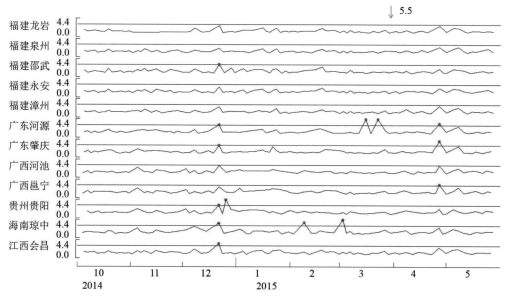

图 4－15　2014 年 12 月 22 日加卸载响应比异常曲线

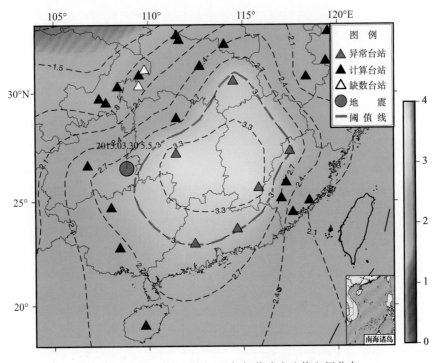

图 4－16　2014 年 12 月 22 日加卸载响应比值空间分布

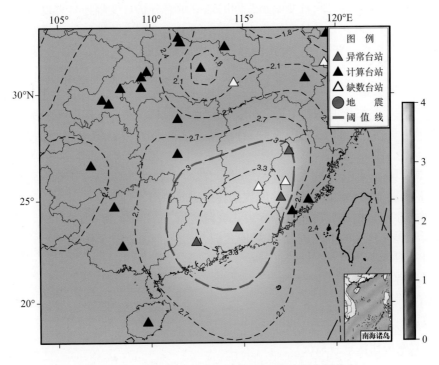

图 4－17　2009 年 4 月 17 日加卸载响应比值空间分布

### 4) 虚报异常

2009 年 4 月 17 日华南地区 6 个台站出现加卸载响应比异常，异常台站分别是南昌、邵武、龙岩、韶关、河源和肇庆。异常出现后 6 个月内华南地区未发生 4.0 级以上地震（图 4 -17）。

## 4.2.3　地磁逐日比法

### 1. 方法概述

#### 1) 基本原理

地磁逐日比（以下简称逐日比）是地磁垂直分量某一天和后一天日变化幅度的比值：

$$逐日比 \ Y = \frac{R_z(t_1)}{R_z(t_2)}$$

$$R_z(t)：某日垂直分量日变化幅度$$

$$t_2 = t_1 + 1$$

逐日比日期为 $t_2$（后一天）的日期。

#### 2) 地磁垂直分量日变幅变化特征

在时间上，地磁垂直分量日变幅具有以 11 年为周期的太阳周变化，太阳活动强的时间日变幅大，太阳活动弱的时间日变幅小；同时地磁垂直分量日变幅还具有夏高冬低的年变化特征，即夏季日变幅大，冬季日变幅小。而在空间上，中国大陆地区地磁场垂直分量日变幅在 25°N 附近存在拐点，在 15°~25°N 随纬度的增加而增加，在 25°~50°N 随纬度的增加而减小（李军辉，2012）。

#### 3) 可用仪器介绍

现有中国地磁台网中心的所有的三分量地磁连续观测仪器，采样率在 1 次/分钟以上的，主要包括 FHD 系列、GM4 磁通门系列、FHDZ - M15 系列等，均可用于加卸载响应比的计算。

#### 4) 计算步骤

（1）将下载的垂直分量分量分钟值数据转换成北京时。

（2）对北京时数据进行粗差处理，去除突跳数据。

（3）对粗差处理后的数据进行 48 阶傅式拟合滤波，消除高频噪声。

（4）计算日变幅。

（5）计算逐日比。

### 2. 华南地区指标体系

#### 1) 资料概况

同加卸载响应比法资料概况。

**2）指标体系**

（1）判据指标：

①阈值为2.8，超过阈值为异常信号，逐日比值四舍五入后取小数点后1位。

②若三个或者三个以上相邻台站在出现超阈值，作为一次异常。

③当异常日前一日的DST指数小于−70nT，不作为异常。

（2）预测规则：

①发震时间。

发震时间为异常出现后6个月内（个别地震可达7个月），若两个异常间隔在6个月内，且异常区域有交会或者相隔不远，则视为同一组异常，预报时效以最后一组异常时间为准。

②发震地点。

地震发生在阈值线2.8等值线附近。

③发震强度。

异常对应后续4.0级以上地震。

（3）预报效能。

表4−8给出了所有异常对应地震的情况，异常报对率＝有震异常/所有异常＝2/3＝67%。

**表4−8　华南地区逐日比异常对应地震情况**

| 序号 | 异常日期 | 对应地震 M | 地震时间 |
|---|---|---|---|
| 1 | 2008.12.24 | 无 | 无 |
| 2 | 2014.12.22 | 贵州剑河 5.5 | 2015.03.30 |
| 3 | 2015.04.27 | 贵州镇宁 4.1 | 2015.11.19 |

表4−9给出了所有地震报对/漏报的情况，地震漏报率＝漏报地震/所有应报地震＝30/32＝94%。

**表4−9　逐日比华南地区地震报对/漏报情况**

| 序号 | 发震时间 | 震中经度（°E） | 震中纬度（°N） | 震级 M | 参考地名 | 报对/漏报 |
|---|---|---|---|---|---|---|
| 1 | 2008.02.01 | 104.88 | 28.33 | 4.4 | 四川宜宾 | 漏报 |
| 2 | 2008.03.06 | 118.67 | 26.37 | 4.4 | 福建水口 | 漏报 |
| 3 | 2008.05.06 | 104.52 | 25.95 | 4.1 | 贵州盘县 | 漏报 |
| 4 | 2008.07.05 | 117.83 | 24.60 | 4.4 | 福建长泰 | 漏报 |
| 5 | 2008.12.26 | 106.75 | 25.53 | 4.1 | 贵州罗甸 | 漏报 |

| 序号 | 发震时间 | 震中经度（°E） | 震中纬度（°N） | 震级 M | 参考地名 | 报对/漏报 |
|------|----------|----------------|----------------|--------|----------|-----------|
| 6 | 2009.01.17 | 104.22 | 26.90 | 4.1 | 贵州威宁 | 漏报 |
| 7 | 2009.03.22 | 104.18 | 26.88 | 4.7 | 贵州威宁 | 漏报 |
| 8 | 2009.11.20 | 105.62 | 28.95 | 4.3 | 四川泸州 | 漏报 |
| 9 | 2010.09.18 | 106.73 | 25.20 | 4.4 | 贵州罗甸 | 漏报 |
| 10 | 2010.10.04 | 105.75 | 25.52 | 4.4 | 贵州镇宁 | 漏报 |
| 11 | 2010.10.06 | 104.92 | 28.37 | 4.2 | 四川宜宾 | 漏报 |
| 12 | 2011.09.10 | 115.40 | 29.70 | 4.5 | 江西瑞昌 | 漏报 |
| 13 | 2011.11.06 | 105.73 | 25.48 | 4.2 | 贵州镇宁 | 漏报 |
| 14 | 2012.02.16 | 114.50 | 23.95 | 4.8 | 广东河源 | 漏报 |
| 15 | 2012.06.12 | 104.28 | 28.10 | 4.6 | 四川筠连 | 漏报 |
| 16 | 2012.08.31 | 114.67 | 23.81 | 4.2 | 广东河源 | 漏报 |
| 17 | 2012.09.07 | 104.03 | 27.56 | 5.7 | 云南彝良 | 漏报 |
| 18 | 2013.02.19 | 104.95 | 28.35 | 4.6 | 四川宜宾 | 漏报 |
| 19 | 2013.02.20 | 107.45 | 23.85 | 4.5 | 广西百色 | 漏报 |
| 20 | 2013.02.22 | 114.48 | 23.91 | 4.8 | 广东河源 | 漏报 |
| 21 | 2013.04.25 | 104.95 | 28.40 | 4.8 | 四川宜宾 | 漏报 |
| 22 | 2013.08.23 | 118.80 | 25.65 | 4.1 | 福建仙游 | 漏报 |
| 23 | 2013.09.04 | 118.75 | 25.64 | 4.8 | 福建仙游 | 漏报 |
| 24 | 2014.07.11 | 114.49 | 23.91 | 4.2 | 广东河源 | 漏报 |
| 25 | 2014.09.23 | 119.95 | 27.65 | 4.1 | 浙江文成 | 漏报 |
| 26 | 2014.10.25 | 120.00 | 27.65 | 4.2 | 浙江文成 | 漏报 |
| 27 | 2015.02.05 | 118.45 | 22.59 | 4.5 | 台湾海峡 | 漏报 |
| 28 | 2015.02.07 | 104.90 | 28.36 | 4.6 | 四川长宁 | 漏报 |
| 29 | 2015.03.30 | 108.85 | 26.55 | 5.5 | 贵州剑河 | 报对 |
| 30 | 2015.11.19 | 105.77 | 25.49 | 4.1 | 贵州镇宁 | 报对 |
| 31 | 2016.07.31 | 111.54 | 24.09 | 5.4 | 广西苍梧 | 漏报 |
| 32 | 2016.09.17 | 108.92 | 23.65 | 4.2 | 广西来宾 | 漏报 |

（4）建立过程。

使用不同阈值（2.6、2.7、2.8、2.9）进行异常和对应地震统计，各阈值逐日比异常报对率见表4-10，采用异常报对率最高的2.8作为华南地区逐日比阈值，其他异常判据和预测规则采用逐日比全国通用指标。

表 4-10　华南地区各阈值逐日比异常报对率

| 阈值 | 异常总数/次 | 报对数/次 | 异常报对率/% |
|---|---|---|---|
| 2.6 | 11 | 4 | 36 |
| 2.7 | 4 | 2 | 50 |
| 2.8 | 3 | 2 | 67 |
| 2.9 | 2 | 1 | 50 |

### 3）有震异常

表 4-11　华南地区逐日比震例参数

| 序号 | 异常日期 | 对应地震 $M$ | 地震时间 | 时间间隔（天） | 震中位置等值线值 |
|---|---|---|---|---|---|
| 1 | 2014. 12. 22 | 贵州剑河 5.5 | 2015. 03. 30 | 98 | 2.9 |
| 2 | 2015. 04. 27 | 贵州镇宁 4.1 | 2015. 11. 19 | 206 | 2.6 |

（1）2015 年 3 月 30 日贵州剑河 5.5 级地震。

震前 98 天出现异常，地震位于异常区域内，震中位置逐日比等值线值为 2.9（图 4-18、图 4-19）。

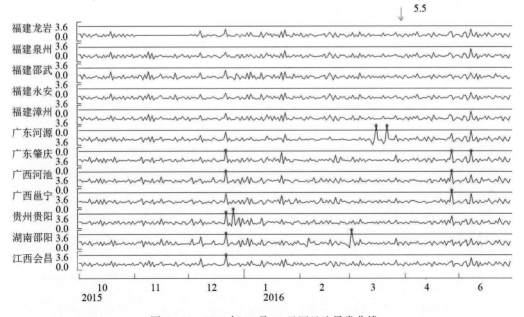

图 4-18　2014 年 12 月 22 日逐日比异常曲线

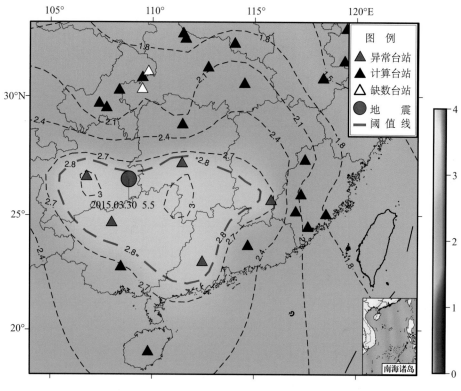

图 4-19 2014 年 12 月 22 日逐日比值空间分布

（2）2015 年 11 月 19 日贵州镇宁 5.1 级地震。

震前 206 天出现异常，地震位于异常区域西侧外，震中位置逐日比等值线值为 2.6（图 4-20、图 4-21）。

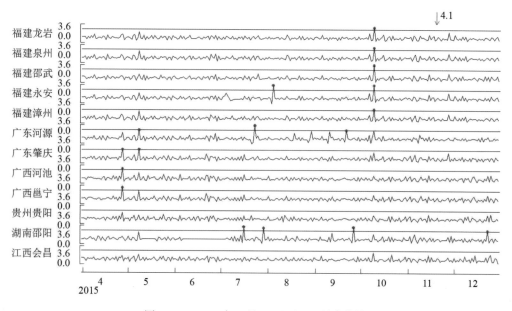

图 4-20 2015 年 4 月 27 日逐日比异常曲线

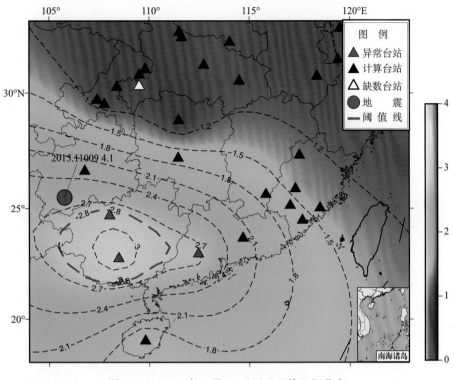

图 4 - 21 2015 年 4 月 27 日逐日比值空间分布

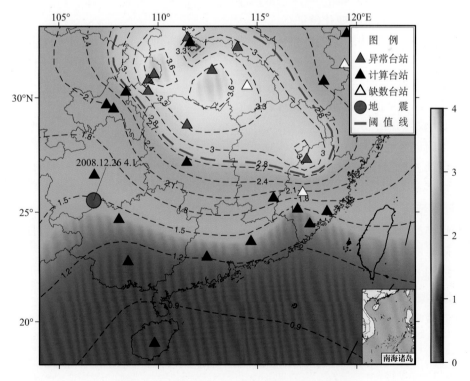

图 4 - 22 2015 年 4 月 27 日逐日比值空间分布

4) 虚报异常

2008 年 12 月 24 日华南地区 3 个台站出现逐日比异常，异常台站分别是南昌、邵武和桃源。异常出现后 6 个月内华南地区发生 1 次 4.0 级以上地震，地震位于广西和贵州交界地区，距离异常区域较远（图 4 - 22）。

## 4.3　短期预测指标

### 4.3.1　地磁低点位移法

**1. 方法概述**

**1) 基本原理**

地磁低点位移（以下简称低点位移）异常反应的是地磁垂直分量日变化畸变的相位变化信息，地磁日变化在相位上的特点常用极大值和极小值出现时间来表达，即极大值时间和极小值时间，地磁低点位移法采用分析资料是地磁垂直分量日变化极小值时间，简称低点时间。

低点时间一般出现在地方时 12 时左右，而在某些日期，一个大区域的低点时间明显地与另一个大区域的低点时间不同，而每个大区域内部低点时间又基本一致，两个区域之间有明显的突变分界线，并且两个区域之间的低点时间相差在两小时以上，这种现象称为地磁低点位移异常（丁鉴海，1994）。

**2) 采用物理量的基本变化特征**

地磁低点位移法采用的物理量为地磁垂直分量，分析对象为该分量日变化的低点时间。我国位于中低纬度，在磁静日地磁垂直分量日变化形态类似 V 字形，低点时间不随纬度变化，一般为地方时 12 时左右，并依经度由东向西每度延迟 4 分钟（1 小时/15 度），因此，整体上低点时间在空间上呈现为缓变过程。

**3) 可用仪器介绍**

目前华南地区地磁台站的具备地磁垂直分量连续观测的仪器，采样率在 1 次/分钟以上的，主要包括 FHD 系列仪器、GM4 磁通门系列、FHDZ-M15 系列等仪器产生的低点时间均可用于分析。

**4) 计算步骤**

下载台站的地磁垂直分量分钟值数据，提取台站当日垂直分量日变低点值对应的低点时间，在地图对应台站上标注时间，然后判定异常分界线。

**2. 华南地区指标体系**

**1) 资料概况**

同加卸载响应比法资料概况。

**2) 指标体系**

（1）判据指标。

这里采用 2 小时的异常判定规则，即当两个区域的地磁垂直分量低点时间相差超过 2 个小时时，即判定两个区域分界线为异常线。

（2）预测规则。

发震时间：异常日后 60 天内。

发震地点：异常线附近 200km 范围。

发震强度：华南地区 4.0 级以上地震。

（3）预报效能。

表 4-12 给出了所有异常对应地震的情况，异常报对率＝有震异常/所有异常＝9/35＝26%。

**表 4-12　华南地区低点位移异常对应地震情况**

| 序号 | 异常日期 | 对应地震 $M$ | 地震时间 | 序号 | 异常日期 | 对应地震 $M$ | 地震时间 |
|------|----------|--------------|----------|------|----------|--------------|----------|
| 1 | 2008.01.29 | 无 | | 19 | 2012.12.21 | 广东河源 4.8 | 2013.02.22 |
| 2 | 2008.05.09 | 无 | | 20 | 2012.12.29 | 广东河源 4.8 | 2013.02.22 |
| 3 | 2008.06.22 | 福建长泰 4.4 | 2008.07.05 | 21 | 2013.01.26 | 广东河源 4.8<br>广西百色 4.5 | 2013.02.22<br>2013.02.20 |
| 4 | 2008.08.12 | 无 | | 22 | 2013.02.09 | 广东河源 4.8 | 2013.02.22 |
| 5 | 2009.01.25 | 无 | | 23 | 2013.07.01 | 无 | |
| 6 | 2009.02.05 | 无 | | 24 | 2013.07.18 | 无 | |
| 7 | 2009.02.07 | 无 | | 25 | 2013.11.30 | 无 | |
| 8 | 2009.03.06 | 无 | | 26 | 2014.05.06 | 无 | |
| 9 | 2009.11.13 | 无 | | 27 | 2015.01.06 | 无 | |
| 10 | 2010.01.14 | 无 | | 28 | 2015.01.07 | 无 | |
| 11 | 2010.01.31 | 无 | | 29 | 2015.02.01 | 贵州剑河 5.5 | 2015.03.30 |
| 12 | 2010.02.01 | 无 | | 30 | 2015.04.27 | 无 | |
| 13 | 2010.08.02 | 无 | | 31 | 2015.11.03 | 无 | |
| 14 | 2011.05.25 | 无 | | 32 | 2015.11.04 | 无 | |
| 15 | 2011.11.25 | 无 | | 33 | 2016.06.29 | 广西苍梧 5.4 | 2016.07.31 |
| 16 | 2012.02.02 | 无 | | 34 | 2016.12.06 | 无 | |
| 17 | 2012.06.27 | 广东河源 4.2 | 2012.08.31 | 35 | 2016.12.09 | 无 | |
| 18 | 2012.07.29 | 广东河源 4.2 | 2012.08.31 | | | | |

表 4-13 给出了所有地震报对/漏报的情况，地震漏报率＝漏报地震/所有应报地震＝26/32＝81%。

表 4 – 13　低点位移华南地区地震报对/漏报情况

| 序号 | 发震时间 | 震中经度<br>（°E） | 震中纬度<br>（°N） | 震级<br>M | 参考地名 | 报对/漏报 |
|---|---|---|---|---|---|---|
| 1 | 2008.02.01 | 104.88 | 28.33 | 4.4 | 四川宜宾 | 漏报 |
| 2 | 2008.03.06 | 118.67 | 26.37 | 4.4 | 福建水口 | 漏报 |
| 3 | 2008.05.06 | 104.52 | 25.95 | 4.1 | 贵州盘县 | 漏报 |
| 4 | 2008.07.05 | 117.83 | 24.60 | 4.4 | 福建长泰 | 报对 |
| 5 | 2008.12.26 | 106.75 | 25.53 | 4.1 | 贵州罗甸 | 漏报 |
| 6 | 2009.01.17 | 104.22 | 26.90 | 4.1 | 贵州威宁 | 漏报 |
| 7 | 2009.03.22 | 104.18 | 26.88 | 4.7 | 贵州威宁 | 漏报 |
| 8 | 2009.11.20 | 105.62 | 28.95 | 4.3 | 四川泸州 | 漏报 |
| 9 | 2010.09.18 | 106.73 | 25.20 | 4.4 | 贵州罗甸 | 漏报 |
| 10 | 2010.10.04 | 105.75 | 25.52 | 4.4 | 贵州镇宁 | 漏报 |
| 11 | 2010.10.06 | 104.92 | 28.37 | 4.2 | 四川宜宾 | 漏报 |
| 12 | 2011.09.10 | 115.40 | 29.70 | 4.5 | 江西瑞昌 | 漏报 |
| 13 | 2011.11.06 | 105.73 | 25.48 | 4.2 | 贵州镇宁 | 漏报 |
| 14 | 2012.02.16 | 114.50 | 23.95 | 4.8 | 广东河源 | 漏报 |
| 15 | 2012.06.12 | 104.28 | 28.10 | 4.6 | 四川筠连 | 漏报 |
| 16 | 2012.08.31 | 114.67 | 23.81 | 4.2 | 广东河源 | 报对 |
| 17 | 2012.09.07 | 104.03 | 27.56 | 5.7 | 云南彝良 | 漏报 |
| 18 | 2013.02.19 | 104.95 | 28.35 | 4.6 | 四川宜宾 | 漏报 |
| 19 | 2013.02.20 | 107.45 | 23.85 | 4.5 | 广西百色 | 报对 |
| 20 | 2013.02.22 | 114.48 | 23.91 | 4.8 | 广东河源 | 报对 |
| 21 | 2013.04.25 | 104.95 | 28.40 | 4.8 | 四川宜宾 | 漏报 |
| 22 | 2013.08.23 | 118.80 | 25.65 | 4.1 | 福建仙游 | 漏报 |
| 23 | 2013.09.04 | 118.75 | 25.64 | 4.8 | 福建仙游 | 漏报 |
| 24 | 2014.07.11 | 114.49 | 23.91 | 4.2 | 广东河源 | 漏报 |
| 25 | 2014.09.23 | 119.95 | 27.65 | 4.1 | 浙江文成 | 漏报 |
| 26 | 2014.10.25 | 120.00 | 27.65 | 4.2 | 浙江文成 | 漏报 |
| 27 | 2015.02.05 | 118.45 | 22.59 | 4.5 | 台湾海峡 | 漏报 |
| 28 | 2015.02.07 | 104.90 | 28.36 | 4.6 | 四川长宁 | 漏报 |
| 29 | 2015.03.30 | 108.85 | 26.55 | 5.5 | 贵州剑河 | 报对 |
| 30 | 2015.11.19 | 105.77 | 25.49 | 4.1 | 贵州镇宁 | 漏报 |
| 31 | 2016.07.31 | 111.54 | 24.09 | 5.4 | 广西苍梧 | 报对 |
| 32 | 2016.09.17 | 108.92 | 23.65 | 4.2 | 广西来宾 | 漏报 |

## 3) 有震异常

表 4 - 14　华南地区低点位移震例参数

| 序号 | 异常日期 | 地震 M | 空间距离（km） | 时间间隔（天） |
|------|----------|--------|----------------|----------------|
| 1 | 2008.06.22 | 福建长泰4.4 | 24 | 13 |
| 2 | 2012.06.27 | 广东河源4.2 | 155 | 65 |
| 3 | 2012.07.29 | 广东河源4.2 | 101 | 33 |
| 4 | 2012.12.21 | 广东河源4.8 | 93 | 63 |
| 5 | 2012.12.29 | 广东河源4.8 | 62 | 55 |
| 6 | 2013.01.26 | 广东河源4.8<br>广西百色4.5 | 93<br>40 | 27<br>25 |
| 7 | 2013.02.09 | 广东河源4.8 | 126 | 13 |
| 8 | 2015.02.01 | 贵州剑河5.5 | 18 | 57 |
| 9 | 2016.06.29 | 广西苍梧5.4 | 110 | 32 |

（1）2008 年 7 月 5 日福建长泰 4.4 级地震。

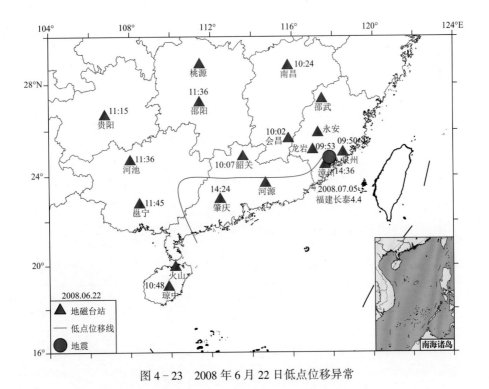

图 4 - 23　2008 年 6 月 22 日低点位移异常

（2）2012年8月31日广东河源4.2级地震。

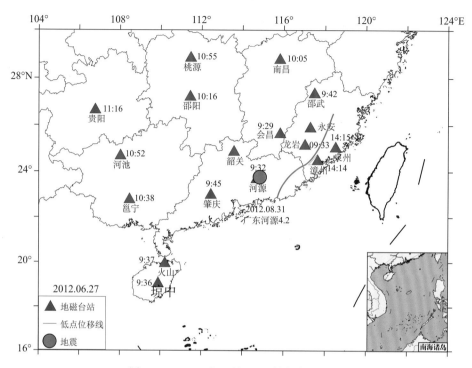

图 4-24　2012年6月27日低点位移异常

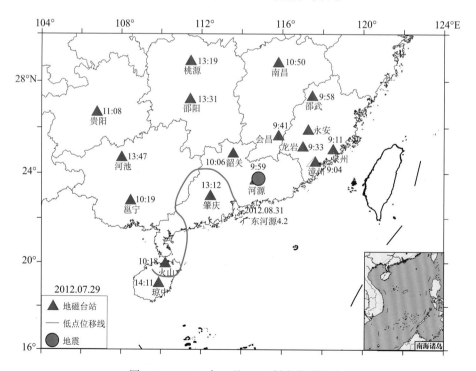

图 4-25　2012年7月29日低点位移异常

（3）2013年2月20日广西百色4.5级地震。

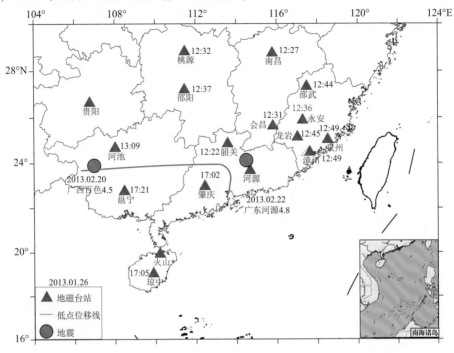

图4-26　2013年1月26日低点位移异常

（4）2013年2月22日广东河源4.8级地震。

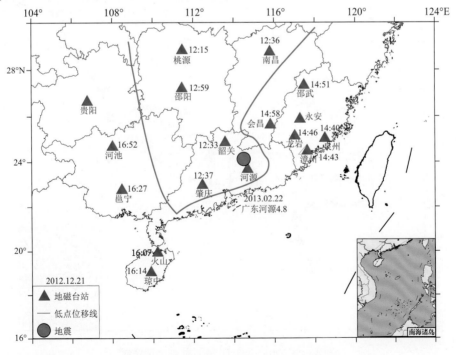

图4-27　2012年12月21日低点位移异常

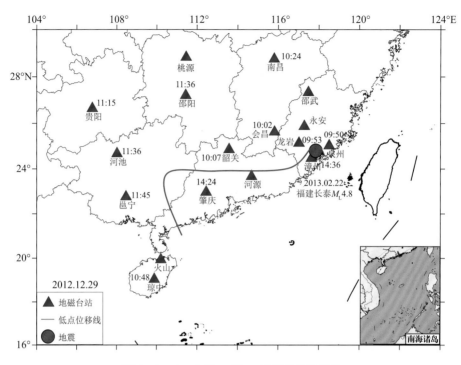

图 4 - 28   2012 年 12 月 29 日低点位移异常

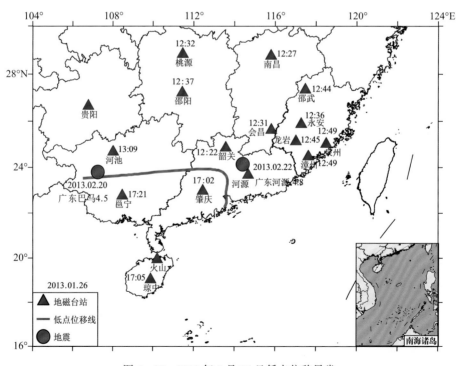

图 4 - 29   2013 年 1 月 26 日低点位移异常

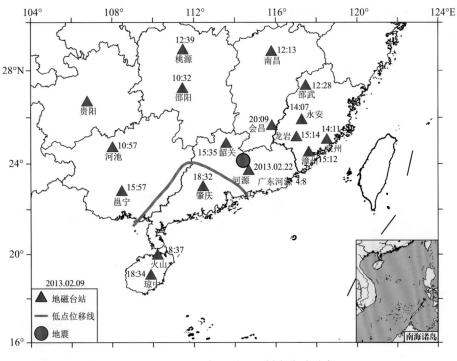

图 4-30　2013 年 2 月 9 日低点位移异常

（5）2015 年 3 月 30 日贵州剑河 5.5 级地震。

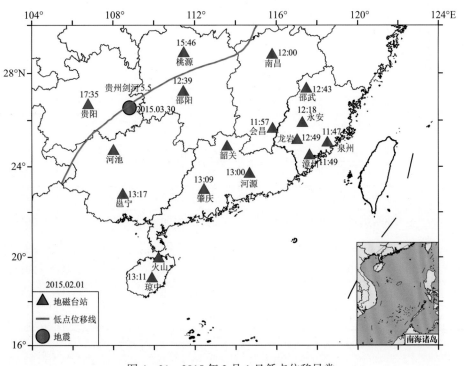

图 4-31　2015 年 2 月 1 日低点位移异常

（6）2012 年 8 月 31 日广西苍梧 5.4 级地震。

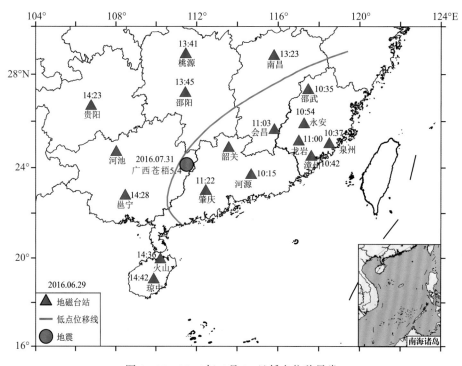

图 4－32　2016 年 6 月 29 日低点位移异常

## 4）虚报异常

表 4－15　华南地区低点位移虚报异常

| 序号 | 异常日期 | 序号 | 异常日期 | 序号 | 异常日期 |
|---|---|---|---|---|---|
| 1 | 2008.01.29 | 10 | 2010.01.31 | 19 | 2014.05.06 |
| 2 | 2008.05.09 | 11 | 2010.02.01 | 20 | 2015.01.06 |
| 3 | 2008.08.12 | 12 | 2010.08.02 | 21 | 2015.01.07 |
| 4 | 2009.01.25 | 13 | 2011.05.25 | 22 | 2015.04.27 |
| 5 | 2009.02.05 | 14 | 2011.11.25 | 23 | 2015.11.03 |
| 6 | 2009.02.07 | 15 | 2012.02.02 | 24 | 2015.11.04 |
| 7 | 2009.03.06 | 16 | 2013.07.01 | 25 | 2016.12.06 |
| 8 | 2009.11.13 | 17 | 2013.07.18 | 26 | 2016.12.09 |
| 9 | 2010.01.14 | 18 | 2013.11.30 | | |

（1）2008年1月29日异常。

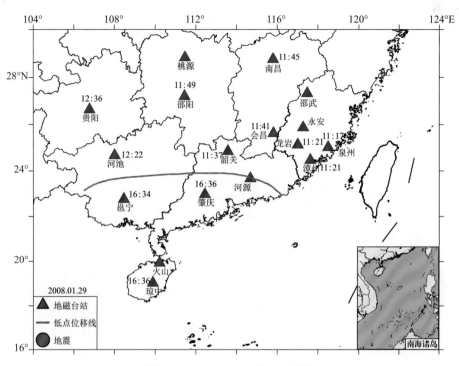

图4-33　2008年1月29日异常

（2）2008年5月9日异常。

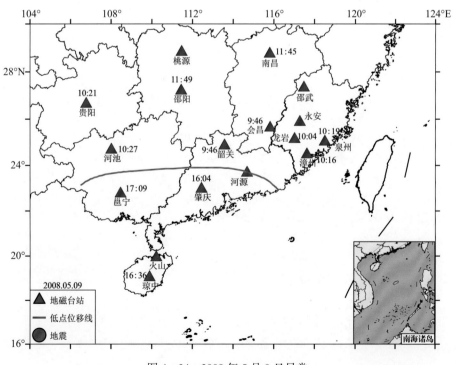

图4-34　2008年5月9日异常

（3）2008 年 8 月 12 日异常。

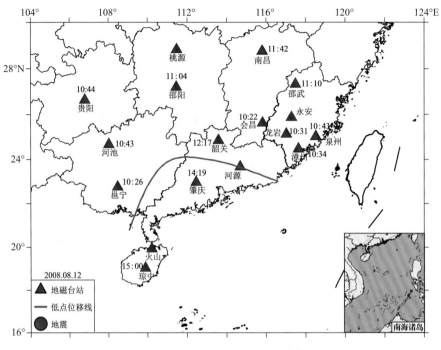

图 4-35　2008 年 8 月 12 日异常

（4）2009 年 1 月 25 日异常。

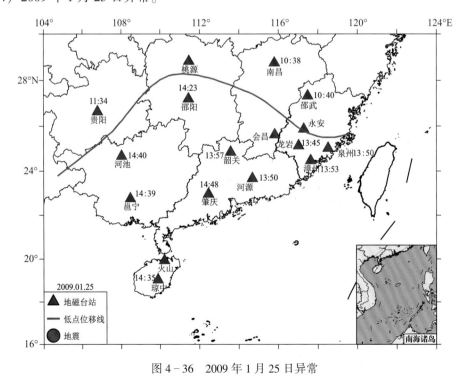

图 4-36　2009 年 1 月 25 日异常

（5）2009 年 2 月 5 日异常。

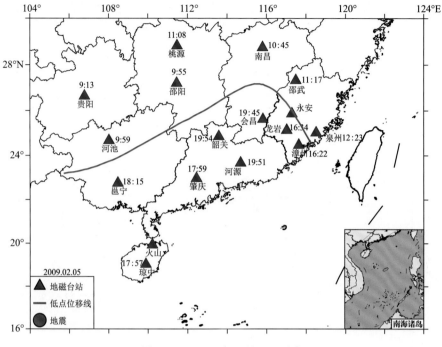

图 4-37　2009 年 2 月 5 日异常

（6）2009 年 2 月 7 日异常。

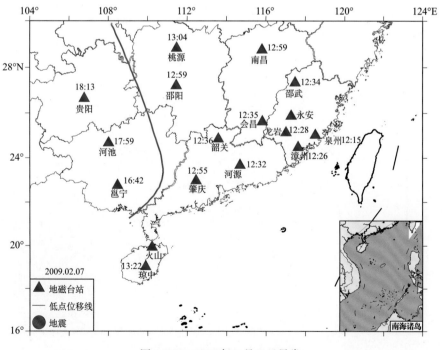

图 4-38　2009 年 2 月 7 日异常

（7）2009 年 3 月 6 日异常。

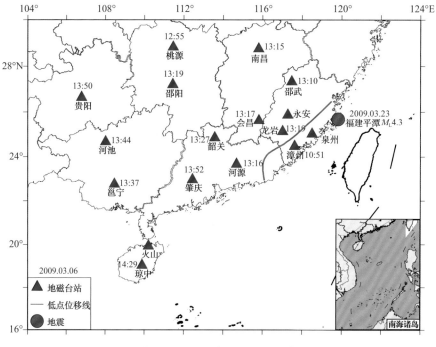

图 4 - 39　2009 年 3 月 6 日异常

（8）2009 年 11 月 13 日异常。

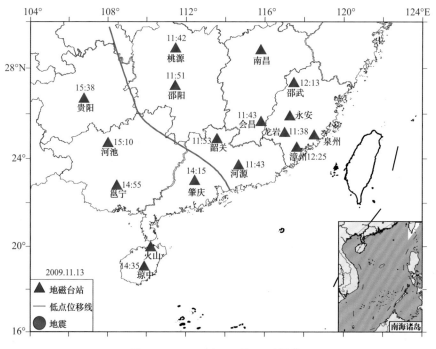

图 4 - 40　2009 年 11 月 13 日异常

（9）2010 年 1 月 14 日异常。

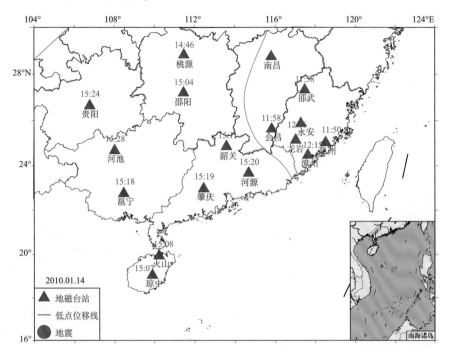

图 4-41　2010 年 1 月 14 日异常

（10）2010 年 1 月 31 日异常。

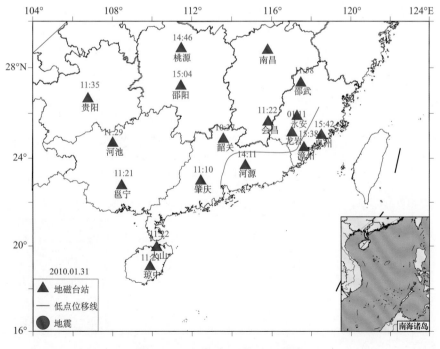

图 4-42　2010 年 1 月 31 日异常

（11）2010 年 2 月 1 日异常。

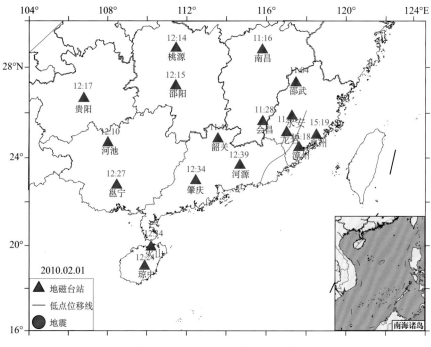

图 4 - 43  2010 年 2 月 1 日异常

（12）2010 年 8 月 2 日异常。

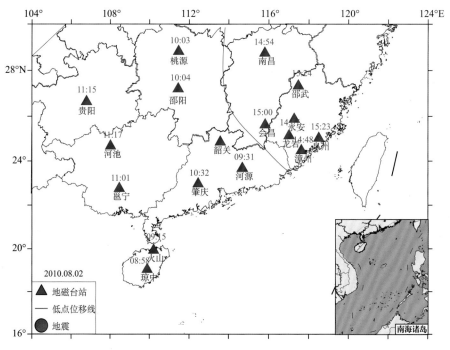

图 4 - 44  2010 年 8 月 2 日异常

（13）2011 年 5 月 25 日异常。

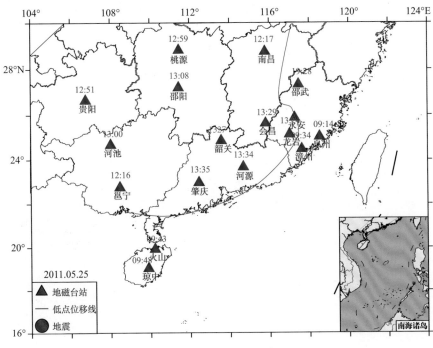

图 4 - 45　2011 年 5 月 25 日异常

（14）2011 年 11 月 25 日异常。

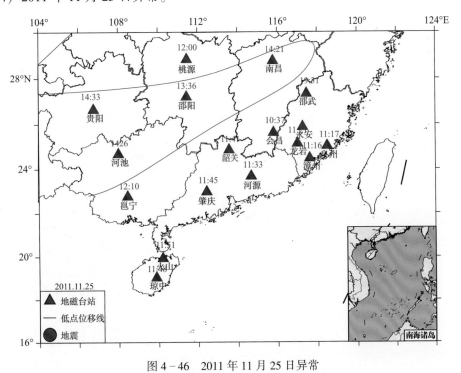

图 4 - 46　2011 年 11 月 25 日异常

（15）2012 年 2 月 2 日异常。

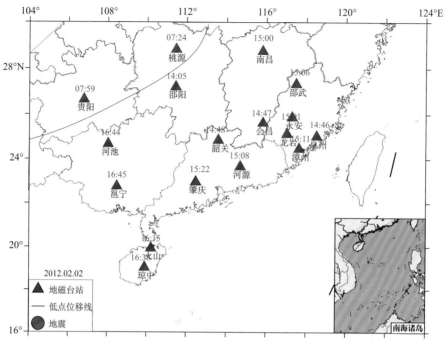

图 4-47　2012 年 2 月 2 日异常

（16）2013 年 7 月 1 日异常。

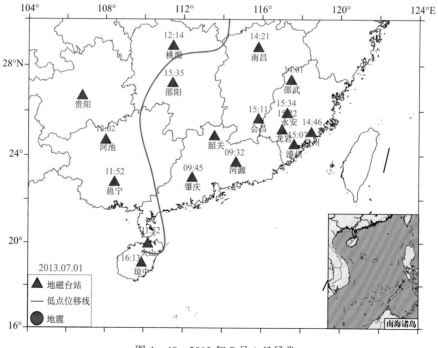

图 4-48　2013 年 7 月 1 日异常

（17）2013 年 7 月 18 日异常。

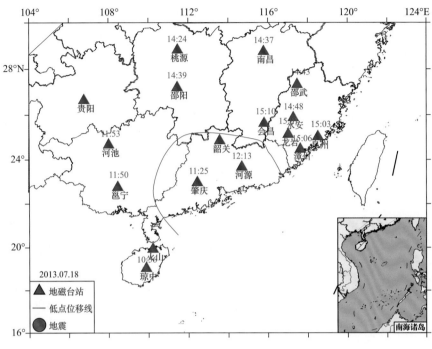

图 4-49　2013 年 7 月 18 日异常

（18）2013 年 11 月 30 日异常。

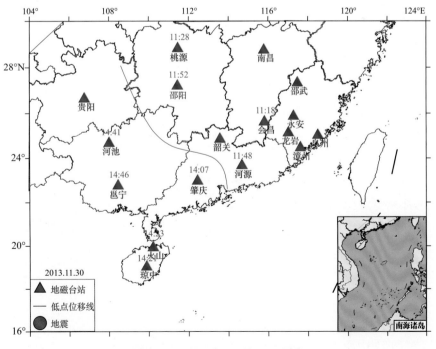

图 4-50　2013 年 11 月 30 日异常

（19）2014 年 5 月 6 日异常。

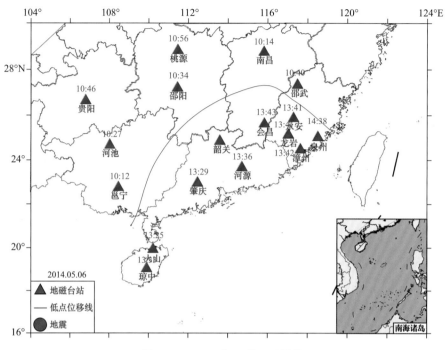

图 4 - 51　2014 年 5 月 6 日异常

（20）2015 年 1 月 6 日异常。

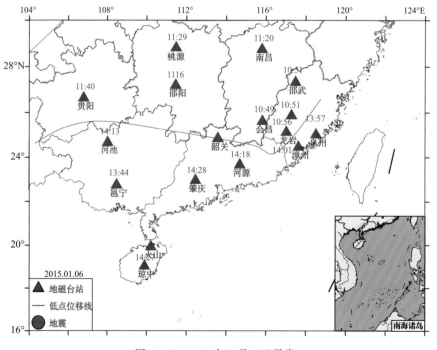

图 4 - 52　2015 年 1 月 6 日异常

（21）2015 年 1 月 7 日异常。

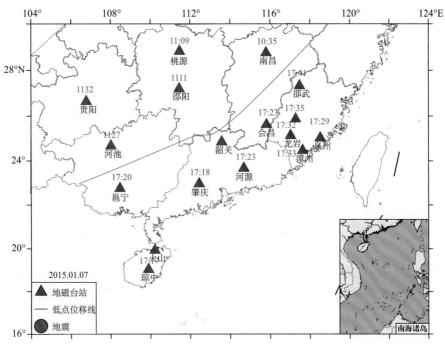

图 4-53　2014 年 1 月 7 日异常

（22）2015 年 4 月 27 日异常。

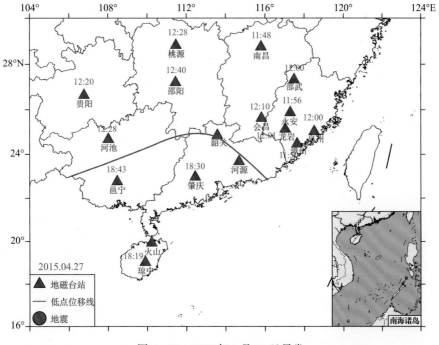

图 4-54　2015 年 4 月 27 日异常

（23）2015 年 11 月 3 日异常。

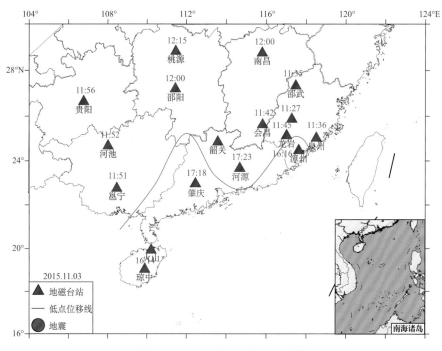

图 4 - 55　2015 年 11 月 3 日异常

（24）2015 年 11 月 4 日异常。

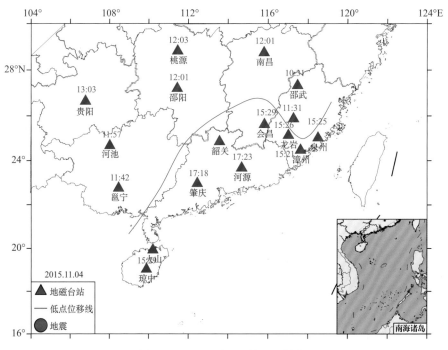

图 4 - 56　2015 年 11 月 4 日异常

（25）2016 年 12 月 6 日异常。

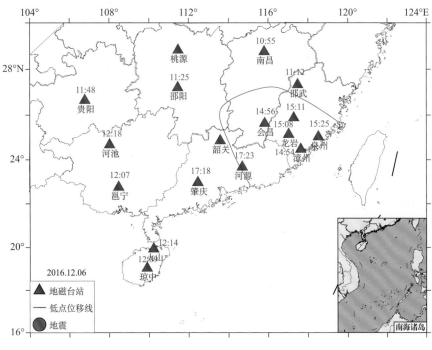

图 4 - 57　2016 年 12 月 6 日异常

（26）2016 年 12 月 9 日异常。

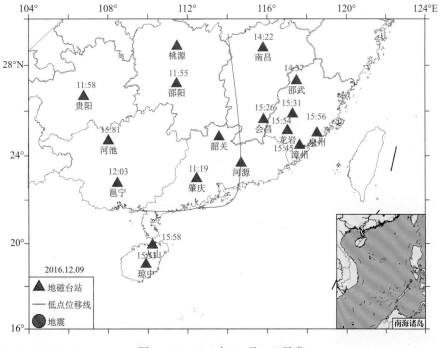

图 4 - 58　2016 年 12 月 9 日异常

## 4.3.2　直流视电阻率

### 1. 方法概述

#### 1）资料概况

华南地区唯一的直流视电阻率（简称地电阻率）台站为广东省地震局新丰江中心地震台河源和平地电站（以下简称和平台），1992 年 7 月，和平台地电阻率建成并正式开始观测，共有地表近东西向、地表近南北向和深井水平向共 3 个测道（图 4-59），观测仪器为 C-ATS，深井测道埋深 60m。至 2013 年 3~12 月，3 个测道陆续停测，从 2000 年至停测期间，受到台站周边各项工程建设的影响，对观测数据形成了干扰。

2013 年，根据背景场项目建设的需要，在和平台分别布设深井东西向和深井垂直向两个测道，使用 ZD8M 仪器，东西向电极埋深为 90m，垂直向电极埋深分别为 60、90、120 和 150m（图 4-60、图 4-61，A2M2N2B2 测道未安装仪器），于 2013 年 12 月开始地电阻率观测，至 2014 年 9 月 1 日，记录数据比较稳定，2015 年 3~6 月受到台站内部的钻孔施工干扰。

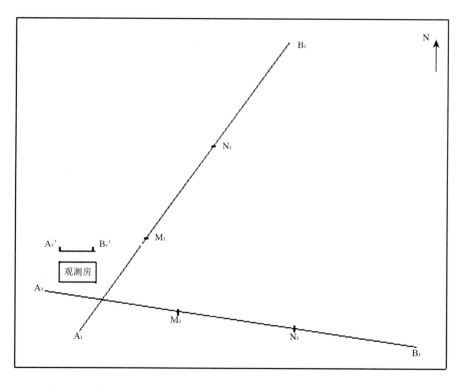

图 4-59　河源和平台 C-ATS 地电阻率观测布极图（$A_3'B_3'$ 为深井测道）

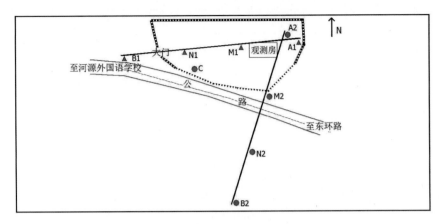

图 4 - 60　河源和平台 ZD8M 地电阻率观测布极图（平面）

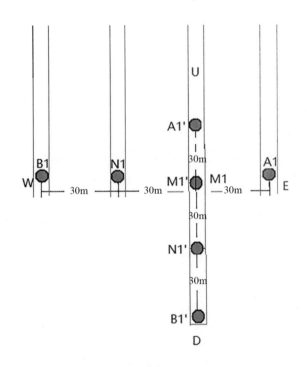

图 4 - 61　河源和平台 ZD8M 地电阻率观测布极图（垂直剖片）

### 2) 地震选取

分析和平台地电阻率观测以来的数据，发现其仅在几次河源 4 级地震前存在异常，较远的地震前无异常，因此只选取观测以来台站周边的 7 次 4 级地震作为研究对象（表 4 - 16）。

表 4 – 16　和平台观测以来台站周边 50km 范围内 7 次 4.0 级以上地震

| 发震日期 | 北纬（°） | 东经（°） | 震级 | 震中距/km |
|---|---|---|---|---|
| 1999.03.25 | 23.73 | 114.68 | 4.20 | 3 |
| 1999.08.20 | 23.75 | 114.63 | 4.60 | 9 |
| 2002.12.13 | 23.68 | 114.75 | 4.00 | 6 |
| 2012.02.16 | 23.91 | 114.47 | 4.80 | 32 |
| 2012.08.31 | 23.75 | 114.64 | 4.20 | 8 |
| 2013.02.22 | 23.90 | 114.48 | 4.80 | 31 |
| 2014.07.11 | 23.90 | 114.47 | 4.20 | 32 |

## 2. 异常特征分析

### 1）和平台 C–ATS 地表地电阻率

图 4 – 62 为 C–ATS 仪器地表地电阻率两个测道 1992~2000 年的日值曲线，该阶段数据比较稳定，两个测道地电阻率均呈现夏高冬低的年变形态。1998 年 11 月开始第一测道出现

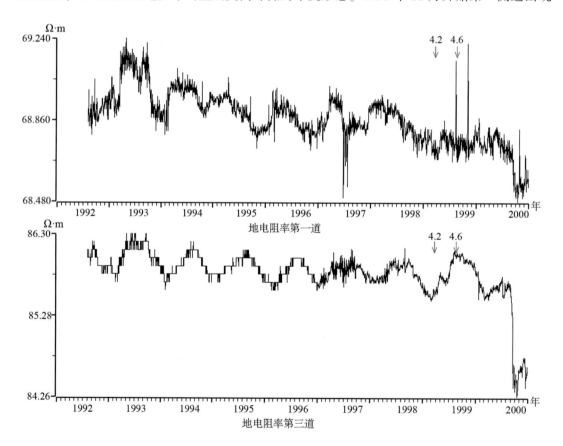

图 4 – 62　1992~2000 年 C–ATS 仪器地表电极地电阻率日值曲线

了破年变异常，原先的夏高冬低形态消失，之后在 1999 年 3 月和 8 月分别发生了 4.2 和 4.6 级地震。2000 年 9 月开始地电阻率开始受到周边工程施工干扰，曲线形态被破坏。

图 4 - 63 为 C-ATS 仪器地表地电阻率两个测道 2001~2013 年的日值曲线，该阶段河源城市化开始发展，台站周边不断有工程建设，数据受到干扰较大，难以提取到异常信息。

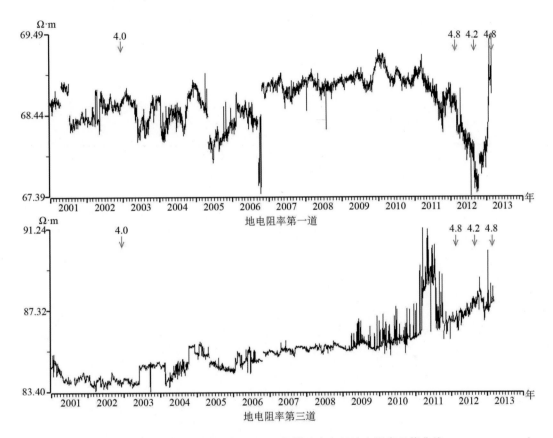

图 4 - 63　2001~2013 年 C-ATS 仪器地表电极地电阻率日值曲线

### 2) 和平台 C-ATS 深井地电阻率

C-ATS 仪器的深井地电阻率观测受到地表环境的影响较小，在 1999 年 8 月 20 日 4.6 级和 2012 年 2 月 16 日 4.8 级地震前均出现震前突升—震后恢复的异常形态（图 4 - 64、图 4 - 65、图 4 - 66）。

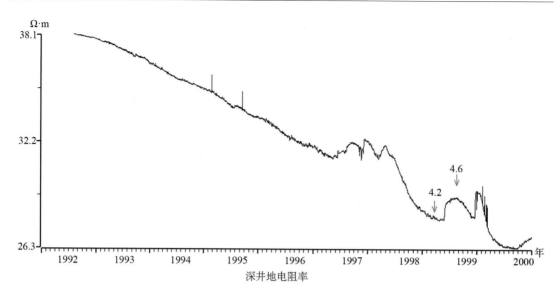

图 4–64　1992~2000 年 C-ATS 仪器深井地电阻率日值曲线

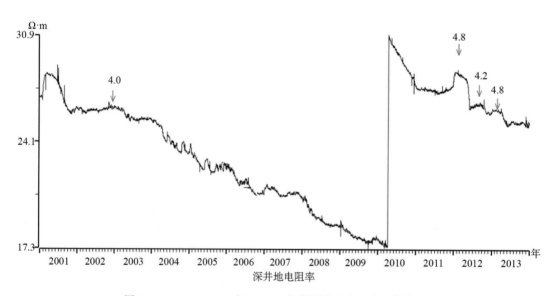

图 4–65　2001~2013 年 C-ATS 仪器深井地电阻率日值曲线

表 4–17　C-ATS 深井地电阻率在 2 次 4 级地震前后的变化特征

| 地震 | 异常开始时间 | 快速上升阶段 | | | 平稳阶段 | | 震后变化 |
|---|---|---|---|---|---|---|---|
| | | 持续时间（天） | 上升幅度（Ω·m） | 升幅 | 持续时间（天） | 变化形态 | |
| 1999.08.20 4.6 级 | 1999.05.23 | 10 | 0.84 | 3.00% | 68 | 缓慢上升 | 缓慢下降 |
| 2012.02.16 4.8 级 | 2011.11.19 | 15 | 0.9 | 3.25% | 32 | 平稳变化 | 缓慢下降 |

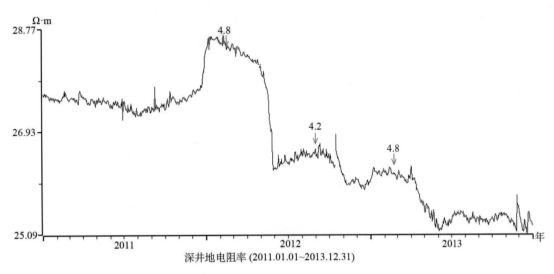

图 4 - 66　2011~2013 年 C-ATS 仪器深井地电阻率日值曲线

## 3) 和平台 ZD8M 深井地电阻率

ZD8M 仪器 2014 年 1 月开始观测。数据也分成 2 个阶段，第一个阶段是 2014 年 1~8 月

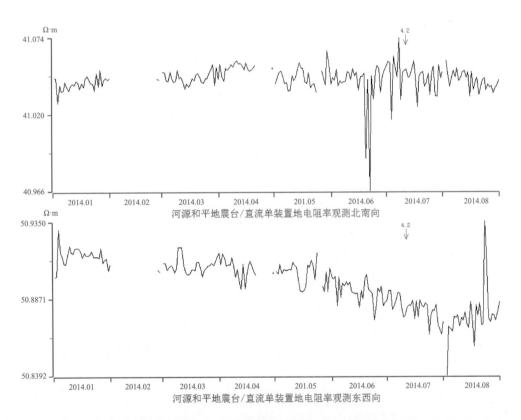

图 4 - 67　2014 年 1~8 月 ZD8M 仪器深井地电阻率日值曲线

（图 4 - 67），第二阶段是 2014 年 8 月至今（图 4 - 68），因为 2014 年 8 月 31 日台站改造后重新调整了参数，两个测道的数据有一个大的台阶变化。2014 年 7 月 11 日发生了 4.2 级地震，震前在南北向出现大幅上下波动变化，但仪器观测初期数据不够稳定，且东西向未见类似变化，该异常变化是前兆异常的可信度不高。2014 年 9 月之后台站周边未发生 4 级以上地震，也未出现异常。

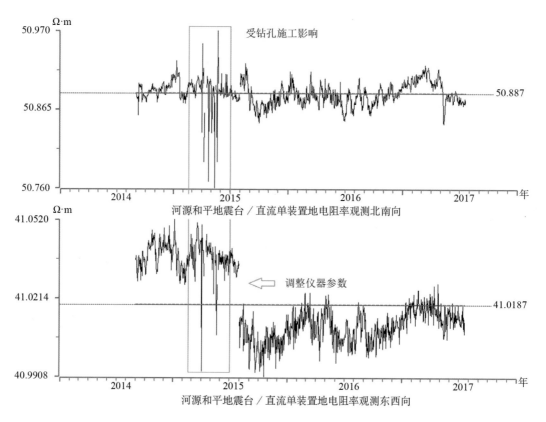

图 4 - 68　2014 年 9 月至 2017 年 7 月 ZD8M 深井地电阻率日值曲线

### 4）预报效能

C-ATS 仪器的地震漏报率 = 漏报地震/应报地震 = 3/6 = 50%。

表 4 - 18　7 次 4.0 级以上地震报对/漏报情况

| 发震日期 | 北纬（°） | 东经（°） | 震级 | 报对/漏报 |
|---|---|---|---|---|
| 1999.03.25 | 23.73 | 114.68 | 4.20 | 报对 |
| 1999.08.20 | 23.75 | 114.63 | 4.60 | 报对 |
| 2002.12.13 | 23.68 | 114.75 | 4.00 | 漏报 |
| 2012.02.16 | 23.91 | 114.47 | 4.80 | 报对 |

| 发震日期 | 北纬（°） | 东经（°） | 震级 | 报对/漏报 |
|---|---|---|---|---|
| 2012.08.31 | 23.75 | 114.64 | 4.20 | 漏报 |
| 2013.02.22 | 23.90 | 114.48 | 4.80 | 漏报 |

C-ATS 地表地电阻率异常报对率=报对异常/所有异常=100%

**表 4-19　C-ATS 地表地电阻率异常对应地震情况**

| 异常类型 | 测项 | 开始时间 | 结束时间 | 对应地震 | 距离地震时间（月） |
|---|---|---|---|---|---|
| 破年变 | 地电阻率第一测道 | 1998.11 | 1999.08 | 1999.08.20 4.6级 | 9 |
| 破年变 | 地电阻率第三测道 | 1998.11 | 1999.08 | 1999.08.20 4.6级 | 9 |

C-ATS 深井地电阻率异常报对率=报对异常/所有异常=100%

**表 4-20　C-ATS 深井地电阻率异常对应地震情况**

| 异常类型 | 开始时间 | 结束时间 | 对应地震 | 距离地震时间（天） |
|---|---|---|---|---|
| 短期快速上升 | 1999.05.23 | 1999.07.12 | 1999.08.20 4.6级 | 89 |
| 短期快速上升异常 | 2011.11.19 | 2012.01.10 | 2012.02.16 4.8级 | 89 |

**3. 预测指标**

由于得到的震例较少，无法有效总结预测指标。且有震例的 C-ATS 现已停测，2014 年开始观测 ZD8M 仪器目前尚未提取到震例。

## 4.4　地磁日变化异常综合预测指标

### 4.4.1　区域资料概况

（1）研究区域：东经 104°~121°，北纬 16°~30° 的区域。

（2）研究时间：2008 年 1 月 1 日至 2016 年 12 月 31 日

（3）研究台站：17 个华南地区地磁台站，台站分布情况见图 4-69。

（4）地震选取：选取 2008~2016 年，16°~30°N，104°~121°E，4.0 级以上地震（剔除台湾地震；使用 KK 法剔除余震），共 32 个。

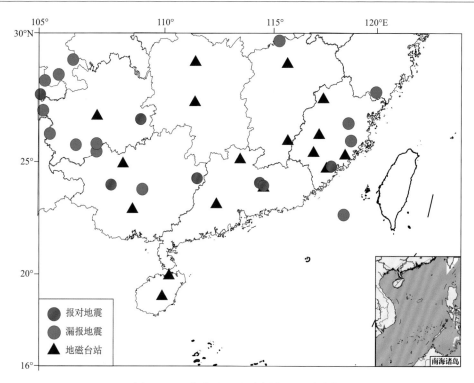

图 4 - 69　华南地区地磁台站和地震分布

## 4.4.2　各方法指标体系

### 1. 地磁低点位移

（1）判据指标：

当某一日两个区域的地磁垂直分量低点时间相差超过 2 个小时时，即判定当日出现低点位移异常，两个区域分界线为异常线。

（2）预测规则：

异常出现后 60 天内在异常线附近 200km 范围内发生 4.0 级以上地震。

### 2. 地磁加卸载响应比

（1）判据指标：

①阈值为 3.0。

②若三个或者三个以上相邻台站在 2 天之内出现超阈值，视为一次异常。

③加载日 Dst 指数大于-30nT。

（2）预测规则：

异常出现后 6 个月内在异常日加卸载响应比值等值线图中的阈值线（等值线 3.0）附近发生 4.0 级以上地震。

### 3. 地磁逐日比

（1）判据指标：

①异常阈值为 2.8。

②三个或三个以上台站同步出现超阈值。

③异常日的前一日 Dst 指数低于–70nT 且小于异常日 Dst 指数，不作为异常。

（2）预测规则：

异常出现后 6 个月内在异常日逐日比值分布图中等阈值线（等值线 2.8）附近发生 5.0 级上地震。

### 4.4.3　地震与异常综述

#### 1. 地震异常统计

华南地区地磁日变化异常提取方法异常映震情况统计见表 4–21，异常预测时间进程见图 4–70 至图 4–78。

表 4–21　华南地区地震震前地磁日变化异常统计

| 序号 | 发震时间 | 震级 $M$ | 参考地名 | 低点位移 | 震前异常时间加卸载响应比 | 逐日比 | 备注 |
|---|---|---|---|---|---|---|---|
| 1 | 2008.02.01 | 4.4 | 四川宜宾 | | | | 漏报 |
| 2 | 2008.03.06 | 4.4 | 福建水口 | | | | 漏报 |
| 3 | 2008.05.06 | 4.1 | 贵州盘县 | | | | 漏报 |
| 4 | 2008.07.05 | 4.4 | 福建长泰 | 2008.06.22 | | | |
| 5 | 2008.12.26 | 4.1 | 贵州罗甸 | | 2008.11.06 | | |
| 6 | 2009.01.17 | 4.1 | 贵州威宁 | | | | 漏报 |
| 7 | 2009.03.22 | 4.7 | 贵州威宁 | | | | 漏报 |
| 8 | 2009.11.20 | 4.3 | 四川泸州 | | | | 漏报 |
| 9 | 2010.09.18 | 4.4 | 贵州罗甸 | | | | 漏报 |
| 10 | 2010.10.04 | 4.4 | 贵州镇宁 | | | | 漏报 |
| 11 | 2010.10.06 | 4.2 | 四川宜宾 | | | | 漏报 |
| 12 | 2011.09.10 | 4.5 | 江西瑞昌 | | | | 漏报 |
| 13 | 2011.11.06 | 4.2 | 贵州镇宁 | | | | 漏报 |
| 14 | 2012.02.16 | 4.8 | 广东河源 | | | | |
| 15 | 2012.06.12 | 4.6 | 四川筠连 | | | | 漏报 |
| 16 | 2012.08.31 | 4.2 | 广东河源 | 2012.06.27 2012.07.29 | 2012.08.10 2012.08.22 | | |
| 17 | 2012.09.07 | 5.6 | 云南彝良 | | 2012.08.10 | | |
| 18 | 2013.02.19 | 4.6 | 四川宜宾 | | | | 漏报 |

续表

| 序号 | 发震时间 | 震级 M | 参考地名 | 低点位移 | 震前异常时间 加卸载响应比 | 逐日比 | 备注 |
|---|---|---|---|---|---|---|---|
| 19 | 2013.02.20 | 4.5 | 广西百色 | 2013.02.09 | 2013.02.09 | | |
| 20 | 2013.02.22 | 4.8 | 广东河源 | 2012.12.21<br>2012.12.29<br>2013.01.26<br>2013.02.09 | 2013.02.09 | | |
| 21 | 2013.04.25 | 4.8 | 四川宜宾 | | | | 漏报 |
| 22 | 2013.08.23 | 4.1 | 福建仙游 | | | | 漏报 |
| 23 | 2013.09.04 | 4.8 | 福建仙游 | | | | 漏报 |
| 24 | 2014.07.11 | 4.2 | 广东河源 | | | | 漏报 |
| 25 | 2014.09.23 | 4.1 | 浙江文成 | | | | 漏报 |
| 26 | 2014.10.25 | 4.2 | 浙江文成 | | | | 漏报 |
| 27 | 2015.02.05 | 4.5 | 台湾海峡 | | 2014.08.14 | | |
| 28 | 2015.02.07 | 4.6 | 四川长宁 | | | | 漏报 |
| 29 | 2015.03.30 | 5.5 | 贵州剑河 | 2015.02.01 | 2014.12.22 | 2014.12.22 | |
| 30 | 2015.11.19 | 4.1 | 贵州镇宁 | | | 2015.04.27 | |
| 31 | 2016.07.31 | 5.4 | 广西苍梧 | 2016.06.29 | | | |
| 32 | 2016.09.17 | 4.2 | 广西来宾 | | | | 漏报 |

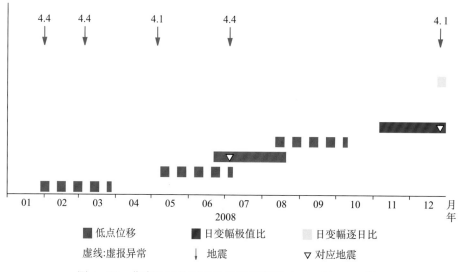

图 4 - 70　华南地区地震和异常预测进程（2008 年 1~12 月）

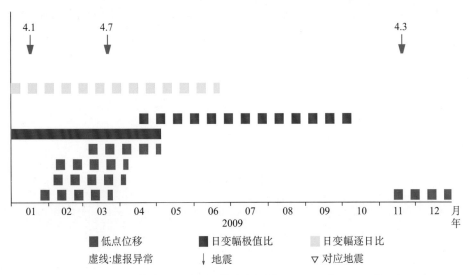

图 4-71　华南地区地震和异常预测进程（2009 年 1~12 月）

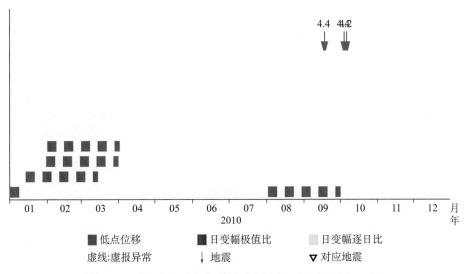

图 4-72　华南地区地震和异常预测进程（2010 年 1~12 月）

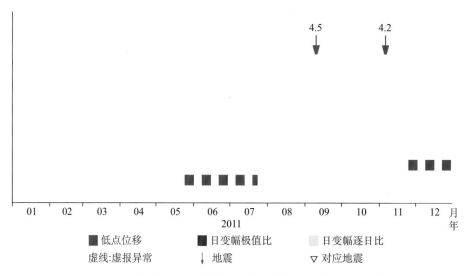

图 4 - 73　华南地区地震和异常预测进程（2011 年 1～12 月）

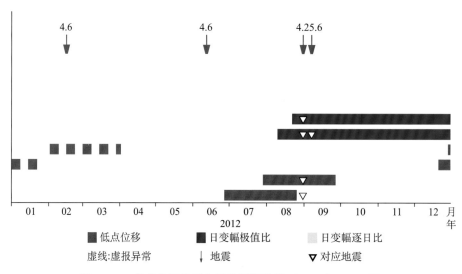

图 4 - 74　华南地区地震和异常预测进程（2012 年 1～12 月）

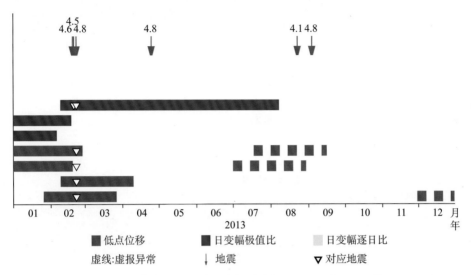

图 4－75　华南地区地震和异常预测进程（2013 年 1~12 月）

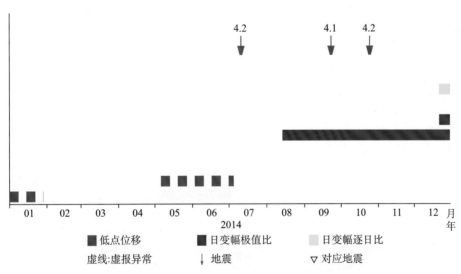

图 4－76　华南地区地震和异常预测进程（2014 年 1~12 月）

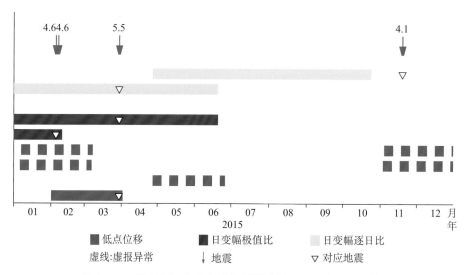

图 4 - 77　华南地区地震和异常预测进程（2015 年 1~12 月）

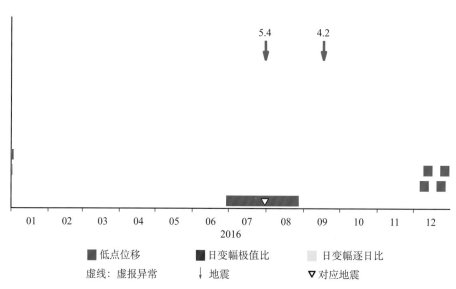

图 4 - 78　华南地区地震和异常预测进程（2016 年 1~12 月）

**2. 地震异常组合统计**

异常组合判定：①异常预测时间进程有交集；②空间异常线有交会。

表 4 - 22　各预测方法组合异常对应率

| 序号 | 方法组合 | 异常次数 | 对应地震异常数 | 地震对应率 |
|:---:|:---:|:---:|:---:|:---:|
| 1 | 低点位移—逐日比 | 2 | 0 | 0% |
| 2 | 低点位移—加卸载响应比 | 2 | 2 | 100% |
| 3 | 低点位移—加卸载响应比—逐日比 | 3 | 1 | 33% |
| 异常组合报对率＝报对地震异常组数/异常总组数＝3/7＝43% | | | | |

**3. 有震异常组合**

（1）2012 年 8 月 31 日广东河源 4.2 级地震。

震前低点位移和加卸载响应比各出现 2 次异常。

2 次低点位移异常没有交会，地震发生在 2 次加卸载响应比异常交会地区南侧和 2 次低点位移异常的中间地区。2012 年 8 月 10 日的加卸载响应比异常还对应了 2012 年 9 月 7 日云南彝良 5.6 级地震。

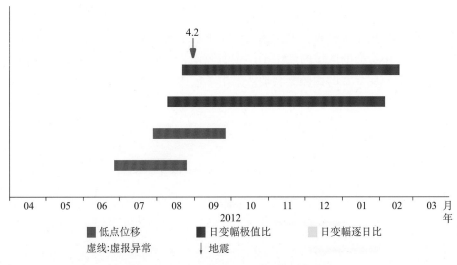

图 4 - 79　广东河源 4.2 级地震异常进程

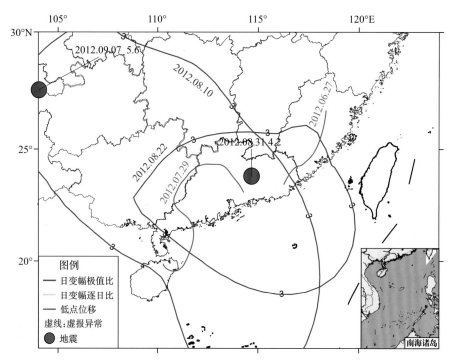

图 4-80  广东河源 4.2 级地震震前异常空间分布

（2）2013 年 2 月 20 日广西百色 4.5 级和 2013 年 2 月 22 日广东河源 4.8 级地震。
震前低点位移出现 4 次异常，加卸载响应比出现 1 次异常。

在 5 次异常集中交会的区域内发生了广东河源 4.8 级地震，在 2013 年 1 月 26 日低点位
移异常和加卸载响应比异常的西侧交会地区发生了广西百色 4.5 级地震。

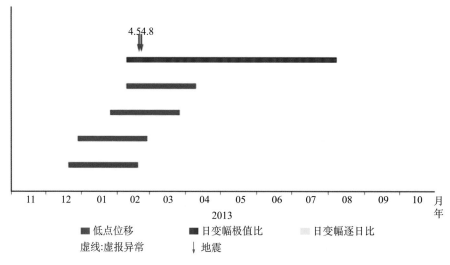

图 4-81  广西百色 4.5 级和广东河源 4.2 级地震异常进程

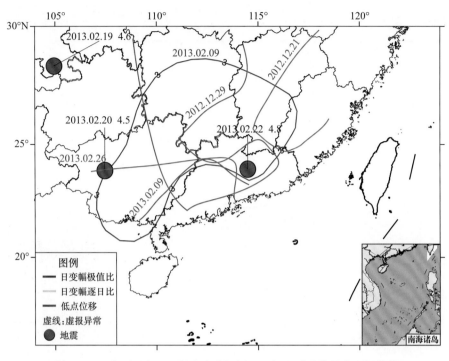

图 4 - 82　广西百色 4.5 级和广东河源 4.8 级地震震前异常空间分布

（3）2015 年 3 月 30 日贵州剑河 5.5 级地震。

震前加卸载响应比和逐日比各出现 1 次异常，低点位移则出现了 3 次异常。

在加卸载响应比、逐日比和 2015 年 2 月 1 日、2015 年 1 月 6 日低点位移异常集中交汇的地区发生了贵州剑河 5.5 级地震。

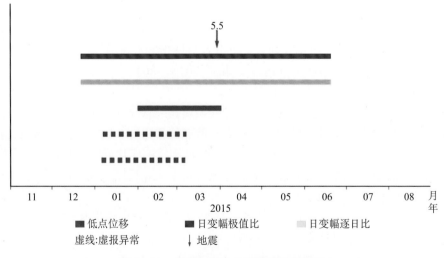

图 4 - 83　贵州剑河 5.5 级地震异常进程

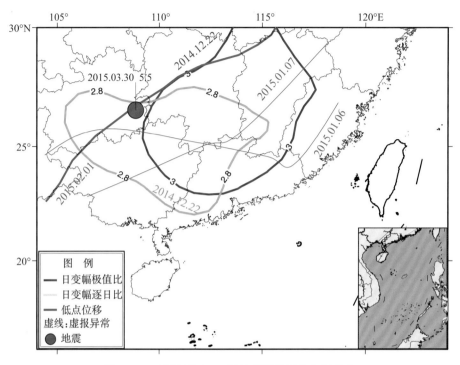

图 4 - 84　贵州剑河 5.5 级地震震前异常空间分布

**4. 虚报异常组合**

（1）2009 年 2~3 月异常组合。

2009 年 2~3 月异常组为逐日比-低点位移组合，共出现 5 次异常，其中 1 次异常为逐日比，4 次异常为低点位移。异常组合预测期内仅发生 1 次 4.0 级以上地震，地震并未发生在任何一条异常线附近（图 4 - 85）。

（2）2009 年 4~5 月异常组合。

2009 年 4~5 月异常组为加卸载响应比—逐日比—低点位移组合，3 种方法各出现 1 次异常。异常组合预测期内未发生 4.0 级以上地震（图 4 - 86）。

（3）2014 年 12 月至 2015 年 1 月异常组合。

2014 年 12 月至 2015 年 1 月异常组为加卸载响应比—逐日比—低点位移组合，其中加卸载响应比出现 2 次异常，逐日比出现 1 次异常，低点位移出现 3 次异常。异常组合预测期内发生 2 次 4.0 级以上地震，其中 2014 年 8 月 14 日加卸载响应比异常单独对应 2015 年 2 月 7 日海峡南部 4.5 级地震。在异常的几个交会地区未发生 4.0 级以上地震（图 4 - 87）。

（4）2015 年 5~6 月异常组合。

2015 年 5~6 月异常组为逐日比—低点位移组合，2 种方法各出现 1 次异常。异常组合预测期内未发生 4.0 级以上地震（图 4 - 88）。

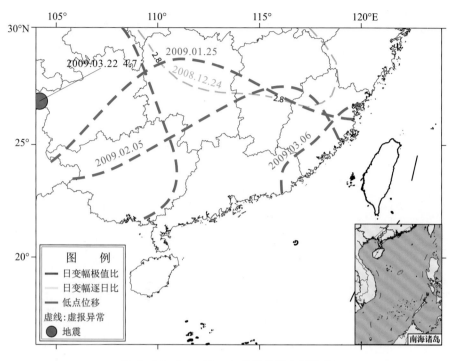

图 4-85　2009 年 2~3 月异常组空间分布

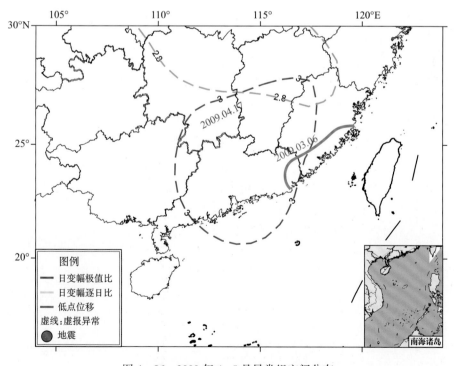

图 4-86　2009 年 4~5 月异常组空间分布

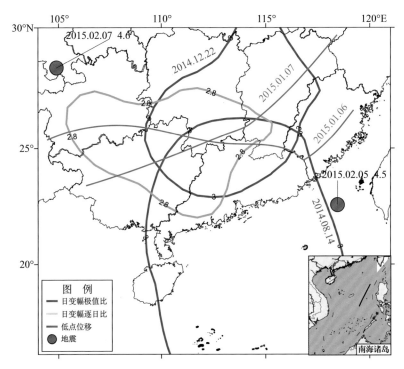

图4-87 2014年12月至2015年1月异常组空间分布

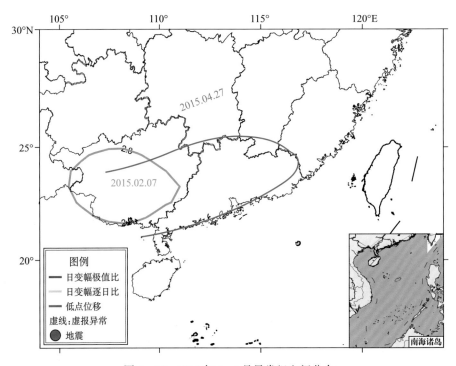

图4-88 2015年5~6月异常组空间分布

### 4.4.4　综合预测规则

（1）预测时间：

以异常组合中预报期限时间较早的方法的最后一个异常的预报期限时间作为预报有效期限时间。

（2）预报地点：

各方法预测空间判定线和区域的交会区域及其周边地区，当同时出现2种方法交会和3种以上方法的异常交会时，3种以上方法交会的地区为预测地点；同时出现多个异常交会点的时候，异常线越多、异常种类越多的交会点附近发震的可能性越大。

（3）预报震级：

预测震级为4.0级以上。

## 4.5　存在问题和讨论

（1）华南地区低点位移异常的报对率仅为26%，相对偏低。尝试将预报时效和预报范围分别提高到90天和300km，只增加了一个震例，预报效能提升不明显。研究发现低点位移线穿过福建时，后续2个月内台湾地区发生5.0级以上地震的可能性较大，14次异常中有9次对应地震，异常对应率为64%。由于台湾地震位于地磁台网之外，无法判断异常线的具体走向，仅能在时间震级上做出判断，因此不纳入指标统计。

（2）震例研究显示，地磁加卸载响应比异常对地震发生地点和时间具有较强的指示意义，研究区域内的地震大多发生在阈值线附近（阈值线加减0.3范围内），考虑到阈值线分布范围太广，具体在进行地震预测时，应考虑将该方法和地点位移、逐日比等方法进行综合预测。绝大多数异常出现后半年内发生地震，这给未来破坏性地震可能的发生时间指明了方向。在南北带和华北地区加卸载响应比异常存在异常分布越广后续地震震级越大的特点，但在华南地区未发现类似现象，这可能和华南地区台站密度较低以及地震活动强度较弱有关。

（3）与加卸载响应比法相同，逐日比是一种中短期预报方法，一般异常出现后半年内发震，但无法做更精确的时间判断。异常分布对未来的震中具有较强的指示意义，地震一般发生在异常日逐日比阈值线附近，但阈值线分布相对较广，也需要其他方法综合判断。从华南地区的2个震例来看，异常范围较广的异常后续对应的地震震级较大。

**参考文献**

丁鉴海，1994，地震地磁学［M］，北京：地震出版社

冯志生、居海华、李鸿宇等，2009，地磁谐波振幅比异常特征的进一步研究和定性解释，华南地震，29（1）：17~23

冯志生、梅卫萍等，2005，FHD磁力仪Z分量分钟值日变化空间相关性的初步应用，华南地震，25（3）：1~7

冯志生、王建宇、蒋延林等，2000，地磁垂直分量日变幅逐日比及其与地震关系的探讨，华南地震，21（2）：20~27

李军辉、李琪、王行舟等，2012，中国大陆地磁场Z分量日变幅的时空特征分析，中国地震，28（1）：42~49

# 第五章　流体学科预测指标

## 5.1　观测数据质量评价

华南研究区域截至目前共有 75 个台站，160 个测项运行观测。其中水位 64 台项、水温 62 台项、水氡 7 台项、气氡 6 台项、气汞 3 台项、水质及流量等 18 台项。福建及广东两省台站分布较广，均为 21 个台站，且测项比较丰富，除了水位、水温，还有多台项的气氡、水氡、水质等测项，而其他四省台站基本为 7~8 个，测项也较单薄，多数只有水位、水温。这些台站具体的空间分布图如（图 5 - 1）。

华南区域多数井水位观测运行稳定，资料质量可靠，主要受降雨及抽水干扰较多，少数井受抽水严重干扰资料不稳定；海南、广西部分水位因靠近海边特殊地理位置，故受到海潮干扰；江西南昌及会昌井水位受频繁调节流量影响资料不可靠。华南区域多数井水温观测运行稳定，资料质量可靠，个别井受降雨、施工抽水及电源电压干扰，资料较不稳定；广西部分井还受海潮、海风等干扰。华南区域多数水氡、气氡观测资料稳定可靠；湖南湘乡气氡由于是静水位观测，资料不稳定且不可靠；江西九江 2 井及会昌井资料运行以来背景值均较低，较不稳定不可靠；海南兰洋温泉气氡因受泉点抽水及人为观测更换干燥剂等影响资料较为稳定，基本可靠。华南区域水质及气汞资料较少，其中福建水质资料运行均较稳定可靠，而广东水质资料则多为基本稳定或不稳定，主要受抽水、海水侵入、仪器故障等影响导致不可靠；江西九江 2 井及会昌井仅有的气汞资料，因数据突跳较严重而不稳定不可靠，后九江 2 井新增一套气汞，目前运行较稳定可靠。详见（表 1 - 1 至表 1 - 9）。

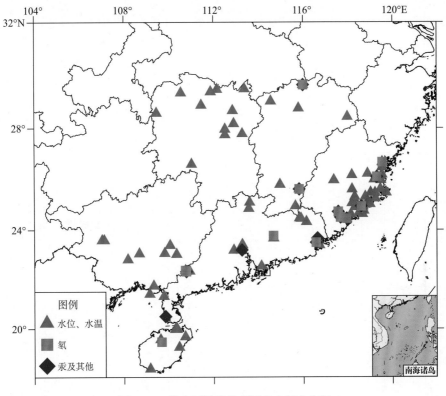

图 5-1　华南区域流体观测点空间分布图

## 5.2　资料的选取及历史震例

依据中国震例（1966~2007）分别从异常识别方法和判定指标、异常开始时间（结束）时间、异常持续时间、异常最大幅度、对应地震、震中距、异常开始距发震时间、地震对应原则、异常开始距发震时间等方面收集整理和分析了华南区域流体各测项的所有异常震例资料（表 5-1）（张肇诚，1988，1990a，1990b，1999；陈棋福，2002a，2002b，2002c；蒋海昆，2014）。

华南作为全国主要的少震弱震地区之一，历史地震少，且震前流体异常亦少。鉴于该区域的历史地震少、流体前兆监测能力弱以及震前异常集中性差的现象，考虑到与台湾相邻的特点，我们把地震分析范围降到 $M_L4.5$ 以上，个别省地震分析范围降到 $M_L4.0$，同时还把台湾 7 级地震纳入分析范畴。由于华南地区流体观测资料最早的始于 1987 年，我们的指标提取只能从 1987 年开始。1987 年以来，华南区域 $M_L \geq 4.5$ 级地震次数 41 次，$M_L \geq 5.0$ 级地震次数 18 次，$M_L \geq 5.5$ 级地震次数 5 次，$M_L \geq 6.0$ 级地震次数 3 次，其空间分布如（图 5-2）。

表5-1　华南区域流体异常特征统计表

| 序号 | 测项 | 异常识别方法和判定指标 | 异常开始时间 | 异常结束时间 | 异常持续时间（天） | 异常最大幅度 | 对应地震 | 震中距（km） | 异常开始距发震时间（天） | 地震对应原则 | 备注 |
|---|---|---|---|---|---|---|---|---|---|---|---|
| 1 | 平潭岛地雾 | 宏观异常，地雾茫茫 | 08.06下午 | | 4 | — | 福建平潭5.4 | 88 | 5 | 200km范围内5~6级 | |
| 2 | 平潭岛地下水 | 宏观异常，原缺水，现水量增多，且混浊冒白泡沫 | 08.09下午7时左右 | | 1 | — | 福建平潭5.4 | 88 | 2 | 200km范围内5~6级 | — |
| 3 | 泉州$Cl^-$ | 月均值年变规律，超出2倍均方差 | 1990.09 | 1991.05 | 272 | 7.3mg/L | 福建南日岛5.2 | 100 | 535 | 200km范围内5~6级 | 震前低值异常明显 |
| 4 | 福州$Cl^-$ | 月均值，余差值超出4倍均方差 | 1991.01 | 1991.07 | 211 | 3.12mg/L | 福建南日岛5.2 | 120 | 413 | 200km范围内5~6级 | 低值异常持续 |
| 5 | 泉州$Ca^{2+}$ | 月均值年变规律，超出2倍均方差 | 1990.08 | 1991.01 | 183 | 4.45mg/L | 福建南日岛5.2 | 100 | 566 | 200km范围内5~6级 | 震前低值异常明显 |
| 6 | 永春$Ca^{2+}$ | 月均值，超出2倍均方差 | 1990.11 1991.10 | 1991.04 1992.05 | 319 | 5.3mg/L | 福建南日岛5.2 | 141 | 474 | 200km范围内5~6级 | 低值回升再出现低值发震 |
| 7 | 漳州$Ca^{2+}$ | 月均值，偏离正常动态变化突出 | 1990.08 1991.12 | 1991.02 1992.02 | 301 | 203mg/L | 福建南日岛5.2 | 196 | 566 | 200km范围内5~6级 | 低值回升，再出现低值发震 |
| 8 | 厦门$Ca^{2+}$ | 月均值，余差超出2倍均方差 | 1990.08 | 1992.04 | 638 | 47mg/L | 福建南日岛5.2 | 165 | 566 | 200km范围内5~6级 | 低值持续一年 |
| 9 | 泉州水电导 | 月均值年变规律，超出2倍均方差 | 1990.09 | 1991.05 | 272 | 0.039ms/cm | 福建南日岛5.2 | 100 | 535 | 200km范围内5~6级 | 震前低值异常明显 |
| 10 | 福州水电导 | 月均值，余差值超出4倍均方差 | 1990.09 | 1991.08 | 364 | 0.013ms/cm | 福建南日岛5.2 | 120 | 535 | 200km范围内5~6级 | 低值异常持续 |
| 11 | 漳州水氢 | 日观测值数据曲线，突跳 | 1991.01.24 | 1991.01.26 | 3 | 17.49% | 福建南日岛5.2 | 196 | 25 | 200km范围内5~6级 | 高值突升 |

续表

| 序号 | 测项 | 异常识别方法和判定指标 | 异常开始时间 | 异常结束时间 | 异常持续时间（天） | 异常最大幅度 | 对应地震 | 震中距（km） | 异常开始距发震时间（天） | 地震对应原则 | 备注 |
|---|---|---|---|---|---|---|---|---|---|---|---|
| 12 | 泉州水氡 | 日观测值数据曲线，高值异常 | 1992.02.11 | 1992.02.29 | 18 | 36.7% | 福建南日岛5.2 | 100 | 7 | 200km范围内5~6级 | 连续大幅度衰升 |
| 13 | 南靖水位 | 月均值，小于多年均值 | 1991 | 1997 | 2556 | −0.23m | 台湾海峡7.3 | 248 | 1354 | | 1991年后线转折 |
| 14 | 普宁水位 | 五日均值，趋势性下降 | 1992.04 | 1994.09 | 897 | −2.61m | 台湾海峡7.3 | 270 | 898 | | |
| 15 | 永春台流量 | 月均值，大于多年均值 | 1993.05 | 1996 | 974 | +29.1% | 台湾海峡7.3 | 305 | 503 | | 1993.05后曲线明显转折 |
| 16 | 厦门水氡 | 月均值，小于多年均值 | 1991.01 | 未恢复 | | 7.2Bq/L | 台湾海峡7.3 | 210 | 1354 | | 1991年后曲线明显转折 |
| 17 | 漳州水氡 | 月均值，大于多年均值 | 1991.06 | 未恢复 | | +2.4Bq/L | 台湾海峡7.3 | 236 | 1203 | | （1）1991.06后曲线明显转折（2）震前已发现 |
| 18 | 潮州 $Ca^{2+}$ | 月均值，持续上升大于2倍均值 | 1992.05 | 1994.09 | 882 | +11.5% | 台湾海峡7.3 | 245 | 868 | | （1）1992.05后曲线明显转折，震后仍持续上升（2）震前已发现 |
| 19 | 潮州 $HCO_3^-$ | 日均值，突然下降 | 1994.08.10 | 1994.09.15 | 36 | −4.7% | 台湾海峡7.3 | 245 | 37 | | 震前1个月，突然下降 |
| 20 | 华安 $HCO_3^-$ | 均值法，大于2倍均值方差（$2\sigma$） | 1994.03 | 1994.07 | 152 | +9.0% | 台湾海峡7.3 | 285 | 199 | | 突超2倍均方差，震后正常 |
| 21 | 汕头 $H_2$ | 日均值，极高峰值 | 1994.08.23 | 1994.09.07 | 15 | +0.34% | 台湾海峡7.3 | 225 | 24 | | 快速突跳，震前变化平稳 |
| | | 日均值，突跳 | 1994.08.21 | 1994.08.25 | 5 | +0.61% | 台湾海峡7.3 | 225 | 26 | | 震前长时间变化平稳 |

续表

| 序号 | 测项 | 异常识别方法和判定指标 | 异常开始时间 | 异常结束时间 | 异常持续时间(天) | 异常最大幅度 | 对应地震 | 震中距(km) | 异常开始距发震时间(天) | 地震对应原则 | 备注 |
|---|---|---|---|---|---|---|---|---|---|---|---|
| 22 | 泉州 $K^+$ | 原始曲线，大于 $2\sigma$ | 1994.05 | 1994.08 | 122 | +15.7% | 台湾海峡 7.3 | 250 | 138 | | 与7.3级震前异常叠加 |
| 23 | 安溪 $SiO_2$ | 月测值，$\sigma=2.67$ | 1992.11 | 1995.06 | 971 | 76mg/L | 福建晋江 5.3 | 100 | 846 | 200km范围内 5~6级 | 与7.3级震前异常叠加 |
| 24 | 厦门水氡 | 月均值，$\sigma=2.51$ | 1994.11 | 1995.07 | 272 | 33.2Bq/L | 福建晋江 5.3 | 64 | 116 | 200km范围内 5~6级 | 存在部分干扰 |
| 25 | 华安水氡 | 月均值，$\sigma=1.49$ | 1993.05 | 1995.01 | 640 | 91.8Bq/L | 福建晋江 5.3 | 144 | 665 | 200km范围内 5~6级 | 与7.3级震前异常叠加 |
| 26 | 泉州 $Ca^{2+}$ | 月均值，$\sigma=1.11$ | 1994.02 | 1995.03 | 423 | 22.3mg/L | 福建晋江 5.3 | 64 | 389 | 200km范围内 5~6级 | 与7.3级震前异常叠加 |
| 27 | 泉州 $Ca^{2+}$ | 月测值，超限（双倍均方差） | 1996.06 | 1997.08 | 456 | +10.5mg/L | 福建永安 5.2 | 160 | 364 | 200km范围内 5~6级 | 震后效应异常幅度比震前更大 |
| 28 | 安溪 $F^-$ | 月测值，超限（双倍均方差） | 1996.07 | 1997.05 | 334 | +0.9mg/L | 福建永安 5.2 | 125 | 334 | 200km范围内 5~6级 | 震前异常持续较长，震后恢复 |
| 29 | 华安 $Ca^{2+}$ | 月均值，超限（双倍均方差） | 1996.11 | 1997.08 | 303 | +5.7mg/L | 福建永安 5.2 | 71 | 211 | 200km范围内 5~6级 | 震前异常持续较长，震后仍然异常，幅度更大 |
| 30 | 华安水氡 | 月均值，超限（双倍均方差） | 1996.03 | 1996.12 | 305 | +7Bq/L | 福建永安 5.2 | 71 | 456 | 200km范围内 5~6级 | 正异常迅速下降出现异常，之后迅速恢复异常发震 |
| 31 | 南靖水位 | 月均值，高值异常 | 1997.03 | 1997.07 | 152 | 约4m | 福建永安 5.2 | 91 | 115 | 200km范围内 5~6级 | 震前趋势上升，震后水位继续升高 |
| 32 | 永安水位 | 月均值，低值异常 | 1996.06 | 1997.05 | 364 | 约1m | 福建永安 5.2 | 50 | 364 | 200km范围内 5~6级 | 降雨量高水平，水位却出现低值异相关异常 |

续表

| 序号 | 测项 | 异常识别方法和判定指标 | 异常开始时间 | 异常结束时间 | 异常持续时间（天）| 异常最大幅度 | 对应地震 | 震中距（km）| 异常开始距发震时间（天）| 地震对应原则 | 备注 |
|---|---|---|---|---|---|---|---|---|---|---|---|
| 33 | 漳州 $SiO_2$ | 月测值，超限（双倍均方差）| 1996.06 | 1997.08 | 456 | $-7mg/L$ | 福建永安5.2 | 132 | 364 | 200km范围内5~6级 | 出现1990年以来最大的异常，开始恢复后发震 |
| 34 | 溪头区滑桥村一水井水位 | 地下水位观察，上升 | 1969.07.23 | 1969.07.26 | 3 | +47cm | 广东阳江6.4 | 6 | 4 | 200km范围内5~6级 | |
| | | 水质观察，变浑，冒泡 | 1969.07.23 | 1969.07.26 | 3 | | 广东阳江6.4 | 6 | 4 | 200km范围内5~6级 | |
| 35 | 大沟区华硐村东水井水位 | 水位观察，上升 | 1969.07.26 | 1969.07.26 | 1 | $+(20\sim30)mm$ | 广东阳江6.4 | 6 | 1 | 200km范围内5~6级 | |
| 36 | 江城县建筑公司一水井水位 | 水位观察，先显著上升，后下降 | 1969.07.24 | 1969.07.26 | 2 | | 广东阳江6.4 | 6 | 3 | 200km范围内5~6级 | 早上水位显著上升，晚上又突然下降了几米 |
| 37 | 大沟、塘坪区2~3口井水位 | 水位观察，下降 | 1969.07.24 | 1969.07.26 | 2 | | 广东阳江6.4 | 6 | 3 | 200km范围内5~6级 | |
| 38 | 信宜1号井气体总量 | 日值，超差，高值异常 | 2004.04 | 2004.12 | 274 | 1.87ml/L | 广东阳江4.9 | 130 | 169 | | 高值异常，震后持续 |
| 39 | 信宜1号井 $CO_2$ | 日值，超差，高值异常 | 2004.04.12 2004.07.07 | 2004.04.12 2004.08.13 | 38 | 0.027 | 广东阳江4.9 | 130 | 159 | | 高值异常 |
| 40 | 信宜2号井水氡 | 日值，超差，高值异常 | 2003.07 2004.07 | 2004.05 2004.09 | 426 | 24Bq/L | 广东阳江4.9 | 130 | 444 | | 高值异常 |
| 41 | 台山水温 | 整点值，突降 | 2004.09.05 | 2004.09.22 | 17 | 0.015℃ | 广东阳江4.9 | 80 | 12 | | 低值异常，09.19~22突变 |
| 42 | 电白水温 | 整点值，先升后降 | 2004.09.09 | 2004.09.14 | 6 | 0.008℃ | 广东阳江4.9 | 100 | 10 | | 高值异常 |

续表

| 序号 | 测项 | 异常识别方法和判定指标 | 异常开始时间 | 异常结束时间 | 异常持续时间（天） | 异常最大幅度 | 对应地震 | 震中距（km） | 异常开始距发震时间（天） | 地震对应原则 | 备注 |
|---|---|---|---|---|---|---|---|---|---|---|---|
| 43 | 广东龙川 水氡 | 多年动态改正余差，二倍均方差异常限 $2\sigma=20\times3.7$Bq/L | 1981.12.下旬 | 1982.02.初 | 42 | $34\times3.7$Bq/L | 江西龙南5.0 | 75 | 65 | | 正异常的开始时间应为1981年9月底 |
| 44 | 广东丰顺 水氡 | 五日均值，二倍均方差异常限 | 1981.10.中旬 | 持续高值 | 102 | $12\times3.7$Bq/L | 江西龙南5.0 | 180 | 133 | | 正异常开始时间与龙川台的相近 |
| 45 | 广东台山 水氡 | 五日均值，日值，二倍均方差异常限 $2\sigma=0.6\times3.7$Bq/L | 1982.02.21 | 1982.02.27 | 7 | $1.7\times3.7$Bq/L | 江西龙南5.0 | 355 | 5 | | 震前半小时取样，测值达最高 |
| 46 | 江西南昌 水氡 | 经流量改正之余差，二倍均方差异常限 $2\sigma=2\times3.7$Bq/L | 1981.01.初开始上升 | 逐渐恢复 | 405 | $2.8\times3.7$Bq/L | 江西龙南5.0 | 440 | 416 | | |
| 47 | 江西星子 水氡 | 五日均值二倍均方差异常限 $2\sigma=14\times3.7$Bq/L | 1982.01.初开始下降 | 逐渐恢复 | 51 | $12\times3.7$Bq/L | 江西龙南5.0 | 528 | 51 | | |
| 48 | 广东龙川 F⁻ | 五日值正常 $0.7\pm0.1$mg/L | 1981.11.30前后下降 | 前后持续低值 | 86 | 0.3mg/L | 江西龙南5.0 | 75 | 87 | | |
| 49 | 广东河源 F⁻ | 五日值，正常 $7.5\pm0.4$mg/L | 1981.11.30前后下降 | 恢复正常 | 86 | 1.2mg/L | 江西龙南5.0 | 115 | 87 | | |
| 50 | 广东丰顺 F⁻ | 五日值，正常 $16.8\pm0.4$mg/L | 1981.11.20前后下降 | 逐渐恢复正常 | 96 | 0.9mg/L | 江西龙南5.0 | 180 | 97 | | |
| 51 | 广东从化 F⁻ | 五日值，正常 $10.7\pm0.3$mg/L | 1981.12.20前后下降 | 变化平稳 | 66 | 1.4mg/L | 江西龙南5.0 | 185 | 67 | | |
| 52 | 广东普宁 F⁻ | 五日值，正常 $21.2\pm0.6$mg/L | 1981.12.20前后升降 | 逐渐恢复 | 66 | 1.1mg/L | 江西龙南5.0 | 210 | 67 | | |

续表

| 序号 | 测项 | 异常识别方法和判定指标 | 异常开始时间 | 异常结束时间 | 异常持续时间（天） | 异常最大幅度 | 对应地震 | 震中距（km） | 异常开始距发震时间（天） | 地震对应原则 | 备注 |
|---|---|---|---|---|---|---|---|---|---|---|---|
| 53 | 广东广川 $F^-$ | 五日值，正常 0.14mg/L | 1981.12.20 前后下降 | 平稳变化 | 66 | 0.06mg/L | 江西龙南5.0 | 240 | 67 | | |
| 54 | 广东龙川 $SiO_2$ | 五日值，正常 34.0±2.0mg/L | 1981.11.10 前后上升 | 逐渐恢复 | 106 | 5.5mg/L | 江西龙南5.0 | 75 | 107 | | |
| 55 | 广东丰顺 $SiO_2$ | 五日值，正常 94.0±4.0mg/L | 1981.12.25 前后上升 | 逐渐恢复正常 | 61 | 12.0mg/L | 江西龙南5.0 | 180 | 62 | | 震后数月下降与本区小震有关 |
| 56 | 广东从化 $SiO_2$ | 五日值，正常 95.0±3.0mg/L | 1982.01.10 前后下降 | 恢复正常 | 45 | 5.0mg/L | 江西龙南5.0 | 185 | 46 | | 以持续高值为特征 |
| 57 | 广东普宁 $SiO_2$ | 五日值，正常 67.5±2.0mg/L | 1981.12.20 前后上升 | 逐渐恢复 | 66 | 3.5mg/L | 江西龙南5.0 | 210 | 67 | | |
| 58 | 广东广州 $SiO_2$ | 五日值，正常 14.3±0.3mg/L | 1981.12.30 前后下降 | 正常变化 | 56 | 0.5mg/L | 江西龙南5.0 | 240 | 57 | | 以持续低值为特征 |
| 59 | 广东河源 $Cl^-$ | 五日值，正常 20.1mg/L，起伏变化 | 1981.12.15 前后下降 | 恢复正常 | 71 | 0.6mg/L | 江西龙南5.0 | 115 | 72 | | 测值持续偏低为特征 |
| 60 | 广东丰顺 水电导 | 五日值，正常 0.510S，值稳定 | 1982.01.05 前后下降 | 逐渐恢复正常 | 50 | -0.005S | 江西龙南5.0 | 180 | 51 | | |
| 61 | 广东从化 水电导 | 五日值，正常 0.459S，值稳定 | 1982.01.中旬开始下降 | 平稳变化 | 40 | -0.005S | 江西龙南5.0 | 185 | 41 | | |
| 62 | 广东梅县 水位 | 记录曲线，正常情况能记录潮汐变化 | 震前 30min | 震后1分钟水位稍上升，以后正常 | 0.02 | | 江西龙南5.0 | 120 | 0.02 | | |
| 63 | 皖33井 水位 | 日均值，大幅上升 | 2005.07.22 | 没有恢复 | 127 | | 江西九江—瑞昌5.7 | 190 | 128 | | 异常幅度大 |

续表

| 序号 | 测项 | 异常识别方法和判定指标 | 异常开始时间 | 异常结束时间 | 异常持续时间（天） | 异常最大幅度 | 对应地震 | 震中距（km） | 异常开始距发震时间（天） | 地震对应原则 | 备注 |
|---|---|---|---|---|---|---|---|---|---|---|---|
| 64 | 上思观测站水氢 | 旬均值，破年动态变化，观测误差为10% | 1976.06.上旬 | 1976.10.下旬 | 142 | 23.9% | 广西平果5.0 | 132 | 501 | | 破坏年动态，呈正异常 |
| 65 | 震中区附近 | 地下水观察，违反正常动态 | 震前几小时 | 至半个月 | 15 | 5口井泉 | 广西平果5.0 | 1 | 数小时 | | 发浑、变味、水量增大 |
| 66 | 信宜流量 | 月均值，测值超2倍均方差异常 | 1993.07 | 震后流量仍保持高值异常 | 548 | 26m³/h | 北部湾6.1 | 260 | 549 | | |
| 67 | 信宜水氢 | 月均值，测值超2倍均方差异常 | 1993.09 | 1995年4月后氢值恢复正常 | 606 | 454Bq/L | 北部湾6.1 | 260 | 607 | | |
| 68 | 信宜Ar | 月均值，测值超2倍均方差异常 | 1993.05 | 1995.03后氩气含量恢复正常 | 699 | 2.3% | 北部湾6.1 | 260 | 700 | | |
| 69 | 海康水温 | 日均值，水温突跳，平时水温34.2° | 1995.01.04 | 震后测值平稳，至5月10日才稳定 | 126 | 34.8° | 北部湾6.2 | 84 | 6 | | |
| 70 | 江西会昌Rn | 多元逐步回归余差值（SY）线，以余差值超出2倍中误差为判据 | 1987.07 | 恢复正常状态 | 63 | 3.05Bq/L | 江西寻乌5.5 | 72 | 64 | | 正异常，上升到高值在下降到正常值时发震 |
| 71 | 广东龙川Rn | 多元逐步回归余差值（SY）线，以余差值超出2倍中误差为判据 $2\sigma=65$Bq/L | 1987.03 | 1987.07恢复正常状态 | 122 | +100Bq/L | 江西寻乌5.5 | 80 | 123 | | 正超，在恢复过程中发震 |

续表

| 序号 | 测项 | 异常识别方法和判定指标 | 异常开始时间 | 异常结束时间 | 异常持续时间（天） | 异常最大幅度 | 对应地震 | 震中距（km） | 异常开始距发震时间（天） | 地震对应原则 | 备注 |
|---|---|---|---|---|---|---|---|---|---|---|---|
| 72 | 广东梅县水位 | 日均值，偏离正常动态 | 1987.07.31 | 1987.08.02 剧降，形成水位阶 | 3 | 0.07m | 江西寻乌5.5 | 95 | 3 | | 临震异常，在恢复中发震 |
| 73 | 广东丰顺 $HCO_3^-$ | 月测值，偏离正常动态 198.0±4.0mg/L | 1987.04 | 持续高值 | 122 | +12.0mg/L | 江西寻乌5.5 | 148 | 123 | | 逐步上升，到达高值时发震 |
| 74 | 广东丰顺 $SiO_2$ | 月测值，偏离正常动态 97.0±10.0mg/L | 1987.03 | 1987.07 | 152 | +21.0mg/L | 江西寻乌5.5 | 148 | 154 | | 逐步上升，在恢复中发震 |
| 75 | 广东丰顺 Rn | 多元逐步回归余差曲线，以余差超出2倍均方差为判据 | 1986.11 | 1987.02 | 119 | −50.6Bq/L | 江西寻乌5.5 | 148 | 274 | | 负超，恢复正常动态后发震 |
| 76 | 广东河源 $SiO_2$ | 月测值，偏离正常动态 80.0±5.0mg/L | 1987.04 | 逐步恢复 | 122 | +7.0mg/L | 江西寻乌5.5 | 168 | 123 | | 上升到高值后，在恢复中发震 |
| 77 | 广东河源 $HCO_3^-$ | 月测值偏离正常动态 300±5mg/L | 1987.06 | 持续高值 | 61 | +10.0mg/L | 江西寻乌5.5 | 168 | 62 | | 在上升接近高值时发震 |
| 78 | 广东河源 $F^-$ | 日均值，偏离正常动态 7.2±0.3mg/L | 1987.05 | 持续高值 | 92 | +10.0mg/L | 江西寻乌5.5 | 168 | 93 | | 在上升高值平稳一段后发震 |
| 79 | 广东河源 $Cl^-$ | 月均值，偏离正常动态 19.31±1.16mg/L | 1987.02 | 逐步恢复正常动态 | 181 | +20.77mg/L | 江西寻乌5.5 | 168 | 182 | | 上升高值后，在恢复中发震 |
| 80 | 广东河源 $Ca^{2+}$ | 月均值，偏离正常动态 32.10±1.0mg/L | 1987.07 | 继续下降 | 31 | −29.68mg/L | 江西寻乌5.5 | 168 | 32 | | 在突降过程中发震 |
| 81 | 广东河源泉水流量 | 日测值，偏离正常动态 | 1987.01 | 逐步恢复正常动态 | 89 | −7.8Td | 江西寻乌5.5 | 168 | 213 | | 1987年1~2月突降，3月回升，平稳，7月突开，在突升中发震 |

续表

| 序号 | 测项 | 异常识别方法和判定指标 | 异常开始时间 | 异常结束时间 | 异常持续时间（天） | 异常最大幅度 | 对应地震 | 震中距（km） | 异常开始距发震时间（天） | 地震对应原则 | 备注 |
|---|---|---|---|---|---|---|---|---|---|---|---|
| 82 | 广东仁化水位 | 日均值，升降与降雨关系对比 | 1987.07.21 | 1987.07.31 | 11 | 0.6m | 江西寻乌5.5 | 190 | 13 | | 7月21～31日降雨量与水位上升变化比例失常 |
| 83 | 广东普宁CO₃⁻ | 月测值偏离正常动态140±4mg/L | 1987.02 | 持续高值 | 182 | +12.0mg/L | 江西寻乌5.5 | 195 | 183 | | 逐步上升，高值时发震 |
| 84 | 广东普宁SiO₂ | 月测值，偏离正常动态67.0±4.0mg/L | 1987.05 | 缓慢恢复 | 93 | +13.0mg/L | 江西寻乌5.5 | 195 | 94 | | 突升，在波动式恢复中发震 |
| 85 | 广东普宁F⁻ | 日测值，偏离正常动态20.0±0.4mg/L | 1987.04 | 缓慢恢复 | 122 | +0.8mg/L | 江西寻乌5.5 | 195 | 123 | | 突升，在高值中发震 |
| 86 | 广东汕头Cl⁻ | 月测值偏离正常动态537.4±8.8mg/L | 1987.01 | 1987.06 | 181 | +601.0mg/L | 江西寻乌5.5 | 208 | 214 | | 波动式上升，正常后发震 |
| 87 | 福建厦门Rn | 多元逐步回归余差曲线月均值余差超出2倍均方差（±3Bq/L） | 1987.07 | 1987.08 | 32 | +6.0Bq/L | 江西寻乌5.5 | 264 | 33 | | 急剧上升，达到最高值时发震 |
| | | 日均值余差超出3σ（σ=2.81Bq/L） | 1987.07.31 | 逐步恢复 | 2 | 65.2Bq/L | 江西寻乌5.5 | 264 | 3 | | 震前2天急剧上升，接近最高值时发震 |
| 88 | 福建厦门Ca²⁺ | 月均值，偏离正常动态479.4±37.4mg/L | 1987.04 | 1987.07 | 122 | +601mg/L | 江西寻乌5.5 | 264 | 124 | | 急剧升、降，恢复正常后发震 |
| 89 | 福建厦门Li⁺ | 月均值，偏离正常动态0.976±0.068mg/L | 1987.04 | 1987.06 | 91 | +1.24mg/L | 江西寻乌5.5 | 264 | 124 | | 急剧上升，下降，恢复正常后发震 |
| 90 | 福建安溪Ca²⁺ | 月均值，偏离正常动态5.34±0.84mg/L | 1987.03 | 1987.06 | 122 | +9.8mg/L | 江西寻乌5.5 | 268 | 155 | | 急剧上升，下降，恢复正常后发震 |

续表

| 序号 | 测项 | 异常识别方法和判定指标 | 异常开始时间 | 异常结束时间 | 异常持续时间（天） | 异常最大幅度 | 对应地震 | 震中距（km） | 异常开始距发震时间（天） | 地震对应原则 | 备注 |
|------|------|------------------------|--------------|--------------|-------------------|--------------|----------|--------------|-------------------------|--------------|------|
| 91 | 福建泉州 Ca²⁺ | 多元逐步回归，余差值超出4倍均方差 | 1986.11 | 1987.07 | 273 | +17.1mg/L | 江西寻乌 5.5 | 290 | 275 | | 急剧上升后出现波动，恢复正常后发震 |
| 92 | 福建泉州 Cl⁻ | 多元逐步回归，余差值超出3倍均方差 | 1986.12 | 恢复正常 | 245 | +19.7mg/L | 江西寻乌 5.5 | 290 | 245 | | 急剧上升后出现波动，在下降恢复过程中发震 |
| 93 | 福建泉州 水电导率 | 多元逐步回归，余差值超出4倍均方差 | 1986.12 | 1987.06 | 212 | +0.191ms/cm | 江西寻乌 5.5 | 290 | 245 | | 上升、平稳、下降，恢复正常后发震 |

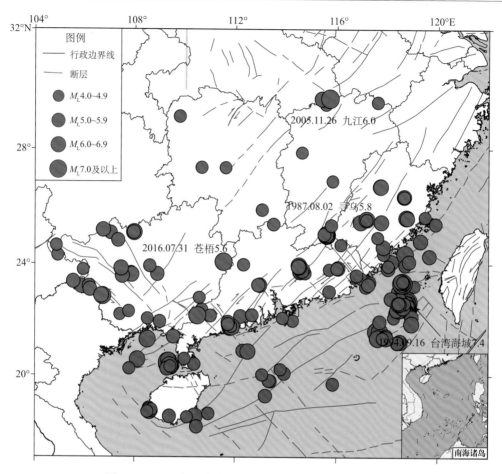

图 5 - 2　1987 年以来华南区域 $M_L$4 以上地震空间分布图

通过中国震例中华南片区的 14 个震例分析，发现华南地区流体异常特征表现为：流体前兆异常不遵循震级越大异常数量越多、震级越大震中距越远的常规，它们之间没有固定的关系；流体异常持续时间及异常出现至发震时间多数在半年内，异常出现后半年内发震的比例占多数，是优势发震时段；震中距在 60～250km 范围内的流体前兆异常最多为主流震中距；地球化学测项映震效能大大优于地球物理测项，是该地区的特征灵敏组分（廖丽霞等，2019）（图 5 - 3）。这一特征将作为我们提取流体指标体系判定地震的主要依据。由于（表 5 - 4）中的映震组目前绝大多数已停测，故流体指标的提取主要从日常工作中分析总结，水温在日常工作中没取得可靠的震例，没提取到指标；水位由于内在质量不是特别好及降雨、基建、抽水等干扰，分析全区资料几乎没提取到临震及短临异常，只好更多地从原始动态、趋势动态和同震响应方面进行分析。

说明：依据指标预测时间长短分为长期（2～10 年）、中期（3 个月至 2 年）和短临（3 月以内），每个指标分为①名称；②采用资料及基本算法；③异常判据指标；④异常性质；⑤预测规则；⑥预报效能。对无法给出预报效能的，则给出地震对应率，或该测项/方法的历史震例。

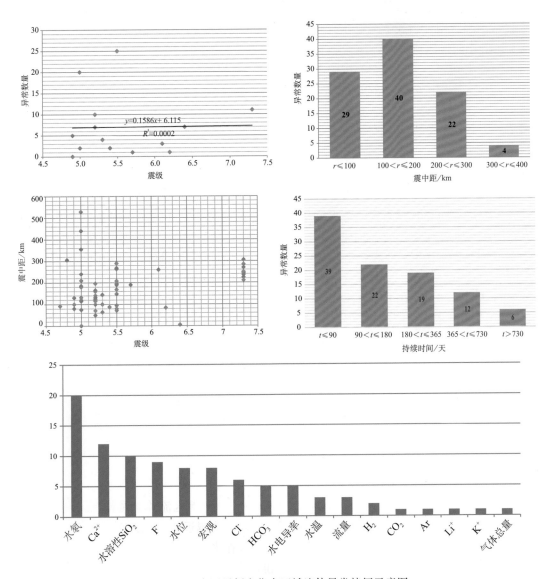

图 5-3 中国震例中华南区域流体异常特征示意图

## 5.3 长期预测指标

**多井水位同震阶升：**

（1）采用资料：华南片区 2000 年以来所有的水位观测井分钟值数据。

（2）基本算法：分钟值原始观测数据。

（3）异常判据指标：多个水位井对同一次世界 8 级大震的同震响应表现为阶升形态，

且围成一定的空间区域范围。

（4）预测规则：当多个水位井对同一次世界 8 级大震的同震响应表现为阶升形态，且围成一定的空间区域范围时，预示未来 3 年内多个水位同震阶升井围成的空间区域内可能发生 $M_L4.0$ 以上地震，一般在引起水位出现阶升的世界巨震发生后 2 年内发生地震。

（5）历史震例：分析 2000 年以后世界大震，除 2005.06.14 06：44 智利北部 8.1 级、2006.04.21 07：25 堪察加半岛东北地区 8.0 级、2006.11.15 19：14 千岛群岛 8.0 级、2009.09.30 01：48 萨摩亚地区 8.1 级、2010.02.27 14：34 智利海岸近海 8.8 级、2014.04.02 07：46 智利北部海岸 8.2 级、2015.05.30 19：02 日本小笠原群 8.0 级、2016.11.13 19：02 新西兰 8.0 级这 8 次 8 级以上地震没有出现水位阶升或阶降的水井外，其他出现同震阶（上）升、阶（下）降响应的水井及随后华南区域所发生的 $M_L4$ 以上地震统计在表 5 - 2，全球 8 级大震的各水位井的阶升、阶降典型动态图如（图 5 - 4、图 5 - 5）。各大震同震响应的典型空间分布图如（图 5 - 6 至图 5 - 9）。2006 年北部湾 $M_L4.5$、2007 年顺昌 $M_L5.1$、永春 $M_L4.9$ 地震就是在 2004 年印度尼西亚 8.6 级地震同震响应阶升集中区内发生的（图 5 - 6）；2008 年长泰 $M_L4.6$ 地震是在 2008 年汶川 8 级地震同震响应阶升集中区内发生的（图 5 - 7）；2011 年北部湾 $M_L4.1$、2012 年河源 $M_L5.1$、2013 年仙游 $M_L5.0$ 地震就是在 2011 年日本 9 级地震同震响应阶升集中区内发生的（图 5 - 8）。

表 5 - 2　华南区域同震响应阶升阶降统计表

| 地震事件 | 同震阶（上）升井 | 同震（阶）降井 | 巨震后区域地震 |
|---|---|---|---|
| 2001.11.14 17：26 新疆青海交界 8.1 | 西山井 | | |
| 2003.09.26 03：50 日本北海道 8.0 | 柱坑井 | | |
| 2004.12.26 19：10 印度尼西亚苏门答腊南部海中 8.6 | 西山井、仁化、晋江深沪井、南安汤井、仙游郊尾、永春井、尤溪井、琼海加积井 | 长沙井、琼海加积井、柱坑、花都、安溪 1 号 | 2006.09.17 北部湾 4.5<br>2005.11.26 江西九江 6.0<br>2007.03.13 福建顺昌5.1、4.9<br>2007.06.12 福建华安 4.0<br>2007.08.29 福建永春 4.9 |
| 2005.03.29 00：09 印度尼西亚苏门答腊 8.5 | 尤溪井 | 长沙井 | 2006.09.17 北部湾 4.5<br>2005.11.26 江西九江 6.0<br>2006.11.14 湖南新邵 4.0 |
| 2007.09.12 19：10 印度尼西亚苏门答腊南部海中 8.5 | 九江井 | 信宜井、安溪 1 号井 | |
| 2007.09.13 07：49 印度尼西亚苏门答腊南部海中 8.3 | 琼海加积井 | | 2007.12.04 阳西 4.5<br>2008.03.06 福建水口 4.8 |

| 地震事件 | 同震阶（上）升井 | 同震（阶）降井 | 巨震后区域地震 |
|---|---|---|---|
| 2008.05.12 14：28 四川汶川 8.0 | 华安汰内、南安汤井、南安莲塘井、永春井、西山井、九塘井、东津井、文昌潭牛井、九江井、会昌井、柱坑、龙虎 | 安溪 1 号井、闽侯旗山、宁德 1 号井、仙游郊尾、尤溪井、长乐营前、平潭北雾里、琼海加积井、赣州井、上饶井、信宜、梅州 | 2008.07.05 福建长泰 4.8 |
| 2011.03.11 13：46 日本本州东海岸附近海域 9.0 | 南安汤井、宁德 1 号井、永春井、平潭北雾里井、华安汰内井、尤溪井、西天尾井、西山井、九塘井、东津井、会昌井、柱坑井、龙虎井 | 安溪 1 号井、南安莲塘井、泉州局一号井、长乐营前井、长沙井、琼海加积井、赣州井、新丰江井、信宜井 | 2011.11.27 北部湾 4.1<br>2011.09.10 江西瑞昌 4.9<br>2012.02.16 广东东源 5.1<br>2012.04.15 福建仙游 4.1 |
| 2012.04.11 16：38 北苏门答腊西海岸远海 8.6 级地震/2012.04.11 18：43 北苏门答腊西海岸远海 8.2 | 永春井、西山井、琼海加积井、文昌潭牛井、会昌井 | 安溪 1 号井、信宜井 | 2012.11.05 万宁 4.1<br>2013.02.20 广西巴马 4.9 |
| 2013.05.24 鄂霍次克海 8.0 | 宁德 1 号井 | | 2013.09.04 福建仙游 5.2 |
| 2015.04.25 14：11 尼泊尔 8.1 | 宁德 1 号井、仙游井、平潭北雾里井、连江江南井、桃源井、清江井、津市井、安乡井、临湘井、西山井、九江井、会昌井 | 南安莲塘井、长乐营前井、长沙井、寻乌井 | 2015.06.17 江西九江 4.2<br>2016.07.31 苍梧 5.6<br>2016.09.17 来宾 4.6<br>2016.07.08 湖南郴州 4.1<br>2015.09.24 广东陆丰 4.3<br>2015.11.22 广东徐闻 4.3<br>2016.06.18 福建漳浦<br>　　　　海域 4.0<br>2016.07.08 湖南郴州 4.1<br>2016.07.31 广西苍梧 5.6<br>2016.09.17 广西兴宾 4.6<br>2016.10.31 广东蕉岭 4.0 |
| 2015.09.17 06：54 智利中部近海 8.2 | | 长沙井 | |

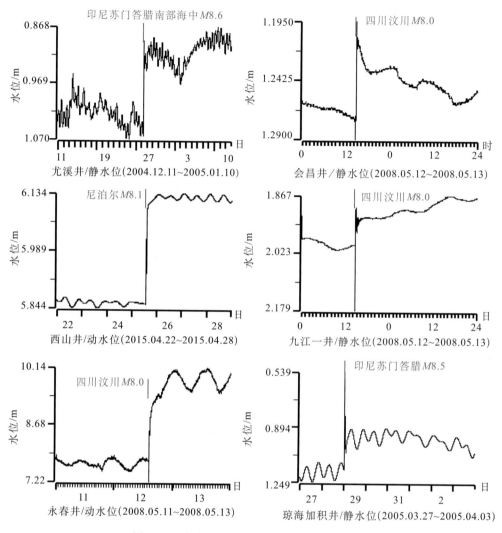

图5-4 全球8级巨震水位阶升典型动态曲线

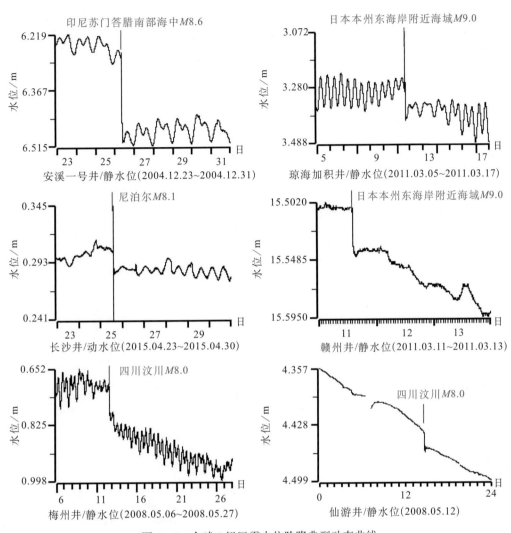

图5-5　全球8级巨震水位阶降典型动态曲线

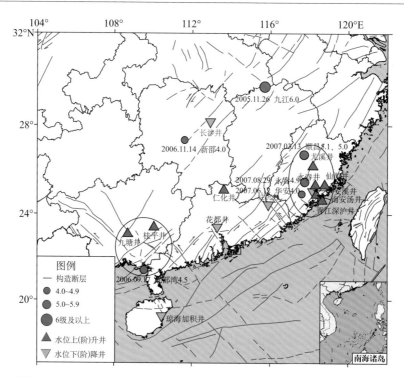

图 5-6　2004.12.26 印度尼西亚 8.6 级和 2005.03.29 印度尼西亚 8.5 级
地震水位阶升井与区域地震空间分布图

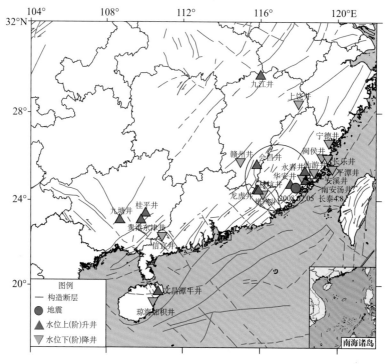

图 5-7　汶川地震水位阶升井与长泰地震空间分布图

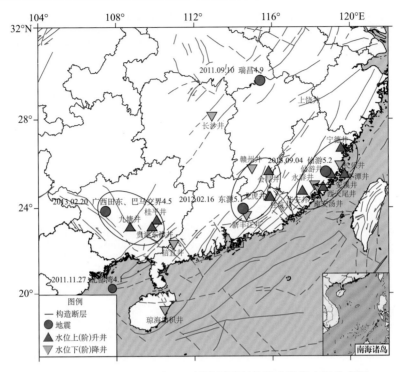

图 5-8 2011.03.11 日本 9.0 级地震引起的阶升阶降空间分布图

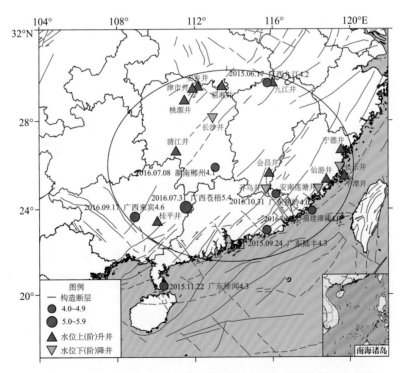

图 5-9 2015.04.25 尼泊尔 8.1 级地震引起的阶升阶降空间分布图

2015~2016 年间华南区域发生了 11 个 $M_L4$ 以上的地震，最大的为广西苍梧 5.6 级，但由于多数地震发生在观测井稀少或没有观测井的地方，故没有形成较明显的水位同震阶升区域，但从尼泊尔 8.1 级地震引起的阶升井统计（表 5 - 2）及阶升井空间分布图（图 5 - 9）来看，还是形成了较大规模的阶升，全区出现阶升的水位观测井有 12 口，这种规模较大的阶升在全区也是较少见的，这跟区域应力增加可能有一定的关联。

## 5.4　中期预测指标

### 5.4.1　河源黄子洞水氡

（1）采用资料：河源黄子洞水氡 1986 年观测以来水氡日值原始数据资料。

（2）基本算法：计算水氡五日均值。

（3）异常判据指标：水氡五日均值超 1.7 倍均方差持续时间 2 个月以上。

（4）预测规则：黄子洞水氡五日均值达到异常判据指标与河源 $M_L4.5$ 以上地震有较好的对应关系，地震发生时间一般在异常出现 14 个月内。

（5）地震对应率：河源 $M_L4.5$ 以上地震对应率 6/9，详见图 5 - 10 和表 5 - 4。

河源黄子洞水氡从 1971 年开始试测，1972 年正式投入观测，目前前兆数据库中数据始于 1986 年。黄子洞水氡观测时间长，从 1986 年以来的资料分析，1986 年至今河源新丰江水库附近共发生 9 次 $M_L3.5$ 以上地震（表 5 - 3），其中 6 次震前水氡五日均值超出 1.3 倍均方差持续 2 个月以上（图 5 - 4），尤其是 1989 年 11 月 26 日河源 $M_L4.9$、4.8 地震、1991 年 9 月 21 日河源 $M_L5.0$ 地震以及 1999 年 8 月 20 日河源 $M_L5.1$ 地震这四次地震，异常持续 2 ~ 7 个月不等。这些异常有共同的特点，即地震都发生在高值下落—回升阶段，发生在新丰江大坝区的地震黄子洞水氡异常较为明显，发生在库尾区锡场东源的地震异常相对不明显。除了有震前兆异常外，黄子洞水氡也曾有无震异常的先例，1993 年 8 ~ 10 月超出 1.3 倍均方差持续 3 个月高值异常后出现下落—回升变化过程，但随后两年该区并未发生 4 级以上地震（表 5 - 4）。

表 5 - 3　东源地震基本参数

| 序号 | 发震时间 | $\lambda_E$（°） | $\Psi_N$（°） | 震级 | 震中位置 |
|------|----------|----------|----------|------|----------|
| 1 | 2012.02.16 | 23.77 | 114.55 | 5.1 | 广东东源 |
|   | 2012.02.17 | 23.75 | 114.65 | 4.2 | 广东东源 |
| 2 | 2012.08.31 | 23.81 | 114.67 | 4.5 | 广东东源 |
| 3 | 2013.02.22 | 23.91 | 114.48 | 5.0 | 广东东源 |
| 4 | 2013.07.30 | 23.90 | 114.48 | 3.6 | 广东东源 |
| 5 | 2014.04.25 | 23.91 | 114.48 | 4.4 | 广东东源 |

| 序号 | 发震时间 | $\lambda_E$（°） | $\Psi_N$（°） | 震级 | 震中位置 |
|---|---|---|---|---|---|
| 6 | 2014.07.11 | 23.91 | 114.49 | 4.7 | 广东东源 |
| 7 | 2014.07.22 | 23.91 | 114.48 | 3.5 | 广东东源 |
| 8 | 2015.05.15 | 23.91 | 114.46 | 3.9 | 广东东源 |
| 9 | 2015.06.13 | 23.90 | 114.47 | 3.6 | 广东东源 |

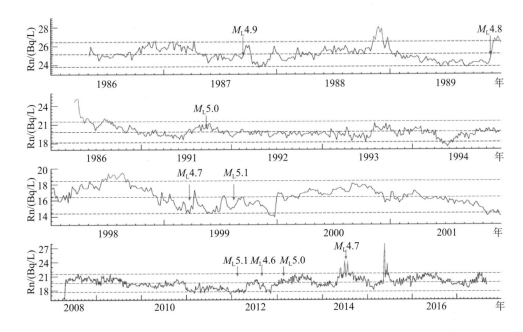

图 5-10　新丰江黄子洞水氡 5 日均值图

表 5-4　黄子洞水氡映震特征表

| 发震时间 | 震级 $M_L$ | 震中位置 | 震中距（km） | 异常起止时间 | 异常持续时间（月） | 异常特征 | 异常开始距发震时间（月） |
|---|---|---|---|---|---|---|---|
| 1987.09.15 | 4.9 | 河源 | 28 | 无异常 | | | |
| 1989.11.26 | 4.9、4.8 | 河源 | 13 | 1988.11~1988.12 | 2 | 超限地震发生 | 12 |
| 1991.09.21 | 5.0 | 河源 | 21 | 1990.07~1990.10 | 4 | 超限地震发生 | 14 |
| 无震 | | | | 1993.08~1993.10 | 3 | 无震 | |
| 1999.03.25 | 4.7 | 河源 | 13 | 1998.06~1998.09 | 4 | 超限地震发生 | 9 |
| 1999.08.20 | 5.1 | 河源 | 13 | 1998.06~1998.09 | 4 | 超限地震发生 | 14 |
| 2012.02.16 | 5.1 | 东源 | 31 | 无异常 | | | |

续表

| 发震时间 | 震级 $M_L$ | 震中位置 | 震中距（km） | 异常起止时间 | 异常持续时间（月） | 异常特征 | 异常开始距发震时间（月） |
|---|---|---|---|---|---|---|---|
| 2012.08.31 | 4.6 | 东源 | 28 | 无异常 | | | |
| 2013.02.22 | 5.0 | 东源 | 31 | 无异常 | | | |
| 2014.07.11 | 4.7 | 东源 | 30 | 2014.05~2014.07 | 3 | 超限地震发生 | 2 |

## 5.4.2　华安汰内井水氡

（1）采用资料：华安汰内井 1987 年观测以来的水氡日测值数据。

（2）基本算法：计算隔年原始数据月均值之差。

（3）异常判据指标：以 4Bq/L 作为阈值控制线。

（4）预测规则：出现水氡隔年原始数据月均值之差≥4Bq/L 这一异常后，与台湾地区 7 级以上地震有很好的对应关系，地震发生时间多数在异常出现后一年左右。详见图 5 - 11 及表 5 - 5。

（5）地震对应率：6/8。详见表 5 - 6。

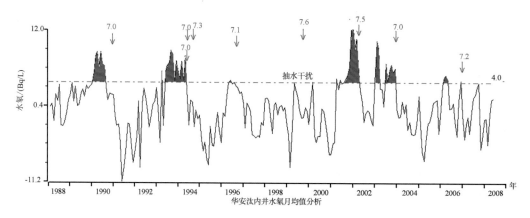

图 5 - 11　华安汰内井水氡对台湾 7 级地震映震图

**表 5 - 5　华安汰内井水氡对台湾 7 级地震映震统计表**

| 地震事件 | 异常月频次 | 异常出现后距发震时间/月 |
|---|---|---|
| 1990.12.14 台湾花莲 7.0 | 7 | 12 |
| 1994.05.24 台湾 7.0<br>1994.06.05 台湾 7.0<br>1994.09.16 台湾海峡 7.3 | 14 | 14 |
| 1996.09.06 台湾南屿 7.1 | 3 | 5 |
| 1999.09.21 台湾南投 7.6 | 无 | / |

续表

| 地震事件 | 异常月频次 | 异常出现后距发震时间/月 |
|---|---|---|
| 2002.03.31 台湾花莲海域 7.5 | 11 | 13 |
| 2003.12.10 台湾台东海域 7.0 | 9 | 12 |
| 2006.12.26 台湾恒春海域 7.2 | 4 | 11 |
| 无地震对应 | 9 | / |
| 平均值 | 8 | 11.2 |

表 5-6　华安汰内井水氡对台湾 7 级地震映震情况统计表

| 测点及测项 | 出现异常次数 | 对应次数 | 7 级以上地震批次 | 对应概率% | 漏报率% | 虚报率% |
|---|---|---|---|---|---|---|
| 华安汰内井水氡 | 8 | 6 | 7 | 75% | 14.29 | 25% |

## 5.4.3　九塘水位

（1）采用资料：广西九塘井水位 2002 年以来的水位整点值。

（2）基本算法：日均值。

（3）异常判据指标：在受远大震同震影响后，水位快速阶升，并持续高值，且一般持续 1 年左右；受同震影响水位快速上升，并溢出井口。

（4）预测规则：在受远大震同震影响后，水位快速阶升，并持续高值，且一般持续 1 年左右；受同震影响水位快速上升，并溢出井口。在异常持续期内或结束后，异常井 200km 左右范围内发生的 $M_L4.5$ 以上地震有较好的对应关系。

（5）历史震例：2005 年 10 月 27 日广西平果 $M_L4.8$ 地震是在 2004 年 12 月水位快速上升并溢出井口和受印度尼西亚苏门答腊 8.7 级地震影响水位同震阶升后 305 天发生的；2013 年 1 月 20 日广西平果 $M_L4.9$ 地震是在 2011 年 12 月水位快速上升并溢出井口和受印度尼西亚苏门答腊 8.6 级地震影响水位同震阶升后 314 天发生的。详见图 5-12、图 5-13 及表 5-7。

表 5-7　九塘水位映震特征表

| 发震时间 | 震级 $M_L$ | 发震地点 | 震中距（km） | 异常起止时间 | 最大异常幅度（m） | 异常特征及备注 | 异常开始距发震时间（天） |
|---|---|---|---|---|---|---|---|
| 2005.10.27 | 4.8 | 平果 | 135 | 2004.12.01~2005.12.31 | 0.267 | 快速上升—持续—发震 | 331 |
| | | | | 2004.12.26~2005.03.01 | 0.084 | 同震阶升—持续高值—发震 | 305 |

| 发震时间 | 震级 $M_L$ | 发震地点 | 震中距（km） | 异常起止时间 | 最大异常幅度（m） | 异常特征及备注 | 异常开始距发震时间（天） |
|---|---|---|---|---|---|---|---|
| 2013.02.20 | 4.9 | 平果 | 157 | 2011.12.20~2013.02.01 | 水位溢出井口 | 快速上升—持续—下降—发震 | 427 |
| | | | | 2012.04.11~2012.04.13 | 水位溢出井口 | 同震阶升—持续高值—下降—发震 | 314 |

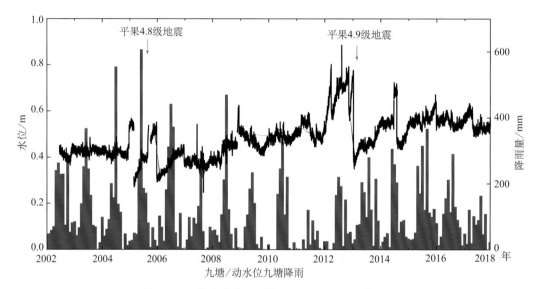

图 5-12　九塘水位映震特征（水位上升）曲线图

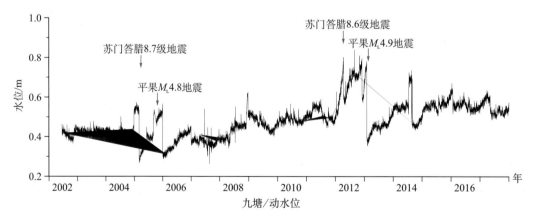

图 5-13　九塘水位映震特征（同震阶变）曲线图

### 5.4.4　桂平西山井和石康井水位

（1）采用资料：广西桂平西山井 2010 年以来的水位整点值、降雨量月总量，石康井2009 年以来的水位整点值数据、降雨量月总量。

（2）基本算法：日均值。

（3）异常判据指标：没有出现正常的夏高冬低年变动态，出现破年变异常。

（4）预测规则：没有出现正常的夏高冬低年变动态，出现破年变异常，则一年内台站300km 左右范围内存在发生 $M_L5.5$ 左右地震。

（5）历史震例：2016 年广西苍梧地震前，广西桂平西山井和石康井在震前一年破年变，没有出现正常的夏高冬低年变动态（图 5－14）。

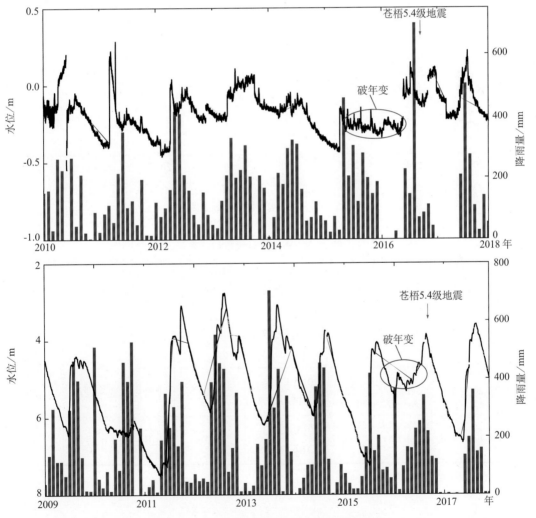

图 5－14　广西西山和石康井水位映震曲线图

### 5.4.5　香1水位

（1）采用资料：广西香1井水位2003年以来的水位整点值。

（2）基本算法：日均值。

（3）异常判据指标：水位在多年长趋势上升的背景上出现加速、转折。

（4）预测规则：水位加速上升，或上升过程出现下降、转平等转折现象，在转折现象持续或结束后，与水井200km范围内发生的$M_L$4.5以上地震有很好的对应关系。

（5）地震对应率：3/4，详见图5-15及表5-8。

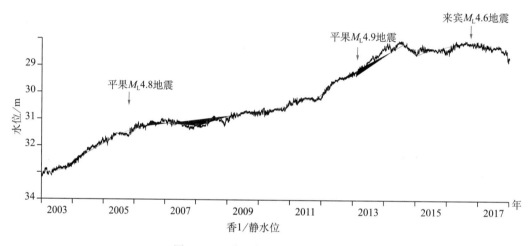

图5-15　香1水位映震特征曲线图

**表5-8　香1水位映震特征表**

| 发震时间 | 震级 $M_L$ | 发震地点 | 震中距（km） | 异常起止时间 | 最大异常幅度（m） | 异常特征及备注 | 异常开始距发震时间（天） |
|---|---|---|---|---|---|---|---|
| 2005.10.27 | 4.8 | 平果 | 48 | 2003.11.08~2005.05.04 | 1.11 | 上升—加速—发震 | 718 |
| 2013.02.20 | 4.9 | 平果 | 52 | 2011.12.25~2016.08.08 | 2.01 | 上升—加速—发震 | 423 |
| 2016.09.17 | 4.6 | 来宾 | 182 | 2016.02.13~2016.08.08 | 0.203 | 上升—转平—发震 | 159 |

注：以上水位测项的映震情况统计列于表5-9。

表 5 - 9 广西区域水位测项映震情况统计表

| 测点及测项 | 出现异常次数 | 对应次数 | 预报区域 $M_L4.5$ 以上地震批次 | 本省及邻近区域对应概率% | 漏报率（%） | 虚报率（%） |
|---|---|---|---|---|---|---|
| 九塘水位上升溢出井口 | 3 | 2 | 2 | 66.7 | 71.4 | 33.3 |
| 九塘水位同震阶变 | 4 | 2 | 2 | 50 | 71.4 | 50 |
| 香1水位加速上升 | 3 | 3 | 3 | 100 | 0 | 0 |
| 石康水位破年变 | 2 | 1 | 1（该指标用于对应5以上） | 50 | 0 | 50 |
| 桂平西山水位破年变 | 1 | 1 | 1（该指标用于对应5以上） | 100 | 0 | 0 |

## 5.4.6 儋州西流井、琼海加积井水位趋势变化

（1）采用资料：儋州西流井、琼海加积井水位1987年以来的观测数据。

（2）基本算法：水位月均值。

（3）异常判据指标：水位月均值最低值出现趋势转折。

（4）预测规则：水位趋势上升或下降4~5年然后呈转折下降或上升，转折后约1~2年间区域会发生相应地震。

（5）地震对应率：3/4。

（6）备注：1989年1月至1993年12月趋势均下降，然后转折上升期间1994~1995年内发生 $M_L5.0$ 以上地震共7次，且基本发生在北部湾地区，震级较为一致，因其间隔时间较近，故在此只选用一个代表性地震（1994.12.31北部湾6.4级）纳入统计分析。如图5-16及表5-10、表5-11、表5-12。

表 5 - 10 儋州西流井水位映震特征表

| 发震时间 | 震级 $M_L$ | 发震地点 | 震中距（km） | 异常起止时间 | 最大异常幅度（m） | 异常特征 | 异常开始距发震时间（天） |
|---|---|---|---|---|---|---|---|
| 1994.12.31 | 6.4 | 北部湾 | 120.15 | 1989.01~1993.12 | 0.838 | 趋势转折 | 2191 |
| 1999.05.17 | 5.3 | 陵水近海 | 154.33 | 1994.01~1997.12 | 0.745 | 趋势转折 | 1963 |
| 2004.09.17 | 5.2 | 广东阳江 | 336.4 | 1999.01~2003.12 | / | 趋势转折 | 2087 |

表5－11　琼海加积井水位映震特征表

| 发震时间 | 震级 $M_L$ | 发震地点 | 震中距（km） | 异常起止时间 | 最大异常幅度（m） | 异常特征 | 异常开始距发震时间（天） |
|---|---|---|---|---|---|---|---|
| 1994.12.31 | 6.4 | 北部湾 | 194.86 | 1989.01~1993.12 | 0.838 | 趋势转折 | 2191 |
| 1999.05.17 | 5.3 | 陵水近海 | 89.91 | 1995.01~1998.12 | 0.755 | 趋势转折 | 1598 |
| 2004.09.17 | 5.2 | 广东阳江 | 319.19 | 2000.01~2004.08 | 0.855 | 趋势转折 | 1722 |

表5－12　海南儋州西流井、琼海加积井水位映震情况统计表

| 测点及测项 | 出现异常次数 | 对应次数 | 预报区域 $M_L4.5$ 以上地震批次 | 本省及邻近区域对应概率（%） | 漏报率（%） | 虚报率（%） |
|---|---|---|---|---|---|---|
| 儋州西流井水位 | 4 | 3 | 3 | 75 | 0 | 25 |
| 琼海加积井水位 | 4 | 3 | 3 | 75 | 0 | 25 |

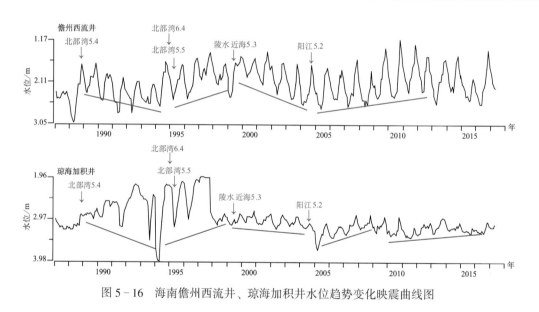

图5－16　海南儋州西流井、琼海加积井水位趋势变化映震曲线图

## 5.4.7　长沙井水位同震阶降

（1）采用资料：长沙井2004年至今水位观测数据。

（2）基本算法：分钟值原始观测数据。

（3）异常判据指标：世界8级大震的同震响应表现为阶降形态。

（4）预测规则：当同震响应表现为阶降时，预示未来2年内水井周围300km范围内可能发生 $M_L5\sim6$ 或250km范围内可能发生 $M_L4\sim5$ 以上地震。

（5）地震对应率：5/5，见表5－13及图5－17。

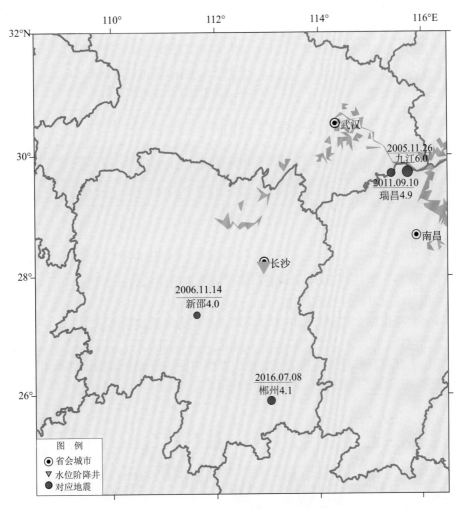

图 5-17 长沙井对应地震空间分布图

表 5-13 长沙井水位同震响应映震情况统计表

| 远震事件 | 同震响应形态 | 可能对应地震及震中距<br>（km） | 对应地震距同震响应时间<br>（月） |
|---|---|---|---|
| 2004.12.26 08：58 印度尼西亚<br>苏门答腊南部海中 8.6 级地震 | 阶降 | 2005.11.26<br>江西九江 6.0 级地震，320 | 11 |
| 2005.03.29 00：09 印度尼西亚<br>—尼亚斯岛 8.5 级地震 | 阶降 | 2005.11.26<br>江西九江 6.0 级地震，320 | 8 |
| | | 2006.11.14<br>湖南新邵 4.0 级地震，160 | 20 |

续表

| 远震事件 | 同震响应形态 | 可能对应地震及震中距（km） | 对应地震距同震响应时间（月） |
|---|---|---|---|
| 2011.03.11 13：46 日本本州东海岸附近海域9.0级地震 | 阶降 | 2011.09.10 江西瑞昌4.9级地震，294 | 6 |
| 2015.04.25 14：11 尼泊尔8.1级地震 | 阶降 | 2016.07.08 湖南郴州4.1级地震，253 | 14.5 |
| 2015.09.17 06：54 智利中部沿岸近海8.2级地震 | 阶降 | | 10 |

## 5.4.8 宁德井气氡

（1）采用资料：宁德井2004年观测以来气氡整点值原始数据资料。

（2）基本算法：计算气氡日均值。

（3）异常判据指标：气氡日均值2.0倍均方差作为经验控制阈值。

（4）预测规则：气氡日均值超2.0倍均方差异常控制线后，异常与井孔周围250km范围内 $M_L4.5$ 以上地震有较好的对应关系，地震发生时间一般在异常出现后半年左右。

地震对应率：6/8，详见图5-18和表5-14。

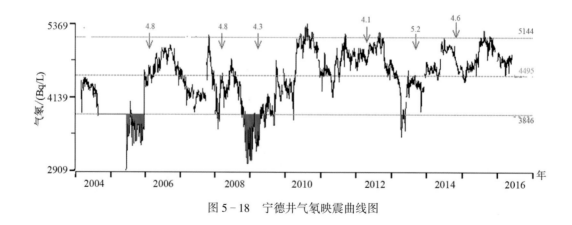

图5-18　宁德井气氡映震曲线图

## 5.4.9 华安汰内井和厦门东孚井水化

（1）采用资料：华安汰内井氟离子、氯离子、水电导率、碳酸氢根离子、厦门东孚井氟离子1987年观测以来的月测值原始数据资料。

（2）基本算法：月测值原始数据。

（3）异常判据指标：月测值原始数据1.6倍均方差（备注：华安汰内井碳酸氢根离子

为 2.0 倍）作为经验控制阈值。

（4）预测规则：以上各测项月测值超 1.6 倍（备注：华安汰内井碳酸氢根离子为 2.0 倍）均方差异常控制线后，异常与井孔周围 250km 范围内 $M_L$4.5 以上地震有较好的对应关系，地震发生时间一般在异常出现后半年左右。

（5）地震对应率：华安汰内井氟离子为 8/11；华安汰内井氯离子为 7/10；华安汰内井水电导率为 9/12；华安汰内井碳酸氢根离子为 5/7；厦门东孚井氟离子为 5/6，详见图 5－19 至图 5－23 及表 5－15 至表5－19。

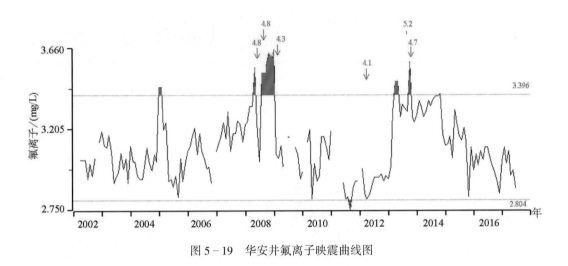

图 5－19　华安井氟离子映震曲线图

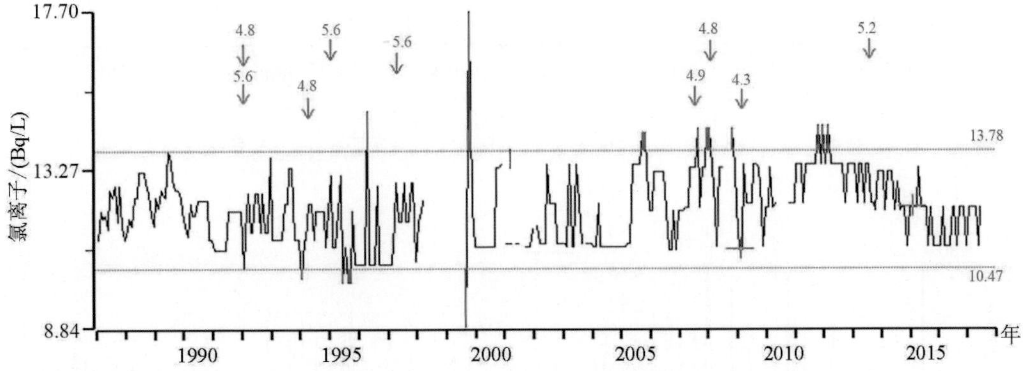

图 5－20　华安井氯离子映震曲线图

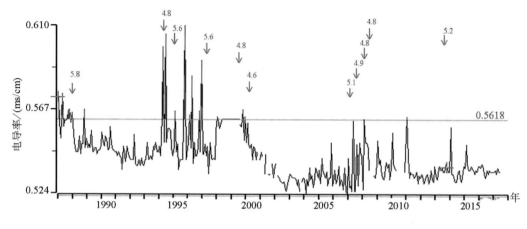

图 5 - 21　华安井水电导率映震曲线图

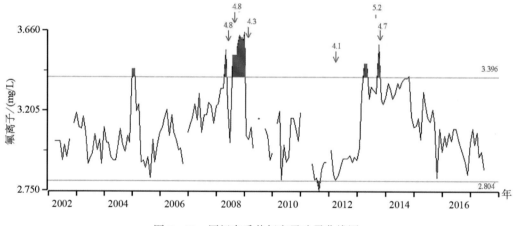

图 5 - 22　厦门东孚井氟离子映震曲线图

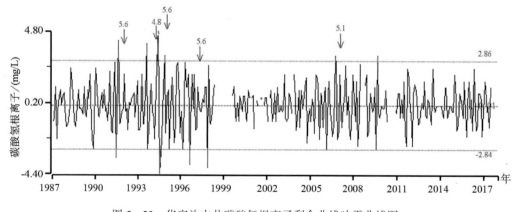

图 5 - 23　华安汰内井碳酸氢根离子剩余曲线映震曲线图

表 5-14　宁德气氡映震特征表

| 发震时间 | 震级 $M_s$ | 发震地点 | 测点及测项 | 分析方法 | 震中距 (km) | 异常起止时间 | 最大异常幅度 (Bq/L) | 异常特征及备注 | 异常开始距发震时间 (天) |
|---|---|---|---|---|---|---|---|---|---|
| 2006.02.09 | 4.8 | 浙江文成 | 宁德气氡 | 原始数据日均值 | 122.24 | 2005.06.09~2005.12.11 | 937 | 震前低值超限变化，震前60天向上台阶—上升—发震 | 245 |
| 2008.03.06 | 4.8 | 福建古田 | 宁德气氡 | 原始数据日均值 | 92.22 | 2007.10.03~2008.03.06 | 245 | 上升，震前133天2.0倍均方差超限，下降-2.0倍均方差超限—上升—发震 | 156 |
| 2009.03.23 | 4.3 | 福建平潭海域 | 宁德气氡 | 原始数据日均值 | 143.73 | 2008.07.13~2009.09.09 | 823.3 | 下降，震前145天2.0倍均方差超限—上升—发震，持续至震后170天 | 253 |
| 无震 | 无震 | 无震 | 宁德气氡 | 原始数据日均值 | 92.22 | 2010.03.20~2010.12.06 | 208 | 上升，2.0倍均方差超限—下降 |  |
| 2012.04.15 | 4.1 | 福建仙游 | 宁德气氡 | 原始数据日均值 | 137.38 | 2011.05.02~2011.11.02 | 66.0 | 上升，震前228天2.0倍均方差超限—下降—平静变化—发震 | 253 |
| 2013.09.04 | 5.2 | 福建仙游 | 宁德气氡 | 原始数据日均值 | 139.01 | 2012.07.20~2013.05.21 | 369 | 上升-2.0倍均方差超限—快速下降—震前157天快速低值超限—上升—平静变化—发震 | 412 |
| 2014.10.25 | 4.6 | 浙江文成 | 宁德气氡 | 原始数据日均值 | 121.75 | 2014.05.12~2014.10.25 | 41 | 上升-2.0倍均方差超限—高值变化—发震 | 166 |
| 无震 | 无震 | 无震 | 宁德气氡 | 原始数据日均值 |  | 2015.06.08~2015.11.09 |  | 上升，2.0倍均方差超限—下降 |  |

表 5 - 15　华安氟离子映震特征表

| 发震时间 | 震级 $M_S$ | 发震地点 | 测点及测项 | 分析方法 | 震中距 (km) | 异常起止时间 | 最大异常幅度 (mg/L) | 异常特征及备注 | 异常开始距发震时间 (月) |
|---|---|---|---|---|---|---|---|---|---|
| 无震 | 无震 | 无震 | HAF⁻ | 原始数据月测值 |  | 1989.01~1989.04 | 9.1 | 1.6倍均方差超限 |  |
| 1992.11.26 | 5.1 | 连城 | HAF⁻ | 原始数据月测值 | 104.11 | 1992.05~1992.05 | 10.7 | 1.6倍均方差超限—下降—发震 | 6 |
| 1997.05.31 | 5.6 | 永安西南 | HAF⁻ | 原始数据月测值 | 102.78 | 1995.11~1996.05 | 8.85 | 1.6倍均方差超限 3次—上升—平静变化—发震 | 18 |
| 1999.08.05 | 4.8 | 惠安东南 | HAF⁻ | 原始数据月测值 |  | 1997.09~1998.02 | 12.0 | 1.6倍均方差超限，因 1998.05~1999.06 断记，异常持续情况不明 | 23 |
| 2004.05.30 | 4.5 | 厦门海域 | HAF⁻ | 原始数据月测值 | 149.37 | 2004.05~2004.05 | 9.93 | 1.6倍均方差超限—发震 | 0 |
| 无震 | 无震 | 无震 | HAF⁻ | 原始数据月测值 |  | 2005.07~2005.07 | 10.0 | 1.6倍均方差超限 |  |
| 2008.03.06 | 4.8 | 福建古田 | HAF⁻ | 原始数据月测值 | 214.51 | 2007.10~2007.10 | 11.7 | 1.6倍均方差超限—发震 | 6 |
| 2008.07.05 | 4.8 | 福建长泰 | HAF⁻ | 原始数据月测值 | 31.56 | 2008.03~2008.06 | 12.2 | 1.6倍均方差超限—发震，因 2008.07~2008.09 断记，后续异常情况不明 | 4 |
| 2009.03.23 | 4.3 | 平潭海域 | HAF⁻ | 原始数据月测值 | 248.99 | 2008.12~2008.12 | 11.7 | 1.6倍均方差超限—下降—发震 | 4 |

续表

| 发震时间 | 震级 $M_s$ | 发震地点 | 测点及测项 | 分析方法 | 震中距(km) | 异常起止时间 | 最大异常幅度(mg/L) | 异常特征及备注 | 异常开始距发震时间(月) |
|---|---|---|---|---|---|---|---|---|---|
| 2013.09.04 | 5.2 | 福建仙游 | HAF⁻ | 原始数据月测值 | 157.68 | 2012.08~2013.03 | 12.2 | 1.6倍均方差超限多次—下降—发震 | 4 |
| 无震 | 无震 | 无震 | HAF⁻ | 原始数据月测值 | | 2014.09~2015.02 | 11.9 | 1.6倍均方差超限多次 | |

表 5 – 16　华安汰内井氯离子映震特征表

| 发震时间 | 震级 $M_s$ | 发震地点 | 测点及测项 | 分析方法 | 震中距(km) | 异常起止时间 | 最大异常幅度(mg/L) | 异常特征及备注 | 异常开始距发震时间(月) |
|---|---|---|---|---|---|---|---|---|---|
| 无震 | 无震 | 无震 | HACl⁻ | 原始数据月测值 | | 1989.06~1989.06 | 13.8 | 临近1.6倍均方差超限 | |
| 1992.02.18 | 5.6 | 南日岛 | HACl⁻ | 原始数据月测值 | 215.93 | 1992.01~1992.01 | 10.5 | 临近1.6倍均方差超限—发震 | 1 |
| 1994.05.24 | 4.8 | 永安小陶 | HACl⁻ | 原始数据月测值 | 102.78 | 1994.01~1994.01 | 10.2 | 1.6倍均方差超限—上升—发震 | 4 |
| 1997.05.31 | 5.6 | 永安西南 | HACl⁻ | 原始数据月测值 | 102.78 | 1995.06~1997.02 | 14.9 | 1.6倍均方差超限—持续震荡变化—上升—发震 | 23 |
| 无震 | 无震 | 无震 | HACl⁻ | 原始数据月测值 | | 1999.08~1999.10 | 17.7 | 1.6倍均方差超限，1998.04~1999.08断记，异常不可信 | |

续表

| 发震时间 | 震级 Ms | 发震地点 | 测点及测项 | 分析方法 | 震中距(km) | 异常起止时间 | 最大异常幅度(mg/L) | 异常特征及备注 | 异常开始距发震时间(月) |
|---|---|---|---|---|---|---|---|---|---|
| 无震 | 无震 | 无震 | HACl⁻ | 原始数据月测值 | | 2005.09~2005.10 | 14.3 | 1.6倍均方差超限 | |
| 2007.08.29 | 4.9 | 福建永春 | HACl⁻ | 原始数据月测值 | 87.58 | 2007.08~2007.08 | 14.4 | 1.6倍均方差超限—发震 | 0 |
| 2008.03.06 | 4.8 | 福建古田 | HACl⁻ | 原始数据月测值 | 214.51 | 2007.12~2008.01 | 14.4 | 1.6倍均方差超限—下降—发震 | 4 |
| 2009.03.23 | 4.3 | 平潭海域 | HACl⁻ | 原始数据月测值 | 248.99 | 2008.10~2008.10 | 14.4 | 1.6倍均方差超限—下降—发震 | 6 |
| 2013.09.04 | 5.2 | 福建仙游 | HACl⁻ | 原始数据月测值 | 157.68 | 2011.10~2012.02 | 14.5 | 1.6倍均方差超限—持续高水平变化—下降—发震 | 23 |

表 5 - 17　华安汰内井水电导率率映震特征表

| 发震时间 | 震级 Ms | 发震地点 | 测点及测项 | 分析方法 | 震中距(km) | 异常起止时间 | 最大异常幅度(ms/cm) | 异常特征及备注 | 异常开始距发震时间(月) |
|---|---|---|---|---|---|---|---|---|---|
| 1987.08.02 | 5.6 | 江西寻乌 | HAS | 原始数据月测值 | 122.69 | 1987.01~1987.02 1987.04~1988.01 | 0.573 | 1.6倍均方差超限—发震，震后持续5个月后下降恢复正常 | 7 |
| 无震 | 无震 | 无震 | HAS | 原始数据月测值 | | 1988.10~1988.10 | 0.567 | 1.6倍均方差超限 | |

续表

| 发震时间 | 震级 $M_s$ | 发震地点 | 测点及测项 | 分析方法 | 震中距（km） | 异常起止时间 | 最大异常幅度（ms/cm） | 异常特征及备注 | 异常开始距发震时间（月） |
|---|---|---|---|---|---|---|---|---|---|
| 1994.05.24 | 4.8 | 永安小陶 | HAS | 原始数据月测值 | 102.78 | 1994.04~1994.04 | 0.599 | 1.6倍均方差超限—下降—发震 | 1 |
| 1995.02.25 | 5.6 | 晋江 | HAS | 原始数据月测值 | 122.69 | 1994.06, 1995.02 | 0.608, 0.566 | 1.6倍均方差超限多次—发震 | 8 |
| 1997.05.31 | 5.6 | 永安西南 | HAS | 原始数据月测值 | 102.78 | 1995.10, 1996.04, 1996.02, 1996.10, 1996.12 | 0.61 | 1.6倍均方差超限多次—发震 | 19 |
| 无震 | 无震 | 无震 | HAS | 原始数据月测值 | | 1998.01~1998.05 | 0.563 | 1.6倍均方差超 1998.06~1999.07 数据断记，异常不可靠 | |
| 1999.08.05 | 4.8 | 惠安东南 | HAS | 原始数据月测值 | | 1997.11~1999.10 | 0.560 | 1.6倍均方差超 1998.06~1999.07 数据断记，异常不可靠 | 20 |
| 2000.05.27 | 4.6 | 漳浦海外 | HAS | 原始数据月测值 | | 1999.08~1999.10, 1999.12, 2000.02 | 0.563 | 1.6倍均方差超 1998.06~1999.07 数据断记，异常不可靠 | 9 |
| 2007.08.29 | 4.9 | 福建永春 | HAS | 原始数据月测值 | | 2007.04~2007.07 | 0.561 | 临近1.6倍均方差超限—发震 | 4 |
| 2008.03.06 | 4.8 | 福建古田 | HAS | 原始数据月测值 | 214.51 | 2006.12~2008.02 | 0.562 | 1.6倍均方差超限—发震 | 1 |

续表

| 发震时间 | 震级 Ms | 发震地点 | 测点及测项 | 分析方法 | 震中距（km） | 异常起止时间 | 最大异常幅度（ms/cm） | 异常特征及备注 | 异常开始距发震时间（月） |
|---|---|---|---|---|---|---|---|---|---|
| 2008.07.05 | 4.8 | 福建长泰 | HAS | 原始数据月测值 | | 2008.02~2008.02 | 0.562 | 1.6倍均方差超限—下降—发震 | 5 |
| 无震 | 无震 | 无震 | HAS | 原始数据月测值 | | 2011.01~2011.01 | 0.563 | 1.6倍均方差超限 | |

表 5-18　厦门东孚井氟离子映震特征表

| 发震时间 | 震级 Ms | 发震地点 | 测点及测项 | 分析方法 | 震中距（km） | 异常起止时间 | 最大异常幅度（mg/L） | 异常特征及备注 | 异常开始距发震时间（月） |
|---|---|---|---|---|---|---|---|---|---|
| 无震 | 无震 | 无震 | XMF⁻ | 原始数据月测值 | | 2004.12~2005.01,2005.08 | 3.44 | 上升—1.6倍均方差超限—下降—1.6倍均方差超限—上升—发震 | |
| 2008.07.05 | 4.8 | 福建长泰 | XMF⁻ | 原始数据月测值 | 19.32 | 2008.04,2008.07 | 3.55 | 上升—1.6倍均方差超限—下降—发震 | 3 |
| 2009.03.23 | 4.3 | 平潭海域 | XMF⁻ | 原始数据月测值 | 225.87 | 2008.09~2008.12 | 3.66 | 1.6倍均方差超限—下降—发震 | 7 |
| 2012.04.15 | 4.1 | 福建仙游 | XMF⁻ | 原始数据月测值 | 157.17 | 2011.06~2011.08 | 2.81 | 1.6倍均方差超限—发震 | 1 |
| 2013.09.04 | 5.2 | 福建仙游 | XMF⁻ | 原始数据月测值 | 155.25 | 2013.03~2013.04 | 3.58 | 上升—1.6倍均方差超限—发震，震后持续高水平变化 | 6 |

续表

| 发震时间 | 震级 $M_S$ | 发震地点 | 测点及测项 | 分析方法 | 震中距（km） | 异常起止时间 | 最大异常幅度（mg/L） | 异常特征及备注 | 异常开始距发震时间（月） |
|---|---|---|---|---|---|---|---|---|---|
| 2013.10.30 | 4.7 | 福建仙游 | XMF⁻ | 原始数据月测值 | 155.25 | 2013.09 | 3.47 | 仙游震后持续高水平变化，1.6倍均方差超限 | 1 |

表 5 - 19　华安汰内井碳氢酸根离子映震特征表

| 发震时间 | 震级 $M_S$ | 发震地点 | 测点及测项 | 分析方法 | 震中距（km） | 异常起止时间 | 最大异常幅度 | 异常特征及备注 | 异常开始距发震时间（月） |
|---|---|---|---|---|---|---|---|---|---|
| 1992.02.18 | 5.6 | 南日岛 | HAHCO₃⁻ | 剩余曲线法 | 215.93 | 1991.06~1991.06，1991.08~1991.08 | 4.2 | 2.0倍均方差超限多次一发震 | 8 |
| 1994.05.24 | 4.8 | 永安小陶 | HAHCO₃⁻ | 剩余曲线法 | 102.78 | 1993.08~1993.08 | 4.0 | 2.0倍均方差超限一发震 | 10 |
| 1995.02.25 | 5.6 | 晋江 | HAHCO₃⁻ | 剩余曲线法 | 122.69 | 1994.05~1994.08 1994.11~1994.11 | 4.8 | 2.0倍均方差超限多次一发震 | 9 |
| 1997.05.31 | 5.6 | 永安西南 | HAHCO₃⁻ | 剩余曲线法 | 102.78 | 1996.08~1996.08 | 3.8 | 2.0倍均方差超限一发震 | 9 |
| 无震 | 无震 | 无震 | HAHCO₃⁻ | 剩余曲线法 | | 1997.11~1997.11 | 4.0 | 2.0倍均方差超限 | |

续表

| 发震时间 | 震级 $M_s$ | 发震地点 | 测点及测项 | 分析方法 | 震中距（km） | 异常起止时间 | 最大异常幅度 | 异常特征及备注 | 异常开始距发震时间（月） |
|---|---|---|---|---|---|---|---|---|---|
| 2007.03.13 | 5.1、5.0 | 福建顺昌 | HAHCO₃⁻ | 剩余曲线法 | 102.78 | 2006.09~2006.09 | 3.2 | 2.0倍均方差超限—发震 | 7 |
| 无震 | 无震 | | HAHCO₃⁻ | 剩余曲线法 | | 2009.08~2009.08 | 3.2 | 2.0倍均方差超限 | |

以上水质、水氢测项的映震情况统计列于表5-20。

表 5-20　华南区域水质、水氢测项映震情况统计表

| 序号 | 测点及测项 | 出现异常次数 | 省内对应次数 | 本省及邻近区域 $M_L4.5$以上地震批次 | 对应概率（%） | 漏报率（%） | 虚报率（%） | 备注 |
|---|---|---|---|---|---|---|---|---|
| 1 | 华安汰内井Cl⁻ | 10 | 7 | 11 | 70.00 | 36.4 | 30.0 | |
| 2 | 华安汰内井F⁻ | 11 | 8 | 11 | 72.70 | 27.3 | 27.3 | |
| 3 | 华安汰内井水电导率 | 12 | 9 | 11 | 66.67 | 18.2 | 25.0 | 1987年异常对应江西寻乌5.6级 |
| 4 | 华安汰内井剩余曲线法HCO₃⁻ | 7 | 5 | 11 | 71.40 | 54.5 | 28.6 | |
| 5 | 宁德1号井气氢 | 8 | 6 | 11 | 75.00 | 45.5 | 25.0 | 2005年异常对应2006年文成4.8级，2014年异常对应文成4.6级 |
| 6 | 厦门东孚井F⁻ | 6 | 5 | 11 | 83.30 | 36.4 | 16.7 | |
| 7 | 黄子洞水氢5日均值 | 7 | 6 | 9 | 85.70 | 33.3 | 14.3 | |

## 5.5 短期预测指标

### 5.5.1 华安汰内井水氡

（1）采用资料：华安汰内井 1987 年观测以来的水氡、气温数据。

（2）基本算法：水氡与气温日测值原始数据。

（3）异常判据指标：水氡出现与气温不同步的震荡或突跳，气温平稳水氡震荡或多次突跳。

（4）预测规则：水氡出现与气温不同步的震荡，气温平稳水氡震荡这一异常后，异常井周围 250km 范围内 $M_L$4.5 以上地震有很好的对应关系，地震发生时间多数在异常出现后 1 个月左右。

（5）历史震例：2007 年顺昌地震前华安水氡分别在 2007 年 2 月 19、22、26，3 月 5 日 4 次测值超过 90Bq/L，出现多次突跳，幅度达 13%，随后在 2007 年 3 月 13 日发生顺昌 $M_L$4.9、4.7 地震；2007 年永春地震前华安水氡分别在 8 月 9、15、16、23 日出现多次突跳，随后在 8 月 29 日发生永春 $M_L$4.9 地震；2013 年 9 月 4 日仙游 $M_L$5.2 地震前，华安水氡在气

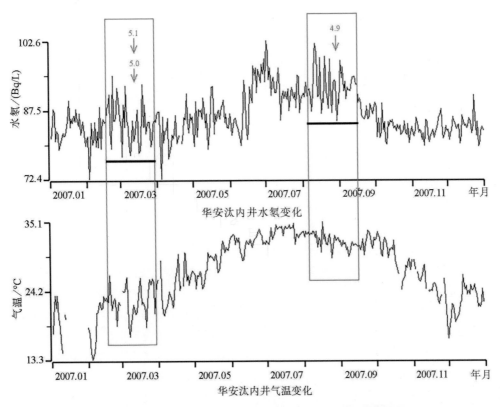

图 5-24　华安汰内井水氡对应顺昌、永春地震映震曲线图

温平稳的情况下，分别在6月3、25日，8月1日出现多次突跳，随后在8月31日和9月4日仙游先后发生了$M_L 4.5$地震和$M_L 5.2$地震；详见图5-24、图5-25。

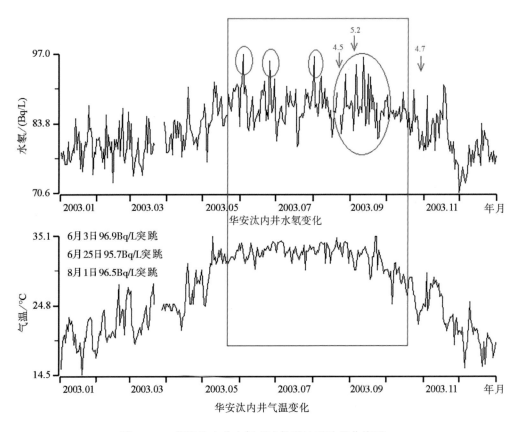

图5-25　华安汰内井水氡对应仙游地震映震曲线图

## 5.5.2　宁德井气氡

（1）采用资料：宁德井观测以来气氡、气温资料。

（2）基本算法：气氡与气温整点值原始数据。

（3）异常判据指标：气氡出现与气温不同步的上升趋势，气温正常动态而气氡背离气温出现高值走势。

（4）预测规则：气氡出现与气温不同步的走势，气温平稳气氡高值异常后，异常井周围250km范围内$M_L 4.5$以上地震有过对应关系，地震发生时间在异常出现后1个月左右。

（5）历史震例：2008年3月6日古田$M_L 4.8$地震发生前2月宁德井气氡与气温出现背离，3月6日古田就发生了$M_L 4.8$地震，详见图5-26。

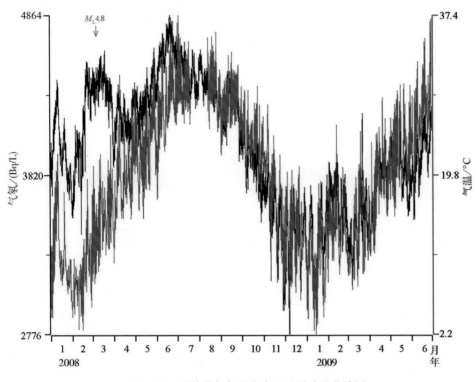

图 5 - 26　宁德井气氡对应古田地震映震曲线图

### 5.5.3　河源黄子洞水氡

（1）采用资料：河源黄子洞水氡 1986 年观测以来水氡日测值原始数据资料。

（2）基本算法：水氡日测值原始数据。

（3）异常判据指标：日测值超过 25Bq/L。

（4）预测规则：黄子洞水氡日测值超过 25Bq/L 与东源 $M_L3.5 \sim 4.5$ 地震有较好的对应关系，地震发生时间一般在异常出现后 15 天内。

（5）地震对应率：东源 $M_L3.5 \sim 4.5$ 地震对应率 4/5，详见图 5 - 27 和表 5 - 22。

2012 年以来东源共发生 $M_L3.5$ 以上地震 9 次（不包括余震，表 5 - 3），其中 $M_L3.5 \sim$ 4.9 级地震 7 次，$M_L5$ 以上地震 2 次。除 2014 年 4 月 25 日东源 4.4 级地震前没出现异常外，其他 4 次东源地区 $M_L3.5$ 以上地震前 1~14 天内，河源黄子洞水氡均出现这种异常，详见图 5 - 27 和表 5 - 21、表 5 - 22。

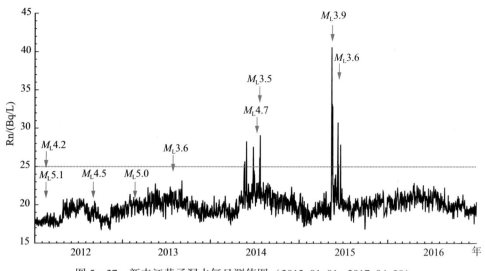

图 5 - 27　新丰江黄子洞水氡日测值图（2012.01.01～2017.04.30）

**表 5 - 21　黄子洞水氡映震特征统计表**

| 序号 | 发震时间 | 震级 $M_L$ | 震中位置 | 震中距（km） | 异常起止时间 | 异常持续时间（天） | 异常特征（日值≥25Bq/L） | 异常开始距发震时间（天） |
|---|---|---|---|---|---|---|---|---|
| 1 | 2012.02.16 | 5.1 | 河源 | 31 | 无异常 | | | |
| | 2012.02.17 | 4.2 | 河源 | 31 | | | | |
| 2 | 2012.08.31 | 4.5 | 东源 | 28 | 无异常 | | | |
| 3 | 2013.02.22 | 5.0 | 东源 | 31 | 无异常 | | | |
| 4 | 2013.07.30 | 3.6 | 东源 | 27 | 无异常 | | | |
| 5 | 2014.04.25 | 4.4 | 东源 | 31 | 无异常 | | | |
| 6 | 2014.07.11 | 4.7 | 东源 | 30 | 2014.06.27～07.11 | 15 | 超值发震 | 14 |
| 7 | 2014.07.22 | 3.5 | 东源 | 31 | 2014.07.16～21 | 6 | 超值发震 | 6 |
| | 无震 | | | | 2014.07.25 | 1 | 无震 | |
| 8 | 2015.05.15 | 3.9 | 东源 | 30 | 2015.05.14～14 | 1 | 超值发震 | 1 |
| 9 | 2015.06.13 | 3.6 | 东源 | 30 | 2015.06.08～11 | 4 | 超值发震 | 5 |

**表 5 - 22　黄子洞水氡 $M_L$3.5～4.7 东源地震映震情况统计表**

| 测点及测项 | 出现异常次数 | 对应次数 | 东源地区 $M_L$3.5～4.7 级地震总数 | 河源地区地震对应概率（%） | 漏报率（%） | 虚报率（%） |
|---|---|---|---|---|---|---|
| 黄子洞水氡 | 5 | 4 | 7 | 57.1 | 42.8 | 20 |

## 5.6　地点预测指标

对全区流体观测资料从预报评估等级、观测仪器运行情况、观测资料评价情况、各测项主要干扰因素进行调研，有的水位资料内在质量较差，干扰因素较多，外加该区地震强度小，前兆信息弱很难提取到临震及短临、短期震例，为最大限度地应用观测资料，故只能尝试应用水位趋势动态、同震响应动态来提取水位趋势动态、同震响应场的信息，探讨其与地震的相关性，以期对未来地震做出一定程度的预测。

### 5.6.1　永安—晋江断裂带水位准同步趋势上升

（1）采用资料：永安井、永春井、晋江1号井、泉州局1号井水位2003年至今的观测数据。

（2）基本算法：日均值法。

（3）异常判据指标：永安井、永春井、晋江1号井、泉州局1号井水位准同步趋势上升。

（4）预测规则：同一构造带上多井水位（准）同步出现多年趋势上升，预示未来1~3年内该断裂带及其两侧区域可能发生 $M_L$4.5 以上地震。

（5）历史震例：2004~2006年间地处永安—晋江断裂带中的永安井、永春井、晋江1号井、泉州局1号井水位出现准同步趋势上升，随后的2007年7月29日在该断裂带上发生永春 $M_L$4.6 地震（图5-28）。

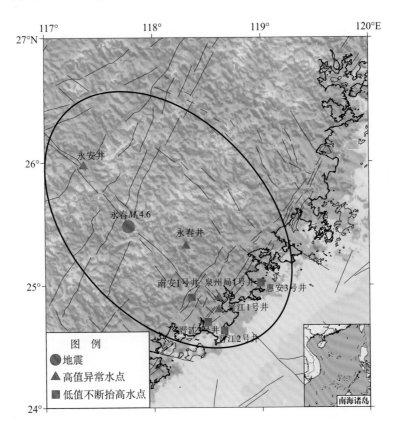

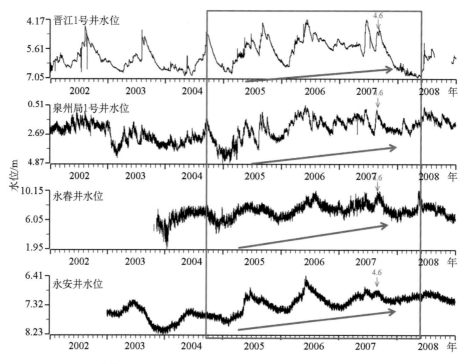

图 5 - 28　永春 $M_L$ 4.6 地震前趋势上升水井空间分布图及多井多年动态曲线

## 5.6.2　长乐—诏安断裂带水位准同步趋势上升

（1）采用资料：罗源洋后里井、长乐营前井、平潭北雾里井、福清江兜井水位 2009 年至今的观测数据。

（2）基本算法：日均值法。

（3）异常判据指标：罗源洋后里井、长乐营前井、平潭北雾里井、福清江兜井水位准同步趋势上升。

（4）预测规则：同一构造带上多井水位（准）同步出现多年趋势上升，预示未来 1~3 年内该断裂带及其两侧区域可能发生 $M_L$ 4.5 以上地震。

（5）历史震例：这一同步趋势上升 2011~2013 年间在长乐—诏安断裂带出现，随后在该断裂带一侧发生仙游 $M_L$ 5.2 地震，如图 5 - 29。

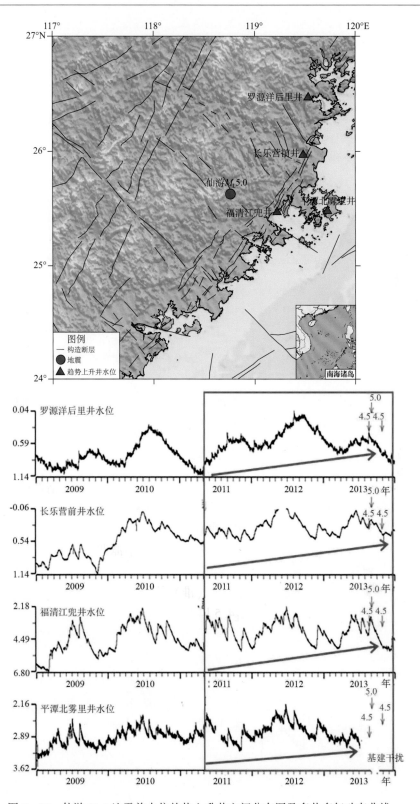

图 5-29　仙游 $M_L$5 地震前水位趋势上升井空间分布图及多井多年动态曲线

### 5.6.3　百色—合浦断裂带水位准同步趋势上升

（1）采用资料：香 1 井、九塘井、石埠井水位 2003 年至今的观测数据；平 1 井水位 2007 年至今的观测数据。

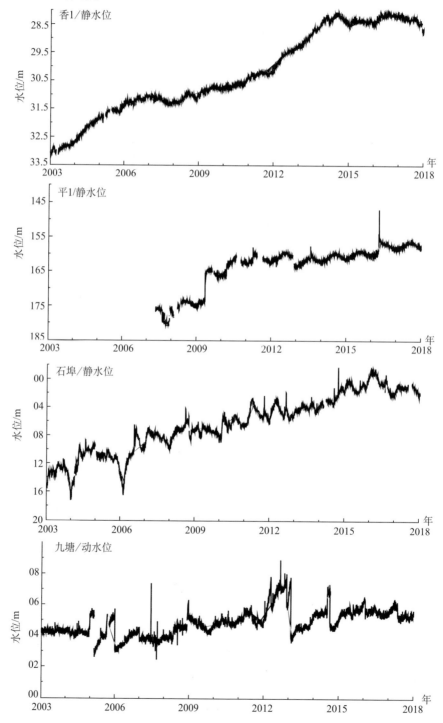

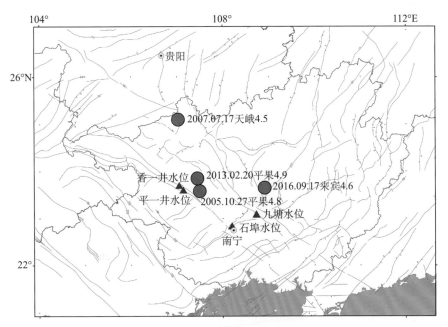

图 5 - 30　2005.10.27 平果 4.8 级、2013.02.20 平果 4.9 级、
2016.09.17 来宾 4.6 级地震前水位趋势上升井

（2）基本算法：日均值法。

（3）异常判据指标：香 1 井、平 1 井、九塘井、石埠井水位准同步趋势上升。

（4）预测规则：同一构造带上多井水位（准）同步出现多年趋势上升，预示未来 1~3 年该断裂带及其两侧区域可能发生 $M_L4.5$ 以上地震。

（5）历史震例：2003~2016 年间在百色—合浦断裂带出现，随后相继在该断裂带发生了 2005 年 10 月 27 日平果 $M_L4.8$、2013 年 2 月 20 日平果 $M_L4.9$、2016 年 9 月 17 日来宾 $M_L4.6$ 地震，如图 5 - 30。

## 5.7　存在问题和讨论

在华南区域本次流体指标体系研究及日常震情跟踪过程中，发现区域地下流体在监测及预报中存在许多亟待解决的共性问题：

（1）流体观测井网稀疏、空间分布极不均匀，且地球化学观测点整体观测密度较低，未能全面监控全区的地下流体活动情况。

（2）观测井建设存在打井普遍较浅，从而观测数据受地表抽放水、降雨等因素干扰严重。

（3）水温观测仪器稳定性较差，经常出现突升、突降等现象，造成缺数或异常难以识别的现象；仪器零漂现象导致水温趋势呈上升或下降动态。

（4）早期观测资料入库工作未完善，导致早期数据下载受阻，从而造成分析上的瓶颈。如江西、广东早期的水位资料因没按当今数据库的要求入库无法共享。

（5）由于降雨量资料无法全面收集，各省提交的降雨量数据很多均有误，导致降雨与水位年变幅值的相关分析无法顺利进行，这一工作有待今后数据收集全面时继续开展并完善。但从海口台的数据分析来看效果还是不错的，可以将此作为海南区域的年度预测指标，详见图 5 - 31 及表 5 - 23、表 5 - 24。

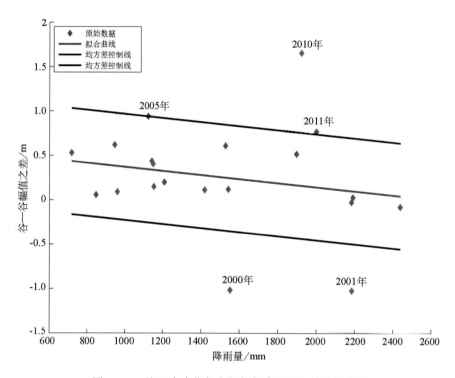

图 5 - 31　海口台水位年变幅与年降雨量相关分析曲线

**表 5 - 23　海口 ZK26 井水位与降雨量相关性分析映震特征表**

| 发震时间 | 震级 $M_L$ | 异常时间 | 发震地点 | 震中距（km） | 异常特征及备注 | 异常开始距发震时间 |
|---|---|---|---|---|---|---|
| 2001.04.22 | 4.7 | 2000 | 阳江 | 251.76 | 超限—发震 | 次年 |
| 2001.09.07 | 4.0 | 2000 | 陵水 | 175.37 | 超限—发震 | 次年 |
| 无震 | 无震 | 2001 | 无震 | / | 超限无地震发生 | / |
| 2006.09.17 | 4.5 | 2005 | 北部湾 | 178.02 | 超限—发震 | 次年 |
| 2011.11.27 | 4.1 | 2010 | 北部湾 | 286.31 | 超限—发震 | 次年 |
| 2012.11.05 | 4.1 | 2011 | 万宁近海 | 170.09 | 超限—发震 | 次年 |

表 5－24 海口 ZK26 井水位与降雨量相关性分析映震情况统计表

| 测点及测项 | 出现异常次数 | 对应次数 | $M_L$4.0以上地震批次 | 区域内对应概率（%） | 漏报率（%） | 虚报率（%） |
|---|---|---|---|---|---|---|
| 海口 ZK26 井水位 | 5 | 4 | 5 | 80 | 0 | 20 |

部分省份存在的个性问题：广东部分水氡观测仪器老化较严重，未能及时更新；水质离子的测定均为人工观测，部分台站观测人员未经相对严格的训练，标准溶液配制和滴定过程中均存在较大的人为误差。

**建议：**

（1）建议优化台网布局，根据各省测点布设情况增加相应的流体观测点，提高华南区域台网的整体监测密度。且在选择、建设相应流体观测井网时，切实勘察，尽可能建设深井流体观测，减少诸多干扰因素等。

（2）氡、水质等地球化学测项是华南区域的特征灵敏组分，建议适当增加测点，这将有助于提高地震短期、短临预测能力。

（3）建议加强对台站观测人员的培训，提高观测人员的责任心和观测水平。

## 参考文献

陈棋福，2002a，中国震例（1992~1994）［M］，北京：地震出版社，37~53，358~389

陈棋福，2002b，中国震例（1995~1996）［M］，北京：地震出版社，15~28

陈棋福，2002c，中国震例（1997~1999）［M］，北京：地震出版社，74~90

蒋海昆，2014，中国震例（2003~2006）［M］，北京：地震出版社，428~446，630~651

廖丽霞、解晓静、洪旭瑜，2019，基于中国震例的华南地区中强地震前流体异常特征分析，内陆地震，33（1）:1~7

张肇诚，1988，中国震例（1966~1975）［M］，北京：地震出版社，1~16

张肇诚，1990a，中国震例（1976~1980）［M］，北京：地震出版社，1~421

张肇诚，1990b，中国震例（1981~1985）［M］，北京：地震出版社，1~294

张肇诚，1999，中国震例（1986~1988）［M］，北京：地震出版社，184~212

# 第六章 危险性判定综合预测指标

## 6.1 闽粤赣交界及其沿海地区

闽粤赣交界及其沿海地区位于华南沿海地震带东段，该区历史上中强地震活跃，为华南沿海地震带中强震活动主体区域之一。该区中强地震活动受华南沿海地震带整体地震活动起伏影响，且因其邻近台湾强震区，亦受台湾强震前后的区域应力场调整影响。

基于华南沿海地区中强地震活动特征，结合闽粤赣及近海地区地震活动和地球物理观测提取异常指标，开展中强地震综合预测。

### 6.1.1 时间预测

**1. 中长期时间预测**

**1) 地震期幕活动的时间节点预测**

（1）华南沿海地震带活动幕：平静—活跃转折点。

（2）台湾7级强震活跃—平静：台湾7级平静中后期华南沿海进入5.5级活跃期。

以一定显著震级地震的发生作为区域地震活跃的标志，地震活动呈现活跃与平静交替的期幕特征，长时间平静利于区域应力积累发生中强地震。华南沿海地区5.5级地震长时间平静，可用于判定后续转折增强的时间节点不断逼近；台湾地区出现长时间7级以上地震平静（超过6年），其平静中后期华南沿海地区进入5.5级以上地震活跃时段的可能性较大。

**2) 基于地震活动性的中长期时间尺度预测**

（1）$M_L \geq 3.0$ 级地震空区：≤3年。

（2）$M_L \geq 3.0$ 级地震集中增强：≤3年。

当闽粤赣交界内陆地区出现 $M_L \geq 3.0$ 级地震集中增强活动，闽粤沿海地区出现 $M_L \geq 3.0$ 级地震空区，需在3年内时间尺度上关注闽粤赣及其沿海地区发生中强地震。

**2. 中短期时间预测**

**基于地震活动性与地球物理观测的中短期时间尺度预测：**

（1）$b < 0.72$ 持续半年：≤2年。

（2）$M_L \geq 4.0$ 级地震平静超过18个月：≤2年。

（3）震级结构异常：≤2年。

（4）地震窗：≤1.5年。

（5）（活跃期）$M_L \geq 3.2$ 级地震平静超过160天：≤2年。

（6）（活跃期）台湾 7.0 级以上地震活动：≤1.5 年。

（7）地球物理观测异常：0.5~1 年左右。

当闽粤交界及其近海 $b$ 值低于 0.72 持续半年或 $M_L$4.0 以上地震平静超过 18 个月，显示区域处于较高应力积累水平，需在 2 年内关注该区发生 5 级以上地震或平静结束后 $M_L$5.0 以上地震的成组活动。当闽粤交界及其近海发生 $M_L \geqslant$3.0 级以上小震群活动，其出现震级结构异常或地震窗地震频次高值异常，需在 1.5~2 年时间内关注该区发生中强地震的可能。当华南沿海地区处于中强震活跃时段，作为强震主体的闽粤赣及其近海地区若出现 $M_L \geqslant$3.2 级地震平静超过 160 天或台湾地区发生 7.0 级以上地震，需在 2 年内关注该区发生 5 级以上地震的可能。

**3. 短期时间预测**

当闽粤交界及近海地区出现流体（水氡与气温不同步震荡、气氡高值）、形变（破年变、潮汐畸变、趋势转折、大幅波动）和地磁（低点位移）类异常，需在 3 个月左右时间尺度上关注闽粤赣及近海地区发生中等强度以上地震的可能。

## 6.1.2　空间预测

**1. 基于中强震主体活动区域和地震活动相关性的大范围空间尺度预测**

闽粤赣交界及其沿海地区作为华南沿海地震带的中强震主体活动区域之一，需关注华南沿海地震带中强震活跃时段区域发生中强地震的可能。地震活动相关性分析显示，华南沿海地震带活跃幕时段台湾 7 级以上地震与闽粤赣交界及其沿海地区 5 级以上中强震有强呼应关系。

**2. 基于地震活动空间异常分布的空间预测**

（1）$M_L \geqslant$3.0 级地震空区：空区内部及周边邻近地区。

（2）$M_L \geqslant$3.0 级地震集中增强：增强区内 $M_L$4.0 以上地震周边 100km 范围。

（3）震级结构异常：序列分布区或邻近的构造相关区域。

闽粤沿海地区出现 $M_L \geqslant$3.0 级地震空区异常，需关注空区内部及周边邻近地区；闽粤赣交界地区出现 $M_L \geqslant$3.0 级地震增强区，需关注增强区内 $M_L$4.0 以上地震周边 100km 范围；当闽粤赣交界及近海地区出现震级结构异常的 $M_L$3.0 以上震群活动，需关注震群所在区域或邻近的构造相关区域。

**3. 基于地球物理观测异常变化的空间预测**

（1）全球 8 级以上地震同震响应：水位同震阶升区。

（2）多井水位趋势上升：趋势上升水井所在断裂构造区。

（3）地磁异常：异常阈值线 200km 范围，重点关注多种异常阈值线交会区。

（4）地球物理观测单点异常：异常台站周边 200~300km 范围。

全球 8 级以上地震发生后，需关注水位同震阶升围成的区域；同一构造带上同步出现多井水位趋势上升，需关注水井所处的断裂构造区域；关注地磁低点位移、地磁加载响应比、地磁逐日比异常阈值线附近 200km 范围，当出现多种异常阈值线交会时，重点关注交会区；其他地球物理观测单点异常（流体、形变、地磁）出现后，需关注相应异常台站周边 200~

300km 范围。

## 6.1.3　强度预测

**1. 中长期背景强度预测**

**1）基于中强以上地震活动节律的中长期地震活动背景强度预测**

（1）华南沿海地震带活动幕：活跃期 5.5 级以上；平静期 5 级左右。

（2）台湾 7 级强震活跃—平静：平静中后期 5.5 级以上。

华南沿海地震带 5.5 级以上地震呈现较为明显的期幕活动特征，当该区出现 7 年以上 5.5 级地震持续平静，后续转折增强发生 5.5 级以上地震的可能性较大，长时间平静后的首次 5.5 级地震的发生可判定华南沿海地区进入中强震活跃时段，未来 10 年左右该区存在发生多次 5.5 级以上地震的可能。

在区域构造动力环境的影响下，华南沿海 5.5 级以上地震受到台湾地区 7 级以上地震的影响。当台湾地区 7 级以上地震持续平静超过 6 年，平静中后期华南沿海地震带进入 5.5 级以上地震活跃时段的可能性较大。

**2）基于中小地震空间活动异常图像的中长期地震活动背景强度预测**

（1）$M_L \geq 3.0$ 级地震空区：5.0 级以上。

（2）$M_L \geq 3.0$ 级地震集中增强：5.0 级以上。

闽粤沿海地区出现 $M_L 3.0$ 以上地震空区（长轴大于 200km），当围空区打破后发生中强震的可能性较大，未来地震的强度大致为最大围空地震震级加 1.5 级左右。

当闽粤赣交界地区出现 $M_L 3.0$ 以上地震集中增强活动，并发生至少 2 次以上 $M_L 4.0$ 以上地震，后续增强区及其周边地区发生 5.0 级以上地震的可能性较大。

**2. 中短期强度预测**

**1）基于小震活跃的中短期地震强度预测**

（1）震级结构异常：5.0 级以上。

（2）地震窗：$M_L 5.0$ 以上。

当闽粤赣交界及沿海地区出现震级频次结构异常（$N_3 \geq 7$，$n_2 < 64$）的小震群活动，未来 2 年内该区发生 5 级以上地震的可能性较大。

当闽粤赣交界及沿海地区多组 $M_L 3.0$ 以上地震窗的小震群活动，地震叠加频次超一倍均方差，后续 18 个月该区发生 $M_L 5.0$ 以上地震的可能性较大。

**2）基于小震平静的中短期地震强度预测**

（1）（活跃期）$M_L \geq 3.2$ 级地震平静超过 160 天：5.0 级以上。

（2）$M_L \geq 4.0$ 级地震平静超过 18 个月：$M_L 5.0$ 以上成组活动。

当华南沿海地区处于活跃幕时段，若闽粤赣交界及近海地区出现 $M_L 3.2$ 以上地震持续超过 160 天的平静，平静打破后 2 年内该区发生 5 级以上地震的可能性较大。

当华南沿海地震带东段出现 $M_L 4.0$ 以上地震平静超过 18 个月的异常，平静打破后需关注闽粤赣交界及近海地区 $M_L 5.0$ 以上地震成组活动。

**3）基于区域应力水平及地震活动相关性的中短期地震强度预测**

（1）$b < 0.72$ 持续半年：5.0 级以上。

（2）（活跃期）台湾 7.0 级以上地震活动：5.0 级以上。

（3）全球 $M \geq 8$ 级地震后水位同震阶升：$M_L 4.0$ 以上。

当闽粤赣交界及沿海地区 $M_L 2.0 \sim 5.0$ 地震 $b$ 值持续半年低于 0.72，该区发生 5.0 级以上地震的可能性较大；当华南沿海地区处于中强震活跃时段，若此时台湾地区发生 7.0 级以上地震，则闽粤赣交界及近海地区发生 5.0 级以上地震的可能性较大；当全球范围内发生 8 级以上地震后，若闽粤赣交界及沿海地区出现多个水井的同震阶升变化，且同震阶升水井围成一定的空间范围，需关注该范围内发生 $M_L 4.0$ 以上地震。

#### 4）基于地球物理观测的中短期地震强度预测

地球物理观测异常：$M_L 4.0 \sim 4.5$ 以上地震。

当闽粤赣交界及沿海地区出现地球物理观测异常时，需关注中短期时间尺度该区发生 $M_L 4.0 \sim 4.5$ 以上地震的可能，重点关注以下测项。

（1）地下流体类：华安汰内井（氟离子、氯离子、水电导率、碳酸氢根离子的测值超限、水氡测值震荡）、宁德井（气氡日均值超限）。

（2）地壳形变类：南昌台（垂直摆倾斜仪东西向破年变、洞体应变趋势转折）、漳州台（洞体应变潮汐畸变）、汕头台（洞体应变潮汐畸变、洞体应变趋势转折、水管倾斜仪大幅波动）、厦门台（洞体应变速率改变）、上饶台（垂直摆倾斜仪东西向趋势转折）。

（3）电磁类：低点位移、地磁加卸载响应比超限、地磁逐日比超限。

## 6.2　粤桂琼交界及其沿海地区

粤桂琼交界及其沿海地区位于华南沿海地震带西段，历史上中强地震活跃，为华南沿海地震带中强震活动主体区域之一。粤桂琼交界及其沿海地区中强地震活动受华南沿海地震带整体地震活动起伏和台湾强震前后的区域应力场调整影响。基于华南沿海地区中强地震活动特征，结合粤桂琼及近海地区地震活动和前兆观测提取异常指标，开展中强地震综合预测。

### 6.2.1　时间预测

#### 1. 中长期时间预测

#### 1）地震期幕活动的时间节点预测

（1）华南沿海地震带活动幕：平静—活跃转折点。

（2）台湾 7 级强震活跃—平静：台湾 7 级平静中后期华南沿海进入 5.5 级活跃期。

粤桂琼交界及其沿海地区位于华南沿海地震带西段，是 5.5 级以上地震活动的主体地区之一，其中强地震活动节律与华南沿海地震带具有较好的相关性。华南沿海地区 5.5 级地震长时间平静，可用于判定后续转折增强的时间节点不断逼近；台湾地区出现长时间 7 级以上地震平静（超过 6 年），其平静中后期华南沿海地区进入 5.5 级以上地震活跃时段的可能性较大。

#### 2）基于地震活动性的中长期时间尺度预测

（1）$M_L \geq 3.0$ 级地震集中增强：1~3 年。

（2）$M_L \geq 3.0$ 级地震空区：1~3 年。

在 1~3 年时间尺度上，需关注粤桂琼交界及其近海地区 $M_L \geq 3.0$ 级地震围空和内陆地区 $M_L \geq 3.0$ 级地震集中增强活动。地震空区显示出的区域应力积累背景和地震活动集中增强显示出的区域较高应力水平，可作为预测粤桂琼交界及其近海地区发生 5.0 级以上地震的依据。

**3）基于地球物理场观测的中长期时间尺度预测**

1~2 年时间尺度上，需密切关注粤桂琼交界及其沿海地区出现全球特大地震后的区域性水位阶升、形变（破年变、趋势转折、大幅波动、速率改变）和地磁（谐波振幅比、逐日比、加卸载响应比）类异常等。

**2. 短期时间预测**

在 3 个月时间尺度上，需密切关注形变（破年变、潮汐畸变、趋势转折、大幅波动）和地磁（低点位移）类异常，出现以上前兆异常的台站周边地区（200~300km）是短期内发生中等强度以上地震的重点关注区。

## 6.2.2　空间预测

**1. 基于中强震主体活动区域和地震活动相关性的大范围空间尺度预测**

华南沿海强震活动主体地区。

粤桂琼交界及其沿海地区作为华南沿海地震带的中强震主体活动区域之一，需关注华南沿海地震带中强震活跃时段区域发生中强地震的可能。华南沿海地震带 5.5 级以上地震的活跃与平静交替的幕式分布特征是较为清晰的，可将发生 5.5 级以上地震作为判定本区进入中强地震活跃幕的标志。

**2. 基于地震活动空间异常分布的空间预测**

（1）$M_L \geq 3.0$ 级地震空区：空区内部及周边邻近地区。

（2）$M_L \geq 3.0$ 级地震集中增强：增强区内 $M_L 4.0$ 以上地震周边 100km 范围。

地震空区异常需关注空区内部及周边邻近地区；地震增强区需关注增强区内 $M_L 4.0$ 以上地震周边 100km 范围。

**3. 基于地球物理观测异常变化的空间预测**

（1）全球 8 级以上地震同震响应：水位同震阶升区。

（2）多井水位趋势上升：趋势上升水井所在断裂构造区。

（3）地磁异常：异常阈值线附近 200km 范围、重点关注多种异常阈值线交会区。

（4）地球物理观测单点异常：异常台站周边 200~300km 范围。

全球 8 级以上地震发生后，需关注水位同震阶升围成的区域；同一构造带上同步出现多井水位趋势上升，需关注断裂构造区域；关注地磁低点位移、地磁加卸载响应比和地磁逐日比异常阈值线附近 200km 范围，当出现多种异常阈值线交会时，重点关注交会区；其他地球物理观测单点异常（流体、形变、地磁）出现后，需关注相应异常台站周边 200~300km 范围。

## 6.2.3 强度预测

### 1. 中长期背景强度预测

#### 1) 基于中强以上地震活动节律的中长期地震活动背景强度预测

（1）华南沿海地震带活动幕：活跃期 5.5 级以上；平静期 5 级左右。

（2）台湾 7 级强震活跃—平静：平静中后期 5.5 级以上。

华南沿海地区 5.5 级以上地震呈现较为明显的期幕活动特征，当该区出现 7 年以上 5.5 级地震持续平静，后续转折增强发生 5.5 级以上地震的可能性较大，长时间平静后的首次 5.5 级地震的发生可判定华南沿海地区进入中强震活跃幕时段，未来 10 年左右该区会进入 5.0 级以上地震活跃时段，存在发生多次 5.5 级以上地震的可能。

在区域构造动力环境的影响下，华南沿海 5.5 级以上地震受到台湾地区 7.0 级以上地震的影响。当台湾地区 7 级以上地震持续平静超过 6 年，平静中后期华南沿海地震带进入 5.5 级以上地震活跃时段的可能性较大。

#### 2) 基于中小地震空间活动异常图像的中长期地震活动背景强度预测

（1）$M_L \geqslant 3.0$ 级地震空区：5.0 级以上。

（2）$M_L \geqslant 3.0$ 级地震集中增强：5.0 级以上。

粤桂琼交界及沿海地区出现 $M_L 3.0$ 以上地震空区（长轴大于 200km），当围空区打破后发生中强震的可能性较大，未来地震的强度大致为最大围空地震震级加 1.5 级左右。

当粤桂琼交界地区出现 $M_L 3.0$ 以上地震集中增强活动，并发生至少 2 次以上 $M_L 4.0$ 以上地震，后续增强区及其周边地区发生 5.0 级以上地震的可能性较大。

### 2. 中短期强度预测

#### 1) 基于小震平静的中短期地震强度预测

$M_L 2.0$ 级以上地震平静超过 12 个月：5 级以上。

粤桂交界至北部湾地区出现超过 12 个月 $M_L \geqslant 2$ 级地震显著平静，之后 1~2 年存在发生 5 级以上地震的可能。

#### 2) 基于区域应力水平及地震活动相关性的中短期地震强度预测

（1）$b<0.75$ 持续半年：5.0 级以上。

（2）（活跃期）台湾 7.0 级以上活动：5.0 级以上。

（3）全球 8 级震后水位同震阶升：$M_L 4.0$ 级以上。

当粤桂琼交界及沿海地区 $M_L 2.5~5.0$ 地震（去余震）$b$ 值持续半年低于 0.75，该区发生 5.0 级以上地震的可能性较大；当华南沿海地区处于活跃幕时段，且台湾地区发生 7.0 级地震，需关注该区发生 5.0 级以上地震的可能；当全球范围内 8 级地震后，若粤桂琼交界及沿海地区出现多个水井的同震阶升变化，且同震阶升水井围成一定的空间范围，需关注该范围内发生 $M_L 4.0$ 以上地震。

#### 3) 基于地球物理场观测的中短期地震强度预测

当粤桂琼交界及沿海地区出现前兆观测异常时，需关注中短期时间尺度该区发生 $M_L 4.0~4.5$ 以上地震的可能。重点关注以下测项异常：

（1）地下流体类：广西九塘井（水位同震阶升，水位溢出井口）、广西香 1 井（水位加速上升）。

（2）地壳形变类：梧州台（水管倾斜仪北南向趋势转折）。

（3）电磁类：低点位移、地磁加卸载响应比超限、地磁逐日比超限。

# 6.3　桂西北地区

桂西北地区包括广西西部、贵州西南部和云南一小部分，大地构造主体属华南加里东褶皱带。桂西北地区在印—亚板块碰撞过程中，受下地壳流拖曳作用的控制，位于南北地震带中南段的川滇菱形块体直接与华南块体西部接触，成为控制桂西现代构造变形与地震活动的主要动力边界。南北地震带中南段的强震活动必然对桂西北地区中强震的发生起到一定程度的促进作用。

## 6.3.1　时间预测

### 1. 中长期时间预测

#### 1）基于地震活动相关性的中长期时间尺度预测

桂西北与南北地震带中南段地震活动相关性：7 个月至 16 年。

当南北地震带中南段 6.5 级以上地震活动，需在发震半年后关注桂西北地区 4.8 级以上地震活动，桂西北地区首发 4.8 级以上响应地震的平均时间滞后南北地震带中南段首个 6.5 级地震约为 8 年。

#### 2）基于地震活动性的中长期时间尺度预测

平果地震窗：1~3 年。

平果窗内发生 $M_L2.5$ 以上地震后，需在 1~3 年时间尺度上关注平果周边发生 4.3 级以上地震。

### 2. 中短期时间预测

#### 1）基于区域应力水平的中短期时间尺度预测

$b<0.85$ 持续半年：出现低 $b$ 值异常后

当桂西北地区 $M_L2.0~5.0$ 地震 $b$ 值持续半年低于 0.85，异常出现后存在发生 5 级左右地震的可能。

#### 2）基于地球物理观测的中短期时间尺度预测

（1）广西九塘井水位同震阶升、广西香 1 井水位加速上升：异常持续期内或结束后。

（2）梧州台水管倾斜仪北南向趋势转折：异常结束 6 个月内。

（3）地磁加卸载响应比、地磁 $Z$ 分量日变幅逐日比：异常结束 6 个月内。

当桂西北地区出现广西九塘井水位同震阶升或水位溢出井口、广西香 1 井水位加速上升、梧州台水管倾斜仪北南向趋势转折、地磁（$Z$ 分量日变幅逐日比、$Z$ 分量日变幅加卸载响应比）等异常，异常出现后半年至 1 年左右时间尺度上，或异常持续期内，需密切关注桂西北地区发生中等强度地震。

**3. 短期时间预测**

地磁低点位移：2 个月。

当地磁观测台网出现地磁低点位移，在 2 个月时间尺度上，需关注地磁出现低点位移的周边地区发生 4.0 级以上地震。

## 6.3.2　空间预测

**1. 基于地震活动相关性和区域应力水平的大范围空间尺度预测**

（1）桂西北与南北地震带中南段地震活动相关性：桂西北地区。

（2）$b<0.85$ 持续半年：桂西北地区。

南北地震带中南段的川滇菱形块体直接与华南块体西部接触，成为控制桂西北现代构造变形与地震活动的主要动力边界。南北地震带南段 6.5 级以上强震对桂西北地区 4.8 级以上地震孕育产生积极影响。当桂西北地区 $M_L 2.0\sim5.0$ 地震 $b$ 值持续半年低于 0.85，异常结束后桂西北存在发生 5 级左右地震的可能。

**2. 基于地震活动空间异常分布的空间预测**

平果地震窗：地震窗周边 140km 范围。

当平果地震窗内发生 $M_L 2.5$ 以上地震后，需关注平果窗周边 140km 范围内 $M4.3$ 以上地震。

**3. 基于地球物理观测异常变化的空间预测**

（1）多井水位趋势上升：趋势上升水井所在断裂构造区。

（2）广西九塘井水位同震阶升、广西香 1 井水位加速上升：台站周边 200km 范围。

（3）梧州台水管倾斜仪北南向趋势转折：台站周边 300km 范围。

（4）地磁加卸载响应比、地磁 $Z$ 分量日变幅逐日比：异常阈值线 200km 范围。

（5）地磁低点位移：低点位移线两侧 200km。

同一构造带上同步出现多井水位趋势上升，需关注断裂构造区域；全球发生 8 级以上地震后需关注水位同震阶升井周边地区；关注地磁加卸载响应比、地磁逐日比、地磁低点位移异常阈值线附近 200km 范围，当出现多种异常阈值线交会时，重点关注交会区；其他地球物理观测单点异常（流体、形变、地磁）出现后，需关注相应异常台站周边 200～300km 范围。

## 6.3.3　强度预测

**1. 中长期背景强度预测**

**1）基于地震活动相关性的背景强度预测**

桂西北与南北地震带中南段地震活动相关性：桂西北地区 4.8 级以上。

自 1900 年以来，南北带中南段 6.5 级以上地震可分为 4 个活动组，桂西北地区 4.8 级以上地震也可分为 4 个活动组，南北地震带中南段每个活动组首发 6.5 级以上强震后，右江地震带首发 4.8 级以上响应地震的平均时间间隔约为 8 年。南北地震带中南段发生 6.5 级以上地震后，对桂西北地区 4.8 级以上地震孕育产生积极影响。

2）基于地球物理场观测的长期地震强度预测

多井水位趋势上升：4.5 级以上地震。

广西石埠井、广西香一井、广西平一井、广西九塘井在同一构造带上同步出现多个水位多年趋势上升水井，存在发生 4.5 级以上地震的可能。

**2. 中短期强度预测**

1）基于小震活动异常的中短期地震强度预测

平果地震窗：4.3 级以上。

当平果地震窗 $M_L2.5$ 以上的小震活动，存在发生 4.3 级以上地震的可能，但中强震后 2 年内平果窗发生的 $M_L2.5$ 以上地震不具有预测意义。

2）基于区域应力水平的中短期地震强度预测

$b<0.85$ 持续半年：5.0 级左右。

当桂西北地区 $M_L2.0 \sim 5.0$ 地震 $b$ 值持续半年低于 0.85，异常出现后右江地震带存在发生 5.0 级左右地震的可能。

3）基于地球物理观测的中短期地震强度预测

（1）九塘井水位和桂平井水位同震阶升、香 1 井水位加速上升：4.5 级以上。

（2）梧州台水管倾斜仪北南向趋势：$M_L4.5$ 以上。

（3）地磁加卸载响应比、地磁 $Z$ 分量日变幅逐日比：4.0 级以上。

（4）地磁低点位移：4.0 级以上。

当广西九塘井水位出现同震阶升、水位溢出井口，广西香 1 井水位加速上升，广西桂平井水位同震阶升，存在发生 4.5 级以上地震的可能。梧州台水管倾斜仪出现北南向趋势转折类异常，存在发生 $M_L4.5$ 以上地震的可能。当地磁观测台站出现地磁加卸载响应比异常或地磁 $Z$ 分量日变幅逐日比异常，存在发生 4.0 级以上地震的可能。当地磁观测台站出现地磁低点位移，存在发生 4.0 级以上地震的可能。

# 6.4　台湾地区

台湾地区地处欧亚板块和菲律宾海板块挤压碰撞的前缘地带，在台湾东北部海域沿琉球海沟斜插入欧亚板块之下，在台湾岛中南部地区与华南陆缘碰撞后隆起造山，同时俯冲极发生转换，欧亚板块俯冲至菲律宾海板块之下。强烈的构造运动使得台湾地区孕育了极其复杂的构造环境，历史上中强地震频发。基于对台湾地区历史强震的活动特征分析，综合对该区有一定映震效能的地球物理观测异常指标，开展强震综合预测研究。

## 6.4.1　时间预测

台湾地区 7 级以上存在 3~4 年左右的准周期，当出现长时间平静后，可从中长期时间尺度上关注该区存在发生 7 级以上地震的危险性。

台湾地区 6.0 级地震持续平静超过 365 天，平静打破后在中短期时间尺度上关注该区发生 7.0 级以上地震的危险性。

华安汰内井水氡高值异常和福建省跨断层短水准观测 4 个及以上测点破年变异常出现

后，可从 1 年左右时间尺度关注台湾地区 7.0 级以上地震。

漳州台谐波振幅比趋势变化不同步异常出现后，可从 1 年左右时间尺度上关注台湾西带发生 6.0 级以上地震。

## 6.4.2 空间预测

因缺少台湾地区地球物理场观测资料，无法通过震例总结提取地点预测指标，仅从该区历史中强震空间分布特征进行地震危险区的大致判定。台湾地处板块挤压碰撞的前缘地带，构造活动剧烈，地震活动频次高、强度大。由区域历史上 6、7 级地震密度空间分布图可见（图 6-1），地震密度值较高地区位于台湾东部及其近海地区，该区也是未来台湾地区 7 级以上地震的重点危险区。

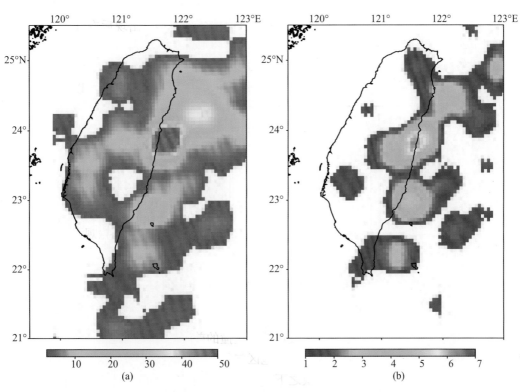

图 6-1 台湾地区地震密度空间分布图
（a）$M \geqslant 6.0$ 级；（b）$M \geqslant 7.0$ 级

## 6.4.3 强度预测

**1. 台湾地区 7 级地震长时间平静、6 级地震平静超过 1 年，判定后续该区发生 7.0 级以上地震的可能性较大**

根据全国 5.0 级以上地震目录，自 1900 年以来台湾地区记录到 46 次 7.0 级以上地震，平均 2.5 年发生 1 次。统计 46 次 7.0 级以上地震的发震时间间隔共 45 组，其中，发震间隔时间 1 年内 20 次（占 44%），2 年内 22 次（占 49%），3 年内 33 次（占 73%），4 年内 36 次（占 80%），5 年内 39 次（占 87%）。截至 2018 年 10 月，自 2006 年 12 月 26 日台湾恒春海域 7.2 级地震后，台湾地区 7.0 级以上地震持续平静超 11.8 年（图 6-2），为 1900 年以来次长 7.0 级以上持续平静。长时间 7 级地震平静的能量积累利于台湾地区 7.0 级以上地震的发生。

统计 1900 年以来台湾地区 6 级地震平静特征，将 6.0 级以上地震持续平静超过 365 天视为平静异常，共出现 30 组，其中前 29 组 6.0 级地震平静打破后有 21 组后续发生了 7.0 级以上地震（概率 72%）（图 6-2）。其中，21 组平静结束后发生 7.0 级以上地震的震例中，首次 7 级地震与打破平静的 6 级地震时间间隔小于 1 年的 12 次，占 57%；小于 2 年的 17 次，占 65%；小于 3 年的 20 次，占 95%（表 6-1）。自 2006 年 12 月 26 日台湾恒春海域 7.2 级地震后，台湾地区 7.0 级以上地震持续平静，且自 2008 年 7 月以来台湾地区先后出现 4 组 6.0 级以上地震平静异常，平静异常结束后台湾地区均未对应 7.0 级以上地震。台湾地区 7 级地震持续平静，6 级平静已被打破，应关注台湾地区 7 级地震增强活动的可能。

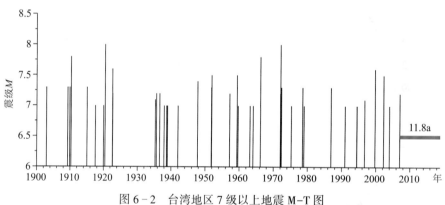

图 6-2　台湾地区 7 级以上地震 M-T 图

1900 年至 2018 年 10 月，$M \geq 7.0$，中国强震目录

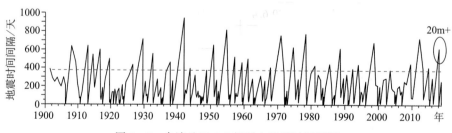

图 6-3　台湾地区 6.0 级以上地震时间间隔

1900 年至 2018 年 10 月，$M \geq 6.0$，中国强震目录

**表 6 - 1 台湾地区 6 级地震平静统计（1900 年~2018 年 10 月，*M*≥6.0，中国强震目录）**

| 序号 | 6 级地震平静<br>开始地震 | 6 级地震平静<br>结束地震 | 6 级地震<br>平静天数<br>（天） | 平静打破后<br>第一个 7 级地震 | 7 级地震距打破平<br>静的 6 级地震天数<br>（天） |
|---|---|---|---|---|---|
| 1 | 1900. 05. 15 6. 0 | 1901. 06. 07 6. 4 | 388 | 1902. 11. 21 7. 3 | 532 |
| 2 | 1906. 04. 14 6. 3 | 1908. 01. 11 6. 5 | 637 | 1909. 04. 15 7. 3 | 460 |
| 3 | 1911. 03. 24 6. 0 | 1912. 12. 25 6. 3 | 642 | 无 | / |
| 4 | 1913. 01. 09 6. 5 | 1914. 07. 06 6. 8 | 543 | 1915. 01. 06 7. 3 | 184 |
| 5 | 1915. 01. 06 7. 2 | 1916. 08. 28 6. 5 | 600 | 1917. 07. 04 7. 0 | 310 |
| 6 | 1918. 03. 27 6. 3 | 1919. 08. 07 6. 0 | 498 | 1919. 12. 21 7. 0 | 136 |
| 7 | 1925. 05. 26 6. 0 | 1926. 08. 03 6. 5 | 434 | 无 | / |
| 8 | 1927. 08. 25 6. 8 | 1929. 08. 10 6. 8 | 716 | 无 | / |
| 9 | 1931. 02. 13 6. 0 | 1932. 08. 21 6. 5 | 555 | 1935. 04. 21 7. 1 | 973 |
| 10 | 1936. 08. 22 7. 2 | 1937. 11. 26 6. 0 | 461 | 1937. 12. 08 7. 0 | 12 |
| 11 | 1939. 05. 16 6. 0 | 1941. 12. 17 7. 0 | 946 | 1941. 12. 17 7. 0 | 0 |
| 12 | 1942. 09. 24 6. 5 | 1943. 10. 23 6. 3 | 394 | 1947. 09. 27 7. 4 | 1435 |
| 13 | 1949. 01. 19 6. 5 | 1950. 11. 02 6. 0 | 652 | 1951. 10. 22 7. 1 | 354 |
| 14 | 1952. 06. 23 6. 0 | 1954. 09. 07 6. 0 | 806 | 无 | / |
| 15 | 1955. 09. 24 6. 0 | 1957. 02. 24 7. 2 | 519 | 1957. 02. 24 7. 2 | 0 |
| 16 | 1958. 01. 23 6. 1 | 1959. 04. 27 7. 5 | 459 | 1959. 04. 27 7. 5 | 0 |
| 17 | 1959. 09. 25 6. 7 | 1961. 02. 05 6. 2 | 499 | 1963. 02. 13 7. 0 | 738 |
| 18 | 1968. 10. 20 6. 1 | 1970. 11. 14 6. 5 | 755 | 1972. 01. 04 7. 2 | 416 |
| 19 | 1972. 11. 21 6. 2 | 1974. 08. 09 6. 4 | 626 | 1975. 03. 23 7. 0 | 226 |
| 20 | 1976. 03. 20 6. 0 | 1978. 04. 30 6. 5 | 771 | 1978. 07. 23 7. 3 | 84 |
| 21 | 1979. 12. 02 6. 1 | 1981. 01. 29 6. 4 | 424 | 无 | / |
| 22 | 1984. 03. 28 6. 0 | 1985. 06. 13 6. 3 | 442 | 1986. 11. 15 7. 3 | 520 |
| 23 | 1986. 11. 15 6. 1 | 1988. 07. 21 6. 0 | 614 | 1990. 12. 14 7. 0 | 876 |
| 24 | 1992. 09. 28 6. 4 | 1993. 12. 10 6. 1 | 438 | 1994. 05. 24 7. 0 | 165 |
| 25 | 1996. 09. 06 7. 1 | 1998. 07. 17 6. 3 | 679 | 1999. 09. 21 7. 6 | 431 |
| 26 | 2002. 05. 29 6. 2 | 2003. 06. 10 6. 0 | 377 | 2003. 12. 10 7. 0 | 183 |
| 27 | 2008. 07. 13 6. 0 | 2009. 07. 14 6. 8 | 366 | 无 | / |
| 28 | 2010. 03. 04 6. 7 | 2012. 02. 26 6. 0 | 724 | 无 | / |
| 29 | 2012. 02. 26 6. 0 | 2013. 03. 27 6. 4 | 395 | 无 | / |
| 30 | 2016. 05. 31 6. 2 | 2018. 02. 04 6. 4 | 614 | | |

**2. 福建华安汰内井水氡隔年原始数据月均值之差超过 4Bq/L，后续台湾地区发生 7 级以上地震可能性较大**

利用华安汰内井 1987 年观测以来的水氡日测值数据，计算隔年原始数据月均值之差，出现水氡隔年原始数据月均值之差≥4Bq/L 异常后，后续台湾地区发生 7 级以上地震的可能性较大（图 6-4，表 6-2）。

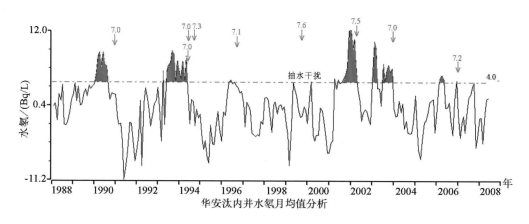

图 6-4　华安汰内井水氡对台湾 7 级地震映震图

表 6-2　华安汰内井水氡对台湾 7 级地震映震统计表

| 地震事件 | 异常月频次 | 异常出现后距发震时间/月 |
| --- | --- | --- |
| 1990. 12. 14 台湾花莲 7.0 | 7 | 12 |
| 1994. 05. 24 台湾 7.0<br>1994. 06. 05 台湾 7.0<br>1994. 09. 16 台湾海峡 7.3 | 14 | 14 |
| 1996. 09. 06 台湾南屿 7.1 | 3 | 5 |
| 1999. 09. 21 台湾南投 7.6 | 无 | / |
| 2002. 03. 31 台湾花莲海域 7.5 | 11 | 13 |
| 2003. 12. 10 台湾台东海域 7.0 | 9 | 12 |
| 2006. 12. 26 台湾恒春海域 7.2 | 4 | 11 |
| 无地震对应 | 9 | / |
| 平均值 | 8 | 11.2 |

**3. 福建跨断层短水准观测网 4 个及以上测点的时序曲线经小波分析后发现破年变现象，后续台湾地区发生 7 级以上地震可能性较大**

对福建省流动跨断层短水准观测资料进行小波分析，取 db4 小波函数和 1 阶细节分解，信号周期（21~22）×4 个月=8~16 个月，即 1 年左右，提取到 4 个测段震前出现破年变异常，后续发生 1999 年 9 月 21 日台湾南投 7.6 级地震（图 6 - 5）。

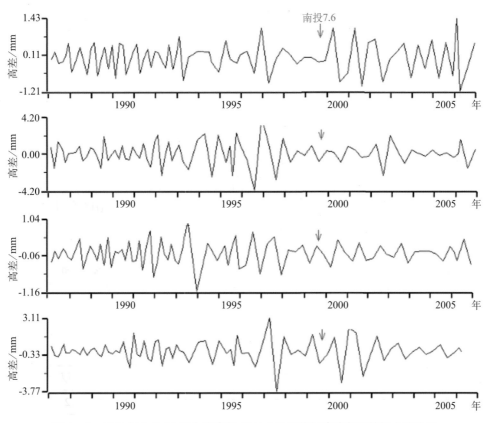

图 6 - 5　1999 年 9 月 21 日台湾南投 $M_S$7.6 地震前福建跨断层数据小波分析

**4. 漳州台谐波振幅比出现趋势变化不同步异常时，台湾西带存在发生 6.0 级以上地震的可能**

漳州台谐波振幅比在 2011 年 3 月至 2012 年 11 月出现 2 方向趋势变化不同步异常，其中 2011 年 3 月至 2012 年 3 月 30、40、和 50 分钟周期东西向和南北向趋势不同步，该时段内南北向为下降趋势而东西向呈上升趋势；2012 年 3 月开始出现 10 ~ 50 分钟周期东西向和南北向趋势不同步，该时段内南北向为上升趋势而东西向呈下降趋势。异常结束后在 2013 年 3 月 27 日、6 月 2 日和 9 月 4 日，分别发生了台湾南投 6.5 级和 6.7 级以及福建仙游 4.8 级地震（图 6 - 6），震中距分别为 342、347 和 172km。异常参数见表 6 - 3。

表 6 - 3　漳州台谐波振幅比异常异常参数

| 方法 | 异常类型 | 异常开始时间 | 异常结束时间 | 异常周期<br>（分钟） | 趋势不同步时长<br>（月） |
|---|---|---|---|---|---|
| 谐波振幅比 | 南北向 | 2011.03 | 2012.11 | 10、20、30、40、50 | 20 |

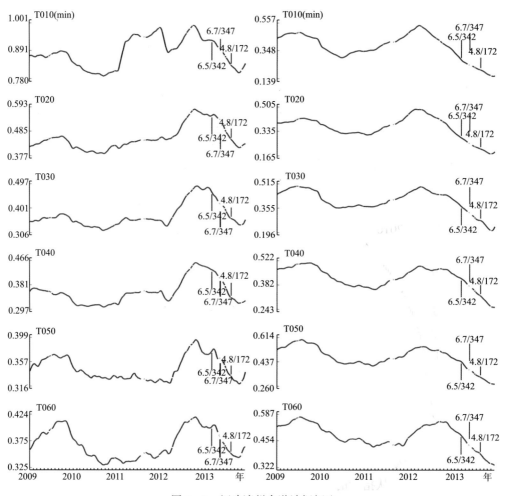

图 6 - 6　福建漳州台谐波振幅比

## 6.5　存在的问题和讨论

### 1. 地球物理场监测能力较弱

　　地震是地壳介质在构造应力作用下的破裂过程。地震孕育过程中，孕震区岩体在构造应力作用下，地壳介质应力应变逐渐积累、加强，会伴随震源及附近物质发生如地震活动、地表的明显变化以及地磁、地电、重力等地球物理异常现象。通过监测这些地球物理现象动态变化，可为地震预测预报提供第一手资料。经过 50 多年的建设和发展，华南地区逐渐建成了地下流体、地壳形变、电磁、GNSS 等地球物理场立体监测网络。然而，前兆台站少，空间分布不均匀，监测手段单一等问题仍比较突出。近年来，各省局相继开展流动重力、流动地磁、流动化学等地球物理场流动监测，一定程度弥补了空间监测能力的不足，但华南地区地球物理场监测能力总体较弱，地球物理监测台网捕抓中强地震前兆的能力亟待提高。

**2. 前兆观测资料丰富的震例样本偏少**

1970 年以来，华南沿海地震带和右江地震带共发生 30 次 5 级以上地震，其中 6.0~6.9 级 3 次，7.0~7.9 级 1 次。6 级以上地震分别为 1994 年 12 月 31 日北部湾 6.1 级、1995 年 1 月 10 日北部湾 6.2 级、1994 年 9 月 16 日台湾海峡南部 7.3 级和 2018 年 11 月 26 日台湾海峡南部 6.2 级地震。从空间分布来看，23 次 5 级以上地震发生在华南沿海海域，7 次发生在陆区。可见，1970 年有地震前兆监测以来，华南沿海和右江地区 73% 的 5 级以上地震和 100% 的 6 级以上地震发生在前兆监测能力弱区或盲区。从时间进程来看，20 世纪 90 年代北部湾 6.1、6.2 级双震和台湾海峡南部 7.3 级地震发生在前兆台网模拟观测时代，2018 年台湾海峡 6.2 级地震虽然发生在前兆台网数字化观测时代，但震中位于监测能力较弱的海域地区；陆域发生 7 次 5 级地震，其中 4 次发生在前兆台网模拟观测时代，3 次发生在前兆台网数字化观测时代。2016 年广西苍梧 5.4 级地震发生在桂东北地震监测能力相对较弱地区，震中 100km 范围内仅有 1 个定点前兆观测台站，200km 范围内只有 3 个定点前兆观测台站，共 6 个观测项目 10 个观测台项。北流 5.2 级地震发生在粤桂交界地区，200km 范围内共有 32 个固定测震台，16 个定点地球物理综合台站以及 GPS、流动重力、流动地磁观测。其中定点地球物理场观测包括重力、地倾斜、洞体应变、地磁、水位、水温、二氧化碳 7 个观测项目共 26 个观测台项。可见，前兆数字地震台网建成以来，华南沿海地震带有 3 次 5 级以上地震，其中 1 次位于监测能力较弱的台湾海峡海域地区；右江断裂带只有 1 次 5 级以上地震记录，前兆观测资料丰富的震例样本极少。

**3. 预测指标体系需在实践检验中继续补充和完善**

基于 50 多年来地震预测预报实践获得的技术、方法和认知，华南地震预测预报技术人员系统分析总结了华南沿海地震带和右江地震带地震活动特征、显著地震前小震活动和地球物理场观测资料异常变化特征，提取了华南地区预测指标体系，共获得 16 项测震学科和 39 项前兆学科异常指标。从指标的预测时段来看，测震学科均为中长期和年度预测指标，前兆学科以中短期预测指标为主，未获得短临指标。从梳理异常指标所采用的观测资料和样本来看，无论是百年多来华南沿海地区中强震活跃幕的划分，1970 年以来区域内地震活动空间异常提取，还是近 20 余年以来陆续开展的前兆观测异常提取，可用于归纳总结预测指标体系的样本量总体上是偏少的。特别是前兆台网数字化以来，华南沿海地区中强震活动偏少，前兆观测基于震例总结的预测震级普遍偏小。指标体系梳理过程中，未能提炼出大多数中强震例发生前都存在异常的指标，也极少获得测震学科和前兆学科异常指标均匹配较好的中强震例。鉴于地震预测预报的复杂性以及梳理指标体系可使用资料的局限性，目前华南预测指标体系对发震地点特别是发震时间的把握能力较弱，普适性和预测效能仍需在预测预报实践的中检验和完善。